Räume des Alltags

Reihe Campus
Band 1015

Über die erste Ausgabe dieses praxisnahen Werkes schrieb das *Deutsche Architektenblatt*: »Dieses Buch ist ein geradezu spannender Führer durch unsere alltägliche Umwelt aus der Sicht der Umweltpsychologen. Wir erfahren Neues über die Wirkung des Schlafzimmers, des Hochhauses, des Arbeitsplatzes, öffentlicher Einrichtungen wie Schule, Ämter, Spielplätze etc. auf unser Befinden.

Mehrabian zeigt uns solche und andere Umgebungen und macht deutlich, wie sie unsere Stimmungen und Fähigkeiten zu Arbeit oder Spiel beeinflussen; warum wir uns gut oder schlecht darin fühlen. Diese Einsichten sollen auch helfen, unsere Alltagsumwelt, ob privat oder öffentlich, zu verbessern.«

Und der *Baumeister* meinte: »Ein Buch, das in seiner pragmatischen matter-of-fact-Anerkennung meilenweit von der entsprechenden Diktion deutscher Psychologen entfernt ist.«

Albert Mehrabian ist Professor für Psychologie an der Universität of California, Los Angeles. Er verfaßte Bücher zur Theorie der Kommunikation, der Persönlichkeit und zur Umweltpsychologie.

Albert Mehrabian

Räume des Alltags

Wie die Umwelt unser Verhalten bestimmt

Campus Verlag
Frankfurt/New York

Das amerikanische Original erschien unter dem Titel »Public Places and Private Spaces. The Psychology of Work, Play and Living Environments«, Copyright 1976 by Basic Books, Inc., New York.

Aus dem Amerikanischen von Günther Seib

CIP-Kurztitelaufnahme der Deutschen Bibliothek

Mehrabian, Albert:
Räume des Alltags : wie d. Umwelt unser Verhalten bestimmt / Albert Mehrabian. – Gekürzte Neuausg. – Frankfurt/Main ; New York : Campus Verlag, 1987.
(Reihe Campus ; Bd. 1015)
Einheitssacht.: Public places and private spaces ⟨dt.⟩
ISBN 3-593-33796-7

NE: GT

Gekürzte Neuausgabe
Veröffentlicht in der Reihe Campus 1987

Umschlaggestaltung: Atelier Warminski, Büdingen
Gesamtherstellung: Friedrich Pustet, Regensburg
Printed in Germany

Inhalt

Vorwort

In den nächsten paar Jahrzehnten kann die Umweltpsychologie einen bedeutenden Beitrag zu unserem Leben leisten. Die Umweltpsychologen wissen bereits einiges darüber, was man tun kann, um die soziale und räumliche Umgebung zu verbessern, in der Menschen schlafen, essen, arbeiten, reisen, einander lieben, sich betrinken oder sonstwie verhalten. Dieses Wissen ist jedoch den meisten Menschen nicht zugänglich.

Informationen zur Umweltpsychologie werden in den verschiedensten Fachzeitschriften verarbeitet. Häufig sind sie jedoch fragmentarisch, mit statistischen Daten überladen oder in Fachlatein gehalten. Gelegentlich sind Beiträge in Zeitschriften oder Sonntagsbeilagen zu finden, die sich im allgemeinen auf die Wiedergabe von betulichen Lösungsvorschlägen von Innenarchitekten zu einem begrenzten Bereich von Umweltproblemen beschränken – umgebaute Bauernhöfe, aufblasbare Plastikhäuser werden hier vorgeschlagen oder die energiesparenden Vorzüge kuppelförmiger Konstruktionen thematisiert.

Wenn die Umweltpsychologen von Umwelt reden, können sie alles mögliche darunter verstehen – eine Cocktailparty, einen Wohnblock, einen Park, Kleider, eine Altensiedlung oder eine Küche. Jeder Ort, an dem wir uns befinden, alles, was sich innerhalb des Wahrnehmungsbereichs der Sinne befindet, bildet eine Umwelt, die knapp und zutreffend beschrieben werden kann. Es haben sich gewisse Leitlinien herausgestellt, die die Menschen befähigen sollten, die Qualität spezifischer Umwelt mit eigenen Verhaltensweisen und Gefühlen in Beziehung zu setzen – also die Charakteristika unterschiedlicher Umgebungen auszumachen und herauszufinden, warum man sich in der einen Umgebung gut oder schlecht, angeregt oder gelangweilt, angespannt oder behaglich fühlt. Ich habe dieses Buch zum Teil zu dem Zweck geschrieben, diese allgemeinen Leitlinien in einer knappen und geordneten Form darzustellen. Ich hoffe, daß sie sich für die Leser als praktische Hilfsmittel zum Verstehen und Bewältigen der unausgesprochenen, jedoch immer gegenwärtigen Umweltprobleme erweisen werden, mit denen wir es im Alltag zu tun haben.

Unterteilt ist dieses Buch in vier Hauptabschnitte. Zunächst wird der Leser in einige Begriffe eingeführt, die die Umweltpsychologen in der Praxis entwikkelt haben. Die drei folgenden Abschnitte behandeln im konkreten Detail zunehmend größere Umwelteinheiten, angefangen mit unserem eigenen Körper bis hin zu kollektiven Umweltformen, in die alle Menschen freiwillig oder unfreiwillig einbezogen sind.

Die Umweltpsychologie befaßt sich in gewissem Umfang mit *Manipulation*, ein Wort mit üblem Beigeschmack, das Assoziationen von *1984*, zumindest aber von kleinlicher Berechnung weckt. Wir tun jedoch gut daran, uns zu erinnern, daß die lateinische Wurzel *manus* dieses Worts »Hand« bedeutet. Es ist vielleicht bezeichnend, daß es recht wenige idiomatische Ausdrücke gibt, in denen das Wort *Hand* eine negative Bedeutung hat. Jemandem die Hand reichen bedeutet zum Beispiel, ihm offen und waffenlos gegenüberzutreten oder ihm Hilfe anzubieten. Was wir mit Händen greifen können, können wir in irgendeiner Weise steuern, verändern, oder wirklich erfassen. Genau in diesem positiven Sinne des Worts sind wir in der Lage, unsere Umwelt zu *manipulieren*, und infolgedessen auch uns selbst und andere. Die Menschen können lernen, ihre Umwelt dahingehend zu manipulieren, daß sie glücklicher und produktiver werden, sich wohler und freier fühlen – darin kann ich nichts Unmenschliches oder Bedrohliches erblicken.

Mehrere Forscher und Kollegen haben dazu beigetragen, dieses Buch möglich zu machen. James A. Russell, einer meiner Schüler, hat mit mir die ganzen letzten Jahre über Umweltprobleme gearbeitet, und ich stütze mich auf viele unserer Ergebnisse. Zu Dank verpflichtet bin ich Carol Falender und Herb Reich, die die verschiedenen Kapitel gelesen und nützliche Kommentare und Ergänzungen beigesteuert haben, und Tim Lambert für die Zeichnungen. Eine besondere Dankesschuld habe ich auch gegenüber Malcolm Jensen für seine redaktionelle Unterstützung.

Beverly Hills, Kalifornien Albert Mehrabian

Teil 1 Grundlagen

Kapitel 1
Was heißt Umweltpsychologie?

Betrachten Sie einmal Ihr Wohnzimmer als Umwelt. Welche Dinge bestimmen die Art des Raumes? Da gibt es Möbel verschiedenen Stils, von unterschiedlicher Farbe und Bequemlichkeit, und sie können auf vielerlei Weise ordentlich oder zwanglos hingestellt werden. Da ist die Farbgebung, die von gedeckten bis zu sehr hellen und satten Farben gehen kann. Es könnten viele Pflanzen, unzählige Spiegel und Gemälde oder überhaupt keine vorhanden sein. Ein Klavier, eine Stereoanlage, ein Fernseher könnte im Raum stehen, und diese könnten entweder soeben im Gebrauch sein oder auch nicht. Die Temperatur in diesem Zimmer könnte irgendwo zwischen dem Gefrierpunkt und tropischer Hitze liegen. Die Fenster könnten offen stehen, und in diesem Fall könnten Sonnenstrahlen, ein Lufthauch, Gerüche oder Verkehrsgeräusche in den Raum dringen, oder auch nicht. Die Aussicht könnte auf den Pazifischen Ozean, auf einen Luftschacht, einen Garten oder eine Autobahn hinausgehen. Es könnte sich überhaupt niemand in diesem Zimmer aufhalten, oder ein paar Leute im ruhigen Gespräch, oder aber es könnte eine große Party im Gange sein.

Wie können wir ein derartiges Zimmer beschreiben? Die eine Möglichkeit der Beschreibung bestünde darin, einen unendlich langen und detaillierten Katalog über jeden einzelnen Gegenstand in diesem Zimmer und seine räumliche Beziehung zu jedem anderen Gegenstand aufzustellen, und dann Variablen wie Ausleuchtung, Luftfeuchtigkeit, Geräuschpegel, Temperatur, Gerüche usw. hinzuzufügen. Wenn wir davon ausgehen, daß diese Aufzählung erschöpfend ist, könnte sie doch nur für irgendeinen bestimmten Zeitpunkt gelten. Das Zimmer könnte umgestellt oder aufgeräumt werden, oder ein neuer Stuhl könnte hinzukommen, und damit würde sich der Gesamteindruck verändern. Wenn man nun ein paar Leute hineinbringen, ein paar Lichter ein- oder ausschalten würde, müßte der ganze Katalog revidiert werden. Bei dem Versuch, viele Orte auf diese Art und Weise zu beschreiben, würde die Auflistung in eine Herkules- und Sisyphusarbeit zugleich ausarten.

Die Beschreibung dieses Wohnzimmers jedoch mit seiner Unzahl von veränderlichen Merkmalen und Reizen ist genau die besondere Aufgabe, der sich die Umweltpsychologen verschrieben haben. Und daß sie sie bewältigen können – wenn nötig, mit einem einzigen Wort – bedeutet, daß die Umweltpsychologen etwas tun, was kein anderer Psychologe leisten kann: sie beschreiben Umwelten als Ganzes.

Hierin unterscheidet sich die Umweltpsychologie von den anderen Zweigen der Psychologie. Die verschiedenen psychologischen Disziplinen ermöglichen eine Voraussage darüber, welche Auswirkung eine einzelne Variable oder ein Bündel von ähnlichen Variablen auf eine bestimmte Art von Verhalten haben wird – auf die Phantasie, das Gedächtnis, das Lernen, das komplexe Problemlösungsverhalten oder auf die Geselligkeit. Diese Disziplinen lassen sich jedoch nicht auf eine Vorhersage darüber ein, wie sich Reize in einem Raum insgesamt auf Gefühle und Verhalten unterschiedlicher Personen auswirken. Noch entscheidender ist, daß sie nicht in der Lage sind, Vergleiche zwischen einem Wohnzimmer, einem winzigen Park und einem Klassenzimmer als Formen einer Gesamtumwelt anzustellen. Sie können nicht vorhersagen, welche Personen diese verschiedenen Umgebungen am geeignetsten dafür finden, Französisch zu lernen, einen Zukunftsroman zu lesen oder ein Nickerchen zu machen.

Abgesehen davon, daß eine Taxonomie von Orten erforderlich ist, brauchen die Umweltpsychologen auch eine entsprechende Taxonomie für Menschen. Ein und dieselbe Umwelt wirkt sich auf verschiedene Menschen unterschiedlich aus. Einige der Gründe dafür liegen darin, daß diese Menschen unterschiedlich beschaffen sind; in ihren Einstellungen zu verschiedenen Orten und früheren Erfahrungen damit, in der Vertrautheit und dem Anspruchsniveau beim Aufenthalt an verschiedenen Orten, und in der Art und Weise, wie verschiedene Menschen die Informationen verarbeiten, die sie aus ihrer Umwelt aufnehmen. So kann zum Beispiel ein recht vornehmes Lokal manche Leute einschüchtern, auf andere entspannend wirken, und bei wieder anderen sogar rüpelhaftes Betragen auslösen. Die Umweltpsychologen sind eindeutig aufgefordert, eine kurze und bündige, alles erfassende Methode zur Beschreibung von individuellen Unterschieden in der Reaktion auf bestimmte Orte zu entwickeln, und wir werden in unsere Darstellung einige der auffälligsten Merkmale dieser Unterschiede aufnehmen.

Mit Hilfe ihres Begriffswerkzeugs können die Umweltpsychologen zum Beispiel sagen, ob Personen, die sich in einem bestimmten Wohnzimmer gesellig zusammenfinden, eher eingeschüchtert, steif, zurückhaltend sein werden und gerne fortmöchten, oder ob sie eher aus sich herausgehen, freundlich und entspannt sein und gerne bleiben und sich amüsieren wollen. Sie können ziemlich genaue Voraussagen nicht nur über die Gruppe insgesamt, sondern auch über die Einzelpersonen treffen, aus denen sie sich zusammensetzt. Sie können vorhersagen, ob eine bestimmte Person, je nachdem, was für einen Tag sie hinter sich hat, in diesem Zimmer entweder äußerst nervös oder gelangweilt sein oder aber den Versuch machen wird, sich das Zimmer zu einer erträglichen Umwelt zu gestalten, indem sie stark raucht, zuviel trinkt, viel herumläuft, sich in eine stillere Ecke des Zimmers zurückzieht, einen Streit anfängt oder einen Striptease-Poker vorschlägt.

Die Umweltpsychologen können derartige Urteile und Voraussagen treffen, weil sie dafür ein System entwickelt haben, das auf umfangreichen Datenmengen fußt. Dieses System beruht, wie ein gutes System für Bridge, nicht nur auf einer ungeheuren Zahl von Beobachtungen, sondern auch auf ein paar einfachen Regeln, was man tun oder unterlassen soll, einer Handvoll entscheidender Annahmen und treffenden Verallgemeinerungen.

Eine der wichtigsten Verallgemeinerungen ist folgende: die Reaktionen aller Leute auf alle Arten von Umwelt lassen sich in eine von zwei Hauptkategorien einordnen, nämlich in Annäherung oder Meidung. Diese Kategorien sind natürlich breit angelegt und umfassen viele verschiedene Verhaltensarten. Ein extremes Beispiel für Annäherung könnte der Fall eines Mannes sein, der bei einem Wanderausflug bei einem Unfall ein Bein gebrochen hat und nun versucht, zurück in die nächste Ansiedlung zu gelangen. Sogar physisch bewegt er sich auf diese Ansiedlung zu und mobilisiert dafür seine letzten Kraftreserven. Ein Beispiel für extremes Meidungsverhalten wäre der Infanterist, der aus dem Lärm, dem Durcheinander und Schrecken der Schlacht flieht. Er bewegt sich physisch weg von einer unerträglichen Umwelt und könnte nur unter Anwendung von Gewalt daran gehindert werden.

Annäherung und Meidung bedeuten jedoch mehr, als daß man sich bloß physisch auf eine Umwelt zu- oder von ihr wegbewegt. Diese Begriffe werden auch dazu verwendet, das Verhalten in Umgebungen zu charakterisieren, denen sich eine Person physisch nicht entziehen kann. Wenn man zum Beispiel einen Menschen mutterseelenallein in eine unbekannte Umwelt versetzt, erforscht er diese entweder – indem er sich eifrig umsieht, herumläuft, Gegenstände aufnimmt und diese betrachtet, und allgemein mit dem Ort vertraut zu werden versucht – oder er läßt es sein. Das Erforschen ist eine Form des Annäherungsverhaltens, und der Umfang, bis zu dem ein Lebewesen eine neue Umgebung erforscht, läßt sich quantitativ messen. Ein Ausbleiben des Erforschens – wie zum Beispiel dann, wenn ein Mensch in ein Wartezimmer in einem Bürogebäude, einem Krankenhaus oder einem Busbahnhof kommt und sich sofort hinsetzt und an die Wand starrt, ein Buch aus der Tasche zieht oder einschläft – ist eine Form der Meidung, auch wenn dieser Mensch sich dafür entschieden hat, in diese Umwelt hineinzugehen und darin zu bleiben.

Ein anderer Maßstab für den Umfang, bis zu dem ein Mensch sich an eine Umwelt annähert oder sie meidet, ist das Anschlußsuchen, bzw. die Reaktion auf andere Menschen in dieser Umwelt. Annäherungsverhalten oder Anschlußsuche bedeutet, daß ein Mensch durch Augenkontakt, Lächeln, Nicken, Grüßen, Hilfe beim Tragen oder Anknüpfen eines Gesprächs Verbindung aufzunehmen versucht. Ausweichverhalten oder Absonderung ist das genaue Gegenteil: die anderen Menschen werden ignoriert, Augenkontakt wird vermieden, die körperliche Distanz zu anderen Personen wird erhöht, der Körper wird von ihnen weggewendet und Versuche, ein Gespräch anzuknüpfen, werden abgewiesen.

Auch die *Leistung* oder die Frage, wie gut eine bestimmte Arbeit erledigt wird, ist ein Maßstab für Annäherung oder Meidung. Man lasse zum Beispiel jemand eine der Aufgaben lösen, die sich die Experimentalpsychologen ausdenken: die Dauer eines Signaltons beurteilen, Klötzchen zusammenfügen, abstrakte Rätsel lösen oder eine Liste sinnloser Silben memorieren. Nehmen wir einmal an, seine Punktzahl dabei sei durchschnittlich. Wenn man ihn dann eine ähnliche Aufgabe lösen läßt, jedoch die Umwelt so verändert, daß er nun überdurchschnittlich abschneidet, bedeutet dies, daß es gelungen ist, die Annäherungskomponente dieser Umwelt wenigstens bezogen auf die Aufgabe zu verbessern. Wenn man umgekehrt die Umwelt so verändert, daß er beträchtlich unter dem Durchschnitt abschneidet, hat man der Umwelt eine Meidungskomponente gegeben, die sich in verschlechterter Leistung ausdrückt.

Die optimale Umwelt für das Ableisten der einen Aufgabe oder Tätigkeit kann natürlich für eine andere genau die falsche sein. Ein Aufenthaltsraum für die ganze Familie, in dem das Fernsehen läuft und die Kinder elektronisch Fußball spielen, kann zwar für Teppichknüpfen oder Zeitungslektüre eine geeignete Umwelt sein, nicht aber für das Ausfüllen der Einkommensteuererklärung. Wenn man versucht, dort seine Einkommensteuererklärung auszufüllen, wird das Zimmer eine ausgeprägte Meidungskomponente erhalten, auch wenn man sich sonst in dieser Atmosphäre am wohlsten fühlt. Um das Meidungsverhalten abzubauen – das sich in zahlreichen Fehlern der Einkommensteuererklärung oder im doppelten Zeitaufwand niederschlägt – würde man vermutlich die Umwelt dieses Familienzimmers verändern, indem man die Anzahl und Intensität der darin enthaltenen Reize reduziert. Zumindest würde das Fernsehen abgeschaltet, das elektronische Fußballspiel müßte woanders ausgetragen werden, und früher oder später würde jede andere Person aus dem Zimmer geschickt.

Eine weitere Verallgemeinerung über Annäherung oder Meidung geht dahin, daß das Annäherungsverhalten bzw. eine Umwelt, die zur Annäherung reizt, gewöhnlich eine positive oder erwünschte Sache ist, die etwas mit Sich-darauf-zu-bewegen, Erforschen, Freundlichkeit, besserer Leistung und Gefallensäußerungen zu tun hat. Umgekehrt ist ein Meidungsverhalten oder eine meidungsauslösende Umwelt im allgemeinen negativ besetzt und hat etwas zu tun mit Sich-davon-weg-bewegen, Rückzug, abweisendem Verhalten, beeinträchtigter Leistung und Mißfallensäußerungen.

Es gibt natürlich Anlässe, bei denen wir Meidungsverhalten auslösen wollen und absichtlich eine Umwelt so einsetzen, daß sich jemand unwohl oder ungemütlich fühlt. Bisweilen empfangen wir Gäste, die wir in Wirklichkeit nicht haben wollen, in einem Zimmer, das »kalt« ist, bieten ihnen die unbequemsten Stühle an, oder werden einen Dauergast, der Durcheinander nicht leiden kann, dadurch los, daß wir den Haushalt ein bißchen verlottern lassen. Meistens jedoch erzeugen die Menschen meidungsauslösende Umwelten aus Ungeschick und Unwissen: Der Unternehmer, der die Produktivität steigern will, daher die Kaffeemaschine kategorisch ablehnt, das Büro in Aufruhr versetzt und darüber hundert Arbeitsstunden verliert; der Gastgeber, der eine schöne Party veranstalten will, aber feststellt, daß sich die Hälfte seiner Gäste nach einer Stunde verdrückt, die Lehrerin, die gern ihre Schüler mitreißen will, jedoch feststellen muß, daß die Klasse im Verlauf des Jahres immer schlechtere Leistungen zeigt, der Ehemann oder die Ehefrau, die in eine gehässige oder trostlose Atmosphäre nach Hause kommen, nachdem sie sich den ganzen Tag auf einen erholsamen Abend gefreut haben. Es läßt sich mit Fug und Recht sagen, daß die meisten Leute meistens eine Umwelt schaffen wollen, die Annäherungsverhalten auslöst, aber einfach nicht immer wissen, wie sie das bewerkstelligen sollen.

Wie sehen einige der Faktoren aus, welche die Menschen dazu bringen, sich unfreiwillig auf die falsche Umwelt einzulassen? Da uns bisher eine explizite und allgemein verbreitete Disziplin der Umweltpsychologie fehlt, verlassen sich die Menschen bei der Gestaltung ihrer Wohnungen, Schulen, Büros, Fabriken oder Freizeiteinrichtungen auf anerkannte und traditionelle Maßstäbe. So sind zum Beispiel viele Wohnzimmer immer noch wie »gute Stuben« oder steife Salons eingerichtet, obwohl sich nur wenige Menschen nach dem gezwungenen Besuchsverhalten richten, oder auch nur wollen, daß es durch eine solche Inneneinrichtung hervorgerufen wird. Derartige traditionelle Maßstäbe mögen für die Zeiten gepaßt haben, in denen sie aufgestellt wurden, dürften jedoch für den gegenwärtigen Lebensstil und die veränderten Tätigkeitsmerkmale ungeeignet sein. Das bedeutet, daß ein Teil der Fehlschläge bei der Umweltgestaltung auf unangebrachte Anhänglichkeit an veraltete Maßstäbe zurückzuführen ist. Allerdings werden jeden Tag von Architekten und Innenarchitekten zahlreiche neue Einrichtungen entworfen – von Fachleuten also, die sich über die Zwänge der anerkannten Tradition hinwegsetzen können. Warum setzen sich derlei Neuerungen nicht so häufig durch, wie wir das gerne hätten? Einer der Gründe liegt darin, daß sogar die Fachleute, die sich heute mit der Gestaltung unserer Arbeits-, Wohn- und Freizeiträume befassen, meistens künstlerisch und intuitiv vorgehen, anstatt auf wohlfundierte psychologische Erkenntnisse zu bauen. Ein Architekt kann intuitiv und doch fälschlicherweise ein Wohnhaus so gestalten, daß es *gefühlsmäßig* für ihn genau das Richtige wäre, jedoch kaum für seinen Bauherrn, der eine andere Persönlichkeit oder einen anderen Lebensstil hat. Es kann nicht überraschen, daß die meisten Gestaltungsentwürfe, die zu Rang und Namen gelangt sind, sich an die Formel halten, daß für alle Menschen ein Grundraster verwendet wird. Es kann zwar sein, daß derartige Gestaltungsprinzipien auf die Persönlichkeitsanlagen oder Lebensstile mancher Leute zugeschnitten sind, doch können sie, wie wir noch sehen werden, kaum für alle passen.

Die vielen Fehlschläge bei der Umweltgestaltung – ob letztere nun durch den Facharchitekten oder Innenarchitekten oder, wie in den meisten Fällen, intuitiv durch den Einzelnen selbst erfolgt – können den vereinfachenden und allumfassenden Vorstellungen und Traditionen zugeschrieben werden, welche darauf verzichten, psychologische Fakten dafür heranzuziehen, die Menschen, ihre Persönlichkeiten und ihre vielen verschiedenen täglichen Tätigkeiten mit den entsprechenden Orten zur Deckung zu bringen. Wenn sich ein Mensch erst einmal unfreiwillig auf einen nur teilweise optimalen Wohn- oder Arbeitsraum eingelassen hat, sind einschneidende Veränderungen aus ökonomischen Gründen schwierig. Überdies scheut der Einzelne den Aufwand zusätzlicher Mittel und Mühen für einen ungewissen Zugewinn, da ihm das konkrete Wissen über die Verbesserungen fehlt, die sich aus einer geeigneteren Umgebung ergeben könnten. Und das ist der Grund dafür, daß die Menschen wie in vielen anderen Lebensbereichen weiterhin in nur teilweise befriedigenden Umständen leben, da sie sich von den Kosten, Mühen und Risiken eines energischen Experimentierens mit Veränderungen abschrecken lassen.

Wie also läßt sich das Problem einer systematischen und optimalen Gestaltung oder Auswahl der täglichen Umgebung angehen? Ich sprach bereits davon, daß das System, das die Umweltpsychologen entwickelt haben, eine Anzahl entscheidender Grundannahmen enthält. Der erfolgreiche Spieler geht zum Beispiel von der Annahme aus, daß jeder nach denselben Regeln oder statistischen Gesetzen wie er selbst spielt – er geht davon aus, daß die Bank nicht betrügt. Auch die Umweltpsychologen machen mehrere weitreichende Annahmen.

Vielleicht die umstrittenste dieser Annahmen hat mit den Antrieben des menschlichen Verhaltens zu tun. Vereinfacht gesagt, wird angenommen, daß das, was die Menschen tun, und wie sie es tun, letztendlich von ihren Gefühlen bestimmt wird. Es wird außerdem angenommen, daß bestimmte Umgebungen bei uns Gefühle des Ärgers, der Furcht, der Langeweile, der Lust usw. erzeugen können, und daß dies ohne Rücksicht darauf erfolgt, wie wir uns unserer Meinung nach eigentlich dort fühlen sollten; und daß diese Gefühle uns außerdem veranlassen, uns auf bestimmte Art und Weise zu verhalten, ohne Rücksicht darauf, wie wir glauben, uns eigentlich verhalten zu sollen. Damit ist nicht gesagt, daß wir uns in Bezug auf unser öffentliches Verhalten nicht weitgehend in der Hand haben. So zum Beispiel können wir von einer offenen Aggression Abstand nehmen, wenn wir in Zorn gebracht werden. Aber wir können gewöhnlich nicht durch bloße Willenskraft bewirken, daß unsere Wut verraucht, und wir können die zahllosen physiologischen und verhaltensmäßigen Symptome der Wut, vom erhöhten Blutdruck bis zu den winzigen verbalen und nichtverbalen Anzeichen, die einen Zustand der Wut unweigerlich begleiten, nicht völlig verbergen. Selbst wenn man seine Wut vor einem ungeschulten oder unaufmerksamen Beobachter erfolgreich unterdrücken kann, machen sich hinter der Fassade noch immer massive Verhaltensunterschiede bemerkbar. Der Mensch, der seine Wut verbirgt oder der sogar vor sich selbst leugnet, daß er eine Wut hat, wird kein Verhalten zeigen, das zu Lustgefühl und Entspanntheit paßt. Er wird nicht scherzen oder lächeln oder uns freundschaftlich anstoßen.

Die zweite Annahme besteht darin, daß Gefühle nicht etwas Geheimnisvolles oder Ungreifbares sind, das sich schon seinem Charakter nach zwangsläufig einer genauen Beschreibung und Quantifizierung entzieht. In manchen Kulturen werden Gefühle als eine Sache angesehen, in der sich hauptsächlich die Frauen auskennen, wie bei Himbeergelee. Infolgedessen sind Emotionen bisweilen in Gegensatz gesetzt worden zu den »männlicheren« kognitiven Fähigkeiten oder Strukturen wie der Logik, der Philosophie, analytischen Methoden, der Sprache der Mathematik oder der Wissenschaft. Daher behaupteten manche Leute bisweilen, daß Gefühle ein ungeeignetes oder ungreifbares Thema für eine wissenschaftliche Untersuchung seien. Alles jedoch, was sich so subtil beeinflussen läßt, kann ebenso beschrieben und gemessen werden. Wenn sich Gefühle nicht mit einiger Genauigkeit beeinflussen ließen, müßte unsere menschliche Kultur auf Gesang, Dichtkunst, Komödie, Tragödie oder Tanz völlig verzichten, ganz zu schweigen von erfolgreichen Politikern, Starverkäufern, oder bekannten Meinungsäußerungen oder Taten mit emotionalen Charakter – angefangen mit Leonidas an den Thermopylen bis zu den Kriegsreden Churchills.

Die menschlichen Gefühle sind also zugänglich für präzise Beschreibung, quantitative Messung und statistische Analyse. Die Umweltpsychologen haben dafür einen genauen deskriptiven Rahmen aufgestellt, der in Kapitel 3 detaillierter abgehandelt werden soll. Dieser Rahmen bildet einen der entscheidenden Bestandteile des Systems, das zur Beurteilung von Umwelten und der Reaktionen von Menschen auf sie entwickelt worden ist.

Der allgemeine Rahmen sieht ungefähr wie folgt aus: Eine bestimmte Umgebung verursacht bei einem Menschen gewisse emotionale Reaktionen. Diese Reaktionen wiederum bewirken, daß der Mensch sich dieser Umgebung mehr oder weniger nähert oder sie mehr oder weniger meidet, wodurch er auch eine gewisse Veränderung darin bewirkt.

An dieser Stelle will ich nicht hervorheben, welche Auswirkungen Menschen auf ihre Umwelt haben und haben können, weil der größte Teil des Buches diesem Thema gewidmet sein wird. Ich möchte jedoch nicht den Eindruck erwekken, daß das System, das ich zu skizzieren beginne, für die Menschen eine passive oder rein reaktive Rolle voraussetzt. Die Umweltpsychologen arbeiten mit der entgegengesetzten Annahme. Die Menschen haben wie Prometheus eine ans Geniale grenzende Begabung, ihre Umgebung bewußt zu verändern, und es bedeutet Ignoranz, wenn man dies abstreitet oder herunterspielen will. Dieser menschliche Genius kann jedoch seine Ziele mehr oder weniger informiert, mehr oder weniger geordnet, mehr oder weniger wirkungsvoll erreichen. Und genau darum geht es der Umweltpsychologie: Um die Frage, wie man den Menschen informative, geordnete und wirkungsvolle Mittel an die Hand gibt, mit dem fertig zu werden, was um sie herum ist.

Kapitel 2
Wie bezeichnet man eine Umwelt?

Erste Szene: Sie haben den ganzen Strand für sich. Die Sonne ist angenehm warm, aber nicht zu heiß. Das Meer ist grün und blau und still. Die Brandung rollt herein. Der Sand ist sauber und weiß, und Sie können meilenweit die Küste hinauf- und hinunterblicken. Die Luft ist frisch und wohlriechend und erinnert Sie an unzählige Strände. Hoch oben ziehen ein paar blasse Wölkchen. Ihr Transistor-Radio dudelt eine sanfte Melodie. Sie legen sich flach auf den Rücken auf Ihre Decke, schließen die Augen und denken sich etwas Unbestimmtes und Angenehmes.

Zweite Szene: Eine Meute stürmt den Strand. Oben in der Luft knattert ein Hubschrauber. Kinder kreischen, Hunde toben. Am Himmel türmen sich tintenschwarze Wolken. Riesige Wellen kippen über und donnern als Brecher auf den Strand. Ein Dutzend Transistorradios plärrt laut, und jeder etwas anderes. Am Strand häufen sich ganze Berge von Seetang auf, und Fliegen summen dauernd wie Geschosse an Ihren Ohren vorbei. Ganz in der Nähe fängt eine Rauferei an. Ein paar Leute spielen über Ihre Decke hinweg Ringtennis. Von links stolpert eine ungepflegte und mit Schlamm bedeckte alte Frau auf Ihre Decke zu, und von rechts nähert sich ein großer gepflegter Mann im Straßenanzug.

Wie würden Sie diese beiden Umwelten am Strand vergleichen? Was ist passiert und hat die erste Szene in die zweite verwandelt? Und wie würden Sie zum Beispiel diese beiden Umwelten damit vergleichen, daß Sie mit Ihrer Ehefrau die 3000ste Nacht zu Bette gehen, mit alten Freunden in einem Lieblingslokal zu Mittag essen, oder am 24. Dezember um 6 Uhr abends ihre Weihnachtseinkäufe erledigen?

Die Umweltpsychologen haben ein System erfunden, um derart verschiedenartige und voneinander abweichende Umwelten zu beschreiben und daher auch vergleichen zu können. Der Eckstein dieses deskriptiven Systems ist der Begriff der *Informationsrate* oder der Menge von Informationen, die pro Zeiteinheit in der Umwelt enthalten sind oder wahrgenommen werden. Je mehr Informationen in Form von Reizen vom Beobachter verarbeitet werden müssen, desto größer ist die Informationsrate.

Der Einfachheit halber werde ich die Informationsrate von Umgebungen als ihr *Reizvolumen* bezeichnen. Eine Umwelt, die eine hohe Informationsrate hat, ist eine *reizstarke* bzw. *aufgeladene*. Eine *reizarme* Umwelt ist eine mit geringer Informationsrate.

Wir haben die folgende Liste von beschreibenden Adjektivpaaren entwickelt, mit denen wir das Reizvolumen jeder beliebigen Umwelt beurteilen können: gewiß-ungewiß; abwechslungsreich-redundant; komplex-einfach; neuartig-vertraut; großdimensioniert-kleindimensioniert; kontrastreich-ähnlich; dicht-spärlich; lückenhaft-kontinuierlich; ungewohnt-gewohnt; heterogen-homogen; überfüllt-leer; asymmetrisch-symmetrisch; nah-fern; bewegt-ruhig; selten-gewöhnlich; zufällig-strukturiert; und unwahrscheinlich-wahrscheinlich.

Eine Umwelt, für die zahlreiche der jeweils links aufgeführten Begriffe in diesen Adjektivpaaren zutreffen, ist reizstark; eine Umwelt, die sich hauptsächlich mit den jeweils aufgeführten Adjektiven beschreiben läßt, ist reizarm. Anders gesagt sind Umwelten, die abwechslungsreicher, komplexer, neuartiger, größer dimensioniert, kontrastreicher, dichter, ungewohnter, heterogener, überfüllter, asymmetrischer, bewegter, seltener, zufälliger oder unwahrscheinlicher sind, auch reizstärker.

Greifen wir uns eines dieser Adjektivpaare heraus, zum Beispiel überfüllt-leer, und stellen wir fest, wie es sich zur Beschreibung von Umwelt einsetzen läßt. Fünfundzwanzig Passagiere, die sich in einen Aufzug gezwängt haben, dürften ihn als äußerst überfüllt beschreiben; wenn dieselbe Gruppe über einen riesigen Festsaal verstreut ist, dürfte sie diesen Ort als äußerst leer bezeichnen.

Zu den meisten Umwelten gehören natürlich zahlreiche Merkmale, die zur Bestimmung ihres jeweiligen Reizvolumens beitragen können. Ein Mann, der seit zehn Jahren jeden Morgen um 9.20 Uhr mit demselben überfüllten Aufzug gefahren ist, und darin meistens dieselbe Gruppe verschlafener Spätaufsteher getroffen hat, dürfte seine Aufzugsfahrt als überfüllt, dicht, nah, bewegt (Deskriptoren von Reizvolumen) bezeichnen, aber auch als vertraut, wahrscheinlich und gewöhnt (Deskriptoren von Reizarmut) bezeichnen. Und wenn wir ihn sogar auffordern, seine tägliche Aufzugsfahrt mit allen Adjektivpaaren einzuordnen, dürften wir wahrscheinlich ein Zahlenergebnis für das Gesamt-Reizvolumen erzielen, das über dem Durchschnitt für alle Situationen liegt. Ohne Rücksicht darauf, wieviele Jahre der Mann noch mit seinen Kollegen Aufzug fährt, dürfte das Reizvolumen dieser Aufzugsfahrt nie auf ein Niveau sinken, wie es zum Beispiel zu einem ruhigen Abend zu Hause und einem Nickerchen in seinem bevorzugten Ohrensessel gehört.

Auf die Gefahr hin, allzusehr zu vereinfachen, könnten wir sagen, daß das Reizvolumen einer Umwelt gleichbedeutend ist mit dem Niveau der Ungewißheit darüber, was mit einem Ort los ist, oder was dort geschieht.[1] Wahlweise und der Bequemlichkeit halber können wir das Reizvolumen jeder beliebigen Umwelt als eine Kombination aus ihrer *Neuartigkeit* und *Komplexität* bezeichnen, da jedes der beschreibenden Adjektive in unserer Liste sich auf irgendeinen Aspekt dieser beiden Dimensionen bezieht.

Die Neuartigkeit einer Umgebung hat damit zu tun, wie gut wir sie kennen, und daher auch, wie gut wir vorhersagen können, was darin geschehen wird. Wenn ein Rahmen neu oder unvertraut ist, fühlen wir uns darin unsicher. Wir sind uns noch nicht sicher darüber, was er ist, was er bereithält, und wie wir darauf reagieren sollen. Wir nehmen eine derartige Umwelt als ungewiß, unwahrscheinlich, selten, ungewohnt oder unerwartet wahr – sie ist reizstark. Umgekehrt dürfte eine Umwelt, die wahrscheinlich, gewohnt, gewöhnlich oder erwartungsgemäß ist, geringere Ungewißheit hervorrufen und reizarm sein.

Wie komplex eine Umwelt ist, hat damit zu tun, wie viele Elemente, Merkmale oder Veränderungen sie enthält. Je mehr Elemente oder Veränderungen, desto größer ist die Ungewißheit, und desto größer ist daher das Reizvolumen. Elemente, die asymmetrisch und nicht symmetrisch, lückenhaft und nicht kontinuierlich, zufällig und nicht strukturiert, bewegt und nicht ruhig, unterschiedlich und nicht gleich, überfüllt und nicht leer, oder nahe und nicht entfernt sind, sind allesamt reizstärker.

1 Um Verwechslungen zu vermeiden, die sich womöglich aus der umgangssprachlichen Bedeutung dieser Begriffe ergeben könnten, ist es wichtig, die Beziehung zwischen *Informationsrate* (was wir Reizvolumen nennen wollen) und *Ungewißheit* von Situationen zu klären. Die Ungewißheit, die wir hinsichtlich des Ergebnisses eines Vorgangs verspüren – zum Beispiel, ob ein Basketball in das Netz fällt oder nicht –, *ist gleich* der durch den Vorgang geschaffenen Informationsmenge, nachdem er erfolgt ist. Ebenso ist für den Fall, daß wir die Augen über ein Gemälde oder eine Landschaft schweifen lassen, die Ungewißheit über das, was als nächstes kommt, gleich der Information, die dadurch geboten wird, was wir tatsächlich als nächstes erblicken. Darum ist es zutreffend, zu sagen, daß eine Situation eine Menge von Ungewißheit enthält, die gleich ihrem Informationsgehalt ist – wobei die beiden Begriffe sich jeweils nur darin unterscheiden, daß der eine für das »Vorher« und der andere für das »Nachher« gilt.

So zum Beispiel ist mehr Ungewißheit um einen Basketball, der sich bewegt, als um einen ruhenden. Ebenso wäre ein völlig kahler Raum, der nichts als Basketbälle auf dem Fußboden enthält, eine weniger komplexe Umwelt als derselbe Raum, wenn er mit Bällen für Basketball, Tischtennis, Baseball und Golf gefüllt wäre. Ein Raum, der alle diese verschiedenen Bälle nach dem Zufall verteilt enthielte, wäre eine komplexere Umwelt als ein Raum, in dem die Bälle nach Typen geordnet wären, mit ihnen Buchstaben gelegt oder eine Struktur gebildet wäre – eine Reihe Bälle für Golf, eine Reihe für Baseball usw. Dies liegt daran, daß wir in einer zufälligen oder unstrukturierten Umwelt größere Ungewißheit verspüren und ihr mehr Aufmerksamkeit schenken, um in ihr irgendeine Art von Struktur, Regelmäßigkeit oder Bedeutung zu entdecken, oder ihr diese überzustülpen. Wenn es uns gelungen ist, einer komplexen Umwelt Bedeutung zu verleihen oder sie zu strukturieren, haben wir nicht nur ihre Komplexität reduziert, sondern haben sie auch vertrauter oder weniger unwahrscheinlich gemacht und damit ihr Reizvolumen insgesamt gedämpft. So bereiten sich manche Leute häufig auf eine Oper oder ein Schauspiel, die sie noch nicht gesehen haben, damit vor, daß sie sich mit dem Handlungsrahmen durch Lektüre der im Programm abgedruckten Zusammenfassungen der einzelnen Akte vertraut machen. Dies tun sie, weil die Struktur des Handlungsrahmens den Vorgängen auf der Bühne Bedeutung oder Form verleihen kann und auf diese Weise das Reizvolumen einer bestimmten Aufführung etwas verringert wird, ohne daß dadurch irgendwie deren Komplexität verlorengeht.

Die am üppigsten sprudelnde Quelle der Ungewißheit sind vermutlich die Menschen selbst. Dies gilt besonders für Fremde, die unvertraut und sich daher mehr oder weniger unvorhersagbar oder unwahrscheinlich verhalten. Je überfüllter eine Umwelt ist, desto reizstärker ist sie. Wenn sie mit Leuten überfüllt ist, die wir nicht kennen, ist das Reizvolumen sogar noch größer. Häufig ziehen es Leute vor, mit einer ganzen Gruppe oder wenigstens mit einer Begleitperson zu großen Parties oder in Bars zu gehen, die gerade »in« sind. Der Umgang mit vertrauten Personen in einem neuen Rahmen trägt dazu bei, das hohe Reizvolumen zu reduzieren, und dies ist der Grund dafür, warum manche Leute zu Fremden auf einer Party oder in einer Bar erst dann Kontakte aufnehmen, wenn bereits eine gewisse Zeitspanne verstrichen ist – wenn der Ort und die Menschen, die sich dort aufhalten, vertrauter und vorhersagbarer geworden sind.

Der Faktor der Entfernung steht auch in Beziehung zu der Komplexität der Informationen aus der Umwelt. Je näher man irgendeiner Sache kommt, desto stärker nimmt man sie im Detail wahr. Eine Person, die zehn Meter von einem entfernt steht, gibt weniger an Informationen her als jemand, der nur dreißig Zentimeter entfernt ist. Im letzteren Fall kann man die Person riechen, ihre Atemzüge hören, ihre Körpergröße, ihr Gewicht und ihre Körperkraft im Vergleich zur eigenen Person zutreffend schätzen, sagen, ob sie ein Toupet trägt, mit Leichtigkeit ihre Stimmung feststellen, oder sie sogar anfassen.

In manchen Fällen kann die Entfernung der Bequemlichkeit halber als metaphorische Distanz behandelt werden. Das heißt, wenn man einem Menschen äußerst nahesteht in dem Sinne, daß man von ihm abhängig ist, äußerst empfindlich auf geringste Veränderungen seiner Stimmung reagiert, oder kurzum, wenn man diesen Menschen liebt, wird er zu einem äußerst komplexen oder sehr starken Reiz. Ganz gleich, an welchem Ort sich der oder die Geliebte befindet, wird sein Umfeld reizstark. Selbst vertraute Umgebungen dürften ungewöhnlich reizstark sein und daher anders verspürt werden. Mit diesem Phänomen befaßt sich die Volksdichtung schon immer.

Eine ungewöhnliche Entfernung kann auch entweder Komplexität oder Neuartigkeit bringen. Wir sind gewohnt, Umwelten oder Umweltmerkmale aus gewissen genormten Entfernungen und in einem bestimmten Größenverhältnis zu betrachten. Menschen nordeuropäischer Herkunft fühlen sich bisweilen auf unbestimmte Weise unsicher, wenn sie mit Leuten sprechen, die aus dem Mittelmeerraum stammen, und umgekehrt; jeder meint, daß der andere zu nahe bei ihm oder zu weit weg stehe. Wir sind nicht gewohnt, Campbells Suppendosen oder Figuren aus einem Comic-strip einen Meter groß zu sehen, und daher kommt der eigenartige Reiz der Pop Art oder auch der Nahaufnahme im Film, in welchem vertraute Gegenstände riesig und in jeder Einzelheit sichtbar werden.

Wenn die Faktoren Neuartigkeit und Komplexität skaliert werden, erhalten wir einen einzigen, zuverlässigen Maßstab für jede Umwelt, nämlich ihr Reizvolumen. Das Reizvolumen einer bestimmten Umwelt ruft bei einer bestimmten Person bestimmte emotionale Reaktionen hervor. Diese Reaktionen wiederum veranlassen die Person, sich dieser Umwelt zu nähern oder sie zu meiden.

Kehren wir zurück zu den zwei Strandszenen, und wenden wir den Begriff des Reizvolumens der Umwelt auf sie an. Die Strandumwelt in der ersten Szene ist nicht komplex. Zunächst ist sie nicht überfüllt. Es gibt nur eine Handvoll von Umweltmerkmalen: die Sonne, die salzige Brise, der Sand, das Meer, der Himmel, ein paar faserige Wolken, ein bißchen sanfte und einfache Musik. Der landschaftliche Ausblick geht in die Ferne; das einzige, was in der Nähe ist, ist die Musik, und diese scheint nicht nahe zu sein, weil die Lautstärke heruntergedreht ist. Die einzige Möglichkeit, die Komplexität dieser Umwelt zu erhöhen, bestünde vielleicht darin, sich den Sand ganz genau aus der Entfernung von etwa zehn Zentimetern anzusehen, und zu versuchen, die Sandkörner zu zählen. An dieser Umwelt ist nichts Neuartiges, wenn man einmal von der Annahme ausgeht, daß der Betrachter eine Anzahl schöner, sonniger Sommertage am Strand erlebt hat und in der Lage war, einsame Stellen zu finden, wenn er das wollte. Das heißt, die friedliche Strandumwelt dürfte vertraut sein; man hat keinerlei Grund zu erwarten, daß einem der Himmel auf den Kopf fällt, die Sonne verlischt, oder daß Neptun oder ein Auto aus den Wogen hervorpreschen wird. Auf diese Weise sorgen die geringe Neuartigkeit und die geringe Komplexität dieser Umwelt gemeinsam dafür, daß sie ein geringes Reizvolumen aufweist.

Wenn man natürlich nie an einem Strand war, nie den Ozean gesehen hat, oder noch nie unter einem weiten Himmel allein war, wäre die Unvertrautheit einer solchen Umgebung beträchtlich höher. Nichtsdestoweniger würde die geringe Komplexität den Durchschnitt des Reizvolumens insgesamt in einem Umfang senken, der sich ziemlich genau errechnen ließe. Für Kleinkinder unterscheidet sich die Formel beträchtlich; das Reizvolumen ist selbst an unserem friedlichen Strand höher. Für sie haben die meisten Umwelten ein ziemlich hohes Reizvolumen, weil ihnen alles allgemein weniger vertraut ist.

Die Strandumwelt in der zweiten Szene ist reizstark. Sie ist komplex; es gibt massenhaft sowohl visuelle als auch akustische Reize. Viele dieser Reize – der Hubschrauber, die Wolken, die Kinder, die Hunde, die Brandung, das Ringtennis, die Fliegen – sind in Bewegung und erzeugen daher mehr Ungewißheit, als wenn sie im Ruhezustand wären. Die Umwelt ist überfüllt, und eine Anzahl von Umweltmerkmalen sind nah, die Fliegen sind nur Zentimeter entfernt; der Ringtennis kommt manchmal nahe genug, daß man sehen kann, wie er sich dreht; der Hubschrauber fliegt nur dreißig Meter hoch, was für die meisten Leute nah genug ist; die Leute, Kinder und Hunde bewegen sich am Rande des Territoriums, das unter Umständen nicht größer ist, als eine Wolldecke von 1 × 2 Metern. Selbst die Wolken wirken sich dahingehend aus, daß der Himmel näherzurücken scheint. Die alte Vettel und der gutgekleidete Herr, die sich auf dem Betrachter zubewegen, bringen ein starkes Element der Neuartigkeit ein: Wer sind sie? Was wollen sie? Warum sind sie so angezogen? Was werden sie tun? Auf dem Times Square oder dem Sunset Strip wären derartige Personen immer noch unwahrscheinlich, aber bei weitem nicht in dem Ausmaß wie an einem Strand, an dem die Leute gewöhnlich eine bestimmte Bekleidung tragen, und keineswegs betteln, jemanden verhaften, erschießen, oder ihm eine Gerichtsvorladung zustellen.

Wie jedoch können wir vorhersagen, welche Auswirkung jede dieser beiden Umwelten auf ein bestimmtes Individuum haben wird? In der ersten Strandumwelt könnte der eine einschlafen; einem anderen könnte es langweilig werden, wenn er kein Buch zu Lesen hätte; ein weiterer könnte nach einigen Minuten Sonnenbad so gelangweilt und unruhig werden, daß er aufspringen, sich in die Brandung werfen und mit kräftigen Zügen auf den Horizont zuschwimmen würde. In der zweiten Umwelt könnte der eine erschreckt aufsehen; ein anderer könnte rasch seine Sachen zusammenpacken und fortgehen; wieder ein anderer könnte ein Spielchen mit den streunenden Hunden anfangen oder ein Gespräch mit jemand auf der Wolldecke nebenan; ein anderer sich in die Rauferei einmischen und ein letzter schließlich sogar der alten Frau einladend zuwinken.

Um vorhersagen zu können, wer in diesen beiden oder in jeder anderen Umgebung was fühlen und tun wird, müssen wir in der Lage sein, eine arbeitsgerechte Beschreibung von emotionalen Reaktionen zu geben, und dann bstimmte Arten von emotionalen Reaktionen mit dem Reizvolumen irgendeiner bestimmten Umwelt in Verbindung zu bringen. Und um das alles leisten zu können, müssen wir zum nächsten Kapitel übergehen.

Kapitel 3
Menschen und Gefühle

Christoph und Linda Sansum sind seit fünf Jahren verheiratet. Sie haben keine Kinder. Sie sind gebildet und anspruchsvoll, beide haben sie anscheinend gute Stellungen.

Linda Sansum macht Vortests für Werbesendungen im Fernsehen. Sie entwickelt Experimente zur Untersuchung der Reaktionen der Fernsehzuschauer, interpretiert die Daten und gibt den Herstellern und Werbeagenturen Empfehlungen. Ein großer Teil ihrer Arbeit spielt sich in einer sehr reizstarken und häufig unlustbetonten Umgebung ab. Sie muß zu großen Personengruppen sprechen und hat ständig mit Leuten zu tun, die Entscheidungen zu fällen haben und sich selbst sehr wichtig nehmen, oder mit sensiblen kreativen Künstlern. Linda Sansum mag ihre Arbeit nicht und spielt mit dem Gedanken an Kündigung, obwohl sie 22000 Dollar im Jahr verdient.

Auch die Arbeit von Christoph Sansum ist sehr reizstark. Er ist regionaler Verkaufschef für einen Schulbuchverlag mittlerer Größe. Er hat die Verantwortung dafür, wie die Verkäufer in seinem Gebiet abschneiden. Er muß sie vor unvernünftigen Anforderungen des Managements in Schutz nehmen und sie gleichzeitig ermuntern, immer mehr Aufträge hereinzubringen. Er muß ihre Spesenabrechnungen überprüfen, was manchmal erfordert, daß er die Ehrlichkeit und den Wert eines Menschen in Zweifel zieht. Er muß mit launischen und exzentrischen Verlegern gute Beziehungen unterhalten. Er muß sich auch unmittelbar an wichtigen Verkaufsgesprächen beteiligen, bei denen es zum Beispiel darum geht, ob das Schulsystem eines gesamten Bundesstaats seine Bücher oder die eines anderen Verlags kauft. Christoph Sansum ist seine Arbeit zuwider, doch meint er, daß er dabei bleiben muß, bis sich etwas Besseres ergibt.

Wenn Linda und Christoph beide nach der Arbeit einen widerwärtigen Tag hinter sich haben und verspannt und geladen nach Hause kommen, möchten sie sich nur noch entspannen. Sofort genehmigen sie sich ein paar kräftige Drinks. Ihre ganze Routine darf nicht gestört werden: die Stereo-Anlage wird eingeschaltet – immer irgendetwas wie ein Hornkonzert von Mozart; sie schlüpfen in vertraute alte Pullover, Hosen und Hausschuhe. Die Sieben-Uhr-Nachrichten lassen sie sich nie entgehen, und nehmen in dieser Zeit auch nicht das Telefon ab. Nach den Nachrichten werden sie wieder »menschlich« und können wenigstens wieder höflich miteinander reden. Sie sind dann bereit, ein Steak in die Pfanne zu werfen oder in das chinesische Restaurant am Ort zu gehen, kochen aber nichts Komplizierteres und lassen sich auf kein Lokal ein, in dem sie noch nie gewesen sind. Besonders Christoph besteht sehr energisch darauf, daß die Routine eingehalten wird; er möchte sich seine paar Drinks genehmigen, fernsehen und sich dann etwa um 11 Uhr in die Falle hauen.

Leider ist das Arbeitsleben von Linda und Christoph Sansum wie bei vielen anderen Fachspezialisten streßbetont. Dies erklärt, wie wir noch sehen werden, ihre Umweltpräferenzen, wenn sie heimkommen. Außerdem sind Linda und Christoph verschiedene emotionale Typen. Sie reagieren unterschiedlich auf Umgebungen, die das gleiche Niveau an Lustbetontheit und Reizvolumen haben. Diese grundlegenden emotionalen Unterschiede wirken sich in scheinbar dazu beziehungslosen Verhaltensbereichen aus – Schlafgewohnheiten, Auswahl von Freunden, persönliche Ordentlichkeit, Sexualleben, oder der Umfang des Konsums an Kaffee, Alkohol, Schlafmitteln oder Zigaretten.

Es ist eines der Schlüsselaxiome unseres Ansatzes, daß Menschen auf außerordentlich unterschiedliche Umwelten nur im Sinne weniger grundlegender Gefühlsdimensionen reagieren, und daß diese grundlegenden Gefühlsdimensionen wiederum außerordentlich unterschiedliche Verhaltensweisen hervorrufen können. Diese Ausgangshypothese kann man sich als input- output-System vorstellen. Auf der Seite des *inputs* oder der Umwelt ist buchstäblich alles enthalten, was wahrgenommen werden kann – Farben, Gerüche, Bäume, Kerzenlicht, eine körperliche Bedrohung, ein Rembrandt oder eine Striptease-Tänzerin. Zur *output*-Seite oder zur verhaltensmäßigen Reaktion gehört alles innerhalb des menschlichen Repertoires – wie man geht, wieviele Drinks man auf einer Party zu sich nimmt, ob man durch Gähnen und Sich-Hinlümmeln in einer bestimmten Situation Langeweile kundgibt, ob man während eines Flugs von Los Angeles nach New York ein Nickerchen macht, oder wie gut man bei einem bestimmten Examen abschneidet.

Die grundlegenden emotionalen Dimensionen jedoch, die zwischen der input- und der output-Seite vermitteln, das heißt zwischen verschiedenartiger

Umwelt und unterschiedlichem Verhalten, sind nur drei an der Zahl. Diese Dimensionen werden *Erregung – Nichterregung*, *Lust – Unlust* und *Dominanz – Unterwerfung* genannt.

Erregung bedeutet, wie aktiv, angeregt, aufgeregt, überdreht, zapplig, hellwach oder auf Draht man ist. Wenn man erregt ist, tut sich im Körper vielerlei: die Gehirnstromkurven haben eine bestimmte Struktur; Blutdruck, Puls und Atemfrequenz gehen hoch; die Muskeln sind angespannt; die Pupillen geweitet; die Blutgefäße in der Haut und den Gliedmaßen ziehen sich zusammen, so daß die Hauttemperatur sinkt; man blutet weniger, wenn man sich schneidet, und in einigen Fällen fühlt man weniger Schmerz bei äußeren Verletzungen. Das gesamte Körpersystem ist bereit zu »Kampf oder Flucht« – bereit, sich entschlossen mit einer Umwelt auseinanderzusetzen, die entweder äußerste Annäherung oder äußerste Meidung erfordert. Im Gegensatz dazu ist man bei Nichterregung entspannt, ruhig, träge, gelangweilt, schläfrig oder unaufmerksam; das vegetative Nervensystem regiert und erzeugt einen langsamen Puls, Muskelerschlaffung, langsame Atmung usw.

Lust bedeutet, daß man vergnügt, glücklich, befriedigt, zufrieden ist oder sich gut fühlt. Lust drückt sich in offenen Reaktionen aus, die wir augenblicklich bei uns selbst und anderen erkennen können – Lächeln, Schmunzeln, vielsagende Gesten, einen warmen Tonfall, und positive verbale Äußerungen. Im Gegensatz dazu bedeutet *Unlust*, daß man unglücklich, verärgert, unbefriedigt, melancholisch ist oder sich schlecht fühlt, und die entsprechenden körperlichen und verbalen Äußerungsformen sind ebenso eindeutig.

Dominanz bedeutet, daß man sich überlegen fühlt – daß man das Gefühl hat, einflußreich, unbehindert, wichtig zu sein oder die Situation unter Kontrolle hat. Wenn man sich dominant fühlt, fühlt man sich berechtigt, sich nach Belieben zu verhalten. Wenn man zum Beispiel im eigenen Wohnzimmer *La Bohème* hört, fühlt man sich berechtigt, sich im Pyjama hinzuflegeln, sich einen Drink zu machen, eine Zigarette anzuzünden, das Libretto durchzublättern, oder mit den Armen zu wedeln und mitzusingen. Wenn man andererseits in der *Metropolitan Opera* eine Montagabend-Vorstellung besucht, ist das Verhalten ziemlich genau vorgeschrieben; es gibt bestimmte Maßstäbe für Bekleidung und Verhalten, von denen abzuweichen schmerzhafte soziale Mißbilligung mit sich bringt. Das ist damit gemeint, wenn man sich *unterworfen* fühlt; es ist ein Gefühl, eingeschüchtert, gegängelt, mit Vorschriften eingedeckt oder so behandelt zu werden, daß man keine Entscheidungen fällt oder fällen kann. Man fühlt sich unterworfen bei einem offiziellen Essen, auf der Kegelbahn, in einer feudalen Bar, in einem Hindu-Tempel oder auf der Polizeiwache, wenn man das Gefühl hat, daß man sich dort nach den »Konventionen« richten und das tun wollen muß, was für diese bestimmte Umwelt jeweils richtig ist.

Die drei Dimensionen der emotionalen Reaktion – Erregung-Nichterregung,

Lust-Unlust und Dominanz-Unterwerfung stellen das Grundmuster dar, aus dem alle Gefühle entstehen. Jede Dimension ist von den anderen beiden unabhängig. Das heißt es gibt Umwelten, die radikale Veränderungen in einer Gefühlsdimension verursachen können, ohne die anderen zu beeinflussen. Nehmen wir zum Beispiel die Wut. Wenn wir wütend sind, sind wir stark erregt, unlustbetont und haben Gefühle der Dominanz. In der Dimension der Dominanz meinen wir, daß wir aus dem einen oder anderen Grund berechtigt sind, körperlich oder verbal zuzuschlagen, daß wir unsere Umwelt dadurch kontrollieren oder beeinflussen können, daß wir sie buchstäblich oder im übertragenen Sinne zusammenstauchen. Andererseits fallen Gefühle der Angst oder Sorge ebenfalls mit starker Erregung und starker Unlust zusammen, jedoch gleichzeitig mit geringer Dominanz. Wenn wir uns fürchten oder besorgt sind, sind wir stark erregt und unlustig, doch fühlen wir uns nicht in der Lage, auf die eine oder andere Art heftig gegen das vorzugehen, was unsere Erregung und unsere Unlust verursacht. Statt dessen nehmen wir die Sache derart wahr, daß wir auf die Umwelt nicht signifikant oder sinnvoll einwirken können, oder daß alles, was wir unternehmen, negative Folgen haben wird – also bewirken wird, daß wir eine Niederlage erleiden, noch stärker unterworfen oder noch mehr verletzt werden als zuvor.

Tatsächlich kann gerade dieses Beispiel dazu herangezogen werden, einige umfassendere gesellschaftliche Bewegungen zu erklären. So zum Beispiel ist gesagt worden, daß die fünfziger Jahre in den Vereinigten Staaten eine Zeit der Angst waren. Viele Menschen reagierten auf die Ungewißheiten dieser Zeit damit, daß sie versuchten, sich anerkannten Normen anzupassen, und es gab nur wenige offen aggressive oder wütende Reaktionen auf erregende und unangenehme gesellschaftspolitische Umstände. Mitte und Ende der sechziger Jahre jedoch erlebten viele Personen, insbesondere diejenigen, die sich selbst als Mitglieder einer Minderheit in der Gesellschaft begriffen – Schwarze, Homosexuelle, Fabrikarbeiter, mexikanische Wanderarbeiter und in gewissem Maße auch Frauen – eine Veränderung in der Dimension der Dominanz. Angst oder Furcht verwandelte sich in Wut oder Feindseligkeit, und das Ergebnis waren Aufruhr, Demonstrationen und offene oder rhetorische Infragestellungen von Normen der einen oder anderen Art. Es wäre eine fruchtbare Aufgabe für Historiker und Soziologen, festzustellen, welche Veränderungen in der Umwelt zu dieser Verschiebung von hoher Erregung, starker Unlust und Unterworfenheit (Angst) in Richtung auf hohe Erregung, starke Unlust und Dominanz (Wut) führten. Bekannt ist, daß die meisten Minderheitsgruppen – einschließlich zum Beispiel der Minderheit, die die amerikanische Revolution machte – an irgendeinem Punkt eine derartige Veränderung in der Dimension der Dominanz durchmachen. Frantz Fanon, Che Guevara und andere Revolutionstheoretiker aller Zeiten haben von der »befreienden« Wirkung der revolutionären

Gewalt gesprochen. Sie sprechen genau von dieser Verschiebung von einem Gefühl der Unterwerfung zu einem Gefühl der Dominanz. Es gibt Menschen ein dominantes Gefühl, wenn sie ein Fenster einschlagen, den Tee oder Kattun einer imperialistischen Macht boykottieren, ein verhaßtes Autoritätssymbol herausfordern oder ein System zerschlagen. Kluge Regenten haben stets versucht, die Gefühle äußerster Erregung und stärkster Unlust bei den Leuten, für deren Verhalten sie verantwortlich sind, zu dämpfen und gleichzeitig das Gefühl der Dominanz dieser selben Leute dadurch zu erhöhen, daß sie ihnen Mitbestimmungsrechte oder den Zugang zu Einflußpositionen einräumen.

Jedes Gefühl, für das wir Worte haben – Wut, Langeweile, Angst, Freude, Liebe, Zufriedenheit, Faulheit, usw. – läßt sich als eine bestimmte Kombination der drei Dimensionen Erregung, Lust und Dominanz beschreiben. Tatsächlich lassen sich diese gewöhnlichen Gefühle, oder sogar äußerst ungewöhnliche oder komplexe wie Haßliebe oder »Ich weiß nicht, wie mir ist« statistisch mit diesen drei Dimensionen korrelieren und daher als Gleichungen ausdrücken.[2]

Die Dimensionen Erregung, Lust und Dominanz statten uns mit einem funktionsfähigen Raster aus, den wir über die wimmelnde Konfusion der menschlichen Gefühlswelt legen können. Aus diesem Gefühlsraster besteht der Kern des »Flußdiagramms« der Umweltpsychologie. Eine Umwelt verursacht bei uns eine Gefühlsreaktion, die eine klar unterscheidbare, meßbare Kombination von Erregung, Lust und Dominanz ist. Diese Gefühlsreaktion wiederum veranlaßt uns, uns dieser Umwelt zu nähern oder sie zu meiden.

Von den drei Gefühlsdimensionen steht die Erregung in der unmittelbarsten Beziehung zum Reizvolumen der Umwelt. Je größer dieses Reizvolumen ist,

2 Alle erleben wir Situationen, bei denen uns plötzlich ein bestimmtes Bild einfällt, das zu unserer gegenwärtigen Tätigkeit oder Umwelt in keinerlei Beziehung steht. Es kann sein, daß wir mit einem Kollegen ein geschäftliches Problem erörtern, und plötzlich ein stark detailliertes und lebhaftes Bild von Freunden aus der Vergangenheit vor uns haben, die sich im Studentenwohnheim herumlümmeln. Wenn wir überlegen, wie wir uns kurz vor dieser Rückblende und während der Rückblende fühlten, stellt sich heraus, daß diese beiden Gefühlszustände häufig sehr viel gemeinsam haben. Tatsächlich ist es dieser gemeinsame Gefühlszustand, der die gegenwärtigen Situationen mit einem lebhaften Bild eines vergangenen Ereignisses verbindet.

Dies trägt auch zur Erklärung des *déjà-vu*-Erlebnisses bei. Manchmal kommen wir an einen Ort und haben den starken Eindruck, daß wir schon einmal da gewesen sind, obwohl wir mit Sicherheit wissen, daß dies unmöglich ist. Es ist möglich, daß das *déjà vu* nicht »schon einmal gesehen«, sondern »schon einmal gefühlt« bedeutet. Eine neue Umgebung kann bei uns eine Gefühlsreaktion hervorrufen, die fast identisch mit einer anderen ist, die wir vor langer Zeit erlebt haben, und vielleicht von einem Ort erzeugt wurde, der seinem räumlichen Aussehen nach völlig anders war. Wir erinnern uns an das alte Gefühl, nicht jedoch an die Umstände, die es weckten. Die Kongruenz alter und neuer Gefühle erzeugt das seltsame Erlebnis des »habe ich das nicht schon mal gesehen?«

desto höher ist das Erregungsniveau eines Menschen. Eine Umwelt, die neu, überraschend, überfüllt und komplex ist, erzeugt stets ein Gefühl starker Erregung. Eine Person in dieser Umgebung wird angeregt, zapplig, hellwach usw., und die physiologischen Anzeichen wie schnellerer Puls, Muskelspannung und niedrigere Hauttemperatur sind vorhanden. Umgekehrt erzeugt eine Umwelt mit geringer Aufladung Gefühle geringer Erregung; ein Mensch, der sich in ihr befindet, fühlt sich entspannt, ruhig, träge oder schläfrig.

Wie wir jedoch noch sehen werden, ist das Erregungsniveau nicht unbedingt der einzige Bestimmungsfaktor für ein Verhalten der Annäherung oder Meidung, wenn es auch bisweilen der Hauptfaktor sein kann. Statt dessen formt die Erregung in irgendeiner bestimmten Kombination mit Lust und Dominanz die Verhaltensreaktion insgesamt.

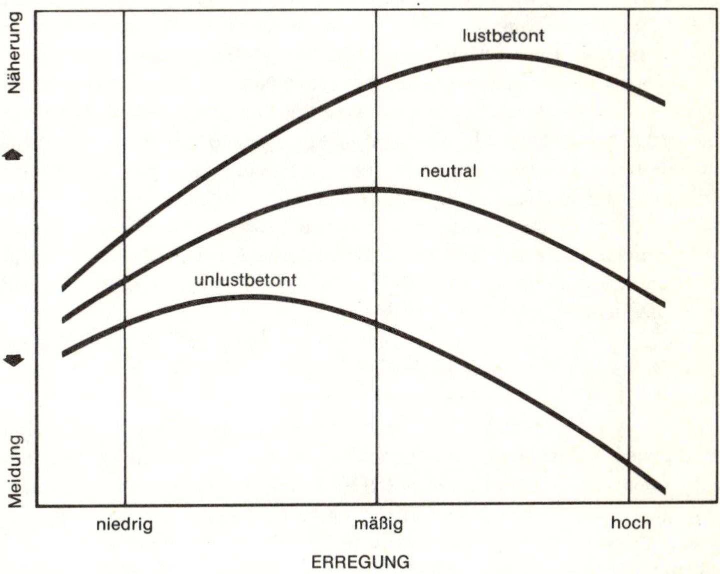

Abbildung 1

Aus Abbildung 1 gehen insbesondere die kombinierten Auswirkungen von Lust und Erregung auf ein Verhalten der Annäherung oder Meidung hervor (wobei der mögliche Beitrag der Dominanz einstweilen weggelassen ist). Fangen wir einmal mit Situationen an, die weder eindeutig lustbetont noch eindeutig unlustbetont, also neutral sind. Von diesen werden die Situationen mit äußerst hohem oder äußerst geringen Reizvolumen (das heißt diejenigen, die sehr stark oder sehr wenig erregend sind) gemieden und die mäßig reizstarken maximal vorgezogen. Das ist die klassische Beziehung zwischen Erregtheit und Näherung-Meidung, die sich als Kurve mit einem auf den Kopf gestellten U darstellen läßt. Situationen, die Lust erzeugen, werden stärker gesucht (obere Kurve) und diejenigen, die Unlust erzeugen, werden stärker gemieden (untere Kurve). Außerdem geht aus der oberen Kurve hervor, daß wir in lustbetonten Situationen allgemein erwarten können, daß das Annäherungsverhalten sich je nach dem erregenden Charakter der Situation steigert – je größer die Erregung, desto stärker die Annäherung. Im Gegensatz dazu zeigt die untere Kurve, daß wir in unlustbetonten Situationen allgemein erwarten können, daß das Meidungsverhalten bei zunehmend erregendem Charakter der Situation zunimmt – je höher die Erregung, desto stärker das Meidungsverhalten.

Greifen wir uns eine Umwelt heraus, die stark lustbetont und wenig erregend ist. Ein Ehepaar verbringt den Abend beschaulich zu Hause. Einer ihrer Freunde kommt mit einer neuen Schallplatte vorbei, die er soeben gekauft hat. Während sie der Musik zuhören, fangen sie an, miteinander und mit ihrem Freund in immer intensivere Interaktion zu treten. Diese Zunahme im Annäherungsverhalten wird durch die höhere Erregung infolge des Besuchs und der Musik verursacht. Betrachten wir eine andere Situation, zu der nur geringe Lust und mäßige Erregung gehören. Man erledigt eine unangenehme Aufgabe und fühlt sich dabei mürrisch. Der zunehmende Lärm von einer Party nebenan verstärkt die Erregung und bewirkt, daß man vermeidet, die Aufgabe zu Hause zu erledigen. Man legt sie beiseite und geht vielleicht irgendwo hin, wo es weniger aufregend ist – zum Beispiel in eine Bibliothek.

Eine Umgebung, in der ein Mensch wenig Erregung, leise Lust, und eine gewisse Dominanz verspürt, wird stets als heimelig, gemütlich oder vergnüglich wahrgenommen, und der Mensch fühlt sich darin gut, entspannt oder zufrieden. Er bleibt dann in dieser Umgebung und zeigt andere Arten des Annäherungsverhaltens, zu dem vielleicht verbale Äußerungen der Befriedigung gehören. Andererseits wird dieser Mensch in einer Umgebung, die Gefühle geringer Erregung, leiser Unlust und einer gewissen Unterwerfung (Langeweile) erzeugt, ein Meidungsverhalten irgendeiner Art zeigen – aus dem Fenster starren, statt dem Lehrer zuzuhören, den Augenkontakt reduzieren, sich von den Leuten in einer Gesprächsgruppe abwenden oder wenn möglich sogar den Ort verlassen.

Was aber ist mit individuellen Unterschieden? Reagieren nicht verschiedene Leute verschieden auf dieselbe Umgebung? Natürlich tun sie das, und wir werden dazu gleich kommen. Es ist jedoch wichtig, an diesem Punkt hervorzuheben, daß die Gemeinsamkeiten der Menschen weitaus zahlreicher sind als ihre Verschiedenheiten. Die Vorstellung, daß irgendjemand einzigartig oder von jedem anderen sonst total verschieden sei, ist romantisiertes Wunschdenken. Sogar Kulturunterschiede sind bisweilen überschätzt worden. Man kann einen afrikanischen Maskenkünstler, einen Korbweber von den Fidschiinseln und einen japanischen Töpfer nehmen und sie vor jeweils doppelte Beispiele der abendländischen Kunst stellen, von der sie noch nie etwas gesehen haben – klassische griechische Skulpturen, impressionistische oder expressionistische Gemälde oder sonst etwas – und diese Leute dann auffordern, zu urteilen, welche Skulptur oder welches Gemälde von einer bestimmten Art oder Schule das bessere ist. Man wird feststellen, daß ihre Urteile denen von anerkannten westlichen Experten-Künstlern, Galeriebesitzern, Kunsthistorikern usw. bemerkenswert ähnlich sind. Irgendetwas zieht sich hier auf eine Art und Weise durch stark unterschiedliche Kulturen, was die meisten Menschen für unwahrscheinlich halten würden.

Bei Menschen ist das natürlich etwas anderes. Die erfundenen Sansums, mit denen ich dieses Kapitel begann, unterscheiden sich in gewisser Hinsicht. Christoph und Linda Sansum sind jedoch nicht einzig auf der Welt; jeder von ihnen, obwohl er sich vom anderen jeweils unterscheidet, ähnelt vielen anderen Menschen. Das heißt jeder gehört zu einer großen Gruppe, die ähnliche Merkmale aufweist, oder kurzum zu einem Typ. Es ist Mode geworden, alle Bemühungen zur Typisierung von Menschen zu denunzieren, weil bisweilen die Typen oder Kategorien, die wir anderen zuweisen, auf vorurteilsbehafteten Vorstellungen oder eingebildeten bzw. projizierten Eigenschaften beruhen. Bisweilen ergibt sich die Typisierung von Personen aus scharfer, wenn auch möglicherweise ungeschulter Beobachtung, und noch besser aus Forschungsergebnissen.

Um die Menschen in unserem Rahmen in Typen einteilen zu können, gehen wir von der Hypothese aus, daß die drei grundlegenden Gefühlsdimensionen auch dazu benutzt werden können, die typischen emotionalen Wesenszüge oder Temperamente von verschiedenen Personen zu beschreiben. So können Menschen zum Beispiel allgemein eine lustbetonte (oder unlustbetonte) Stimmung haben. Wenn man die Stimmungen verschiedener Leute im Zeitablauf festhält, wird man feststellen, daß manche sich durchgehend mehr lustbetont und andere durchgehend mehr unlustbetont fühlen. Niemand weiß, warum dies so ist, doch ist es fast mit Gewißheit etwas Angeborenes; vom Augenblick der Geburt an lächeln und krähen manche Säuglinge sehr viel mehr als andere.

Die zweite langfristige Persönlichkeitsdimension hat mit typischen Niveaus von Dominanz oder Unterwerfung zu tun. Wahrscheinlich wird diese Dimension durch frühe elterliche oder kulturelle Konditionierung mindestens zum Teil beeinflußt, doch gibt es auch hier anscheinend angeborene Unterschiede. Manche Kinder strampeln in der Gebärmutter herum wie ein Kaninchen, und andere liegen relativ still, was auf vorgeburtliche Spannungen (Erregtheit in Verbindung mit Unterwerfung) hinweist. Die meisten Leute sind bemerkenswert geschickt dabei, Dominanz bei anderen zu erkennen, besonders wenn man sie auffordert, Führungseigenschaften, Bedeutung innerhalb der Gemeinschaft oder irgendeinen anderen persönlichen oder sozialen Aspekt zu identifizieren, der nicht in flagranter Weise auf eine Hackordnung schließen läßt.

Die dritte und vielleicht bedeutendste angeborene Persönlichkeitsdimension hat mit Erregung zu tun. Der Schlüsselbegriff hier ist die *Reizabschirmung*, oder die Art, wie sich ein Mensch typischerweise gegenüber den weniger relevanten Teilen seiner Umgebung abschirmt und damit wirkungsvoll das Reizvolumen der Umwelt und sein Erregungsniveau reduziert. Wir werden uns etwas näher mit diesem Begriff befassen müssen, weil er für das Verständnis der verschiedenen menschlichen Reaktionen auf denselben Ort von größter Bedeutung ist.

Menschen, die typischerweise weniger Reizabschirmung betreiben, und die wir *Nichtabschirmer* nennen wollen, gehen definitionsgemäß bei ihren Reaktionen auf irgendetwas in einer beliebigen Umgebung weniger selektiv vor. Ihre Aufmerksamkeit gegenüber den verschiedenen Teilen und Geschehnissen ihrer Umwelt ist tendenziell diffus – sie hören, sehen, riechen und spüren auf andere Weise mehr Reize. Sie sind weniger anfällig dafür, die verschiedenen Bestandteile einer Situation nach Relevanz oder Bedeutung zu hierarchisieren oder strukturieren. Infolgedessen erleben Nichtabschirmer Orte komplexer und reizstärker.

Diejenigen, die mehr Reizabschirmung betreiben, und die wir *Abschirmer* nennen wollen, gehen per Definition bei dem, worauf sie reagieren, selektiver vor. Abschirmer zwingen die verschiedenen Bestandteile einer komplexen Situation automatisch (unbewußt) unter eine Bedeutungshierarchie oder Struktur und verringern dadurch wirksam ihr Reizvolumen. In anderen Worten konzentriert sich ihre Aufmerksamkeit stärker auf verschiedene Teile oder Geschehnisse einer Umgebung, wobei die weniger relevanten Bestandteile vorher aussortiert werden.

Das tatsächlich höhere Reizvolumen der Umwelt für Nichtabschirmer in der gleichen Situation erregt diese stärker. Die Nichtabschirmer haben länger anhaltende Erregungsreaktionen auf neue, veränderliche oder plötzliche (das heißt reizstarke) Situationen. Im Gegensatz dazu führen dieselben Situationen bei Abschirmern zu geringeren und kurzzeitigeren Erregungsreaktionen.

Individuelle Unterschiede bei der Abschirmung treten am stärksten unmittelbar nach einer plötzlichen Zunahme des Reizvolumens der Umwelt in Erscheinung. Dies liegt zum Teil daran, daß sich die Abschirmer sehr viel schneller als die Nichtabschirmer an die irrelevanten oder weniger relevanten Reize in einer Situation gewöhnen, obwohl sich beide schließlich auf relativ vergleichbare Erregungsniveaus einpendeln. Aus diesem Grund ist die höhere Erregbarkeit – im Sinne kurzfristiger Erregungsspitzen und nicht im Sinne eines typisch oder durchschnittlichen höheren Erregungsniveaus – der relevanteste Unterschied zwischen der Erregungsreaktion von Abschirmern und Nichtabschirmern. Nehmen wir einmal an, Herr Müller, ein Abschirmer, und Herr Schmidt, ein Nichtabschirmer, sitzen in ihrem Wohnzimmer und unterhalten sich ruhig und entspannt, und plötzlich läßt die Frau in der Küche eine Pfanne fallen oder ein Flugzeug stößt durch die Schallmauer. Herr Schmidt, der Nichtabschirmer, wird zusammenfahren, sich kerzengerade aufsetzen und möglicherweise den Faden verlieren. Herr Müller wiederum, der Abschirmer, wird höchstens seinen Kopf in Richtung des Geräusches drehen. Wenn man unmittelbar nach dem Geräusch ihre Erregungskurven aufzeichnen würde, würden sie ungefähr wie Abbildung 2 aussehen. Herrn Schmidts Erregungsniveau schießt immer dann in die Höhe, wenn seine Umwelt Reizimpulse erfährt (wie zum Beispiel, wenn etwas völlig Unerwartetes passiert) und braucht länger, bis es wieder absinkt. Herrn Müllers Erregungsniveau geht lange nicht so hoch hinauf, und fällt schneller wieder ab. Dies bedeutet nicht unbedingt, daß Herr Schmidt nervöser, ängstlicher oder angespannter als Herr Müller ist. Ein geringes Niveau bei der Abschirmung von Reizen ist lediglich ein Indiz für geringere Selektivität und daher verstärkte Erregungsreaktionen auf verschiedene Situationen – ob diese nun lustbetont oder unlustbetont sind. Wir können jedoch sagen, daß Nichtabschirmer einen empfindlichen oder feiner eingestellten Gefühls-»Apparat« haben. Daher reagieren sie relativ empfindlich auf geringere Variationen bei Reizen und können von relativ massiven aus dem Gleis geworfen werden.

Ein Nichtabschirmer würde raschere und höhere Zunahmen der Erregung aufweisen als ein Abschirmer, wenn wir plötzlich ein Stroboskop einschalten würden, während sich beide in einem dunklen Raum aufhalten, oder wenn sie beide in einen überfüllten Aufzug einsteigen, einen Unfall auf der Autobahn erleben, mit dem Flugzeug in ein Luftloch sacken, auf dem Gehweg angerempelt, von einem Fremden abgekanzelt oder beleidigt oder beim Autofahren plötzlich mit einer gefährlichen Situation konfrontiert würden. Ähnliche Unterschiede sind in zahlreichen streßbetonten zwischenmenschlichen Situationen zu erwarten, wie zum Beispiel in einem Menschengedränge, der Erwartung negativer Beurteilung durch andere und den ersten Augenblicken eines Zusammentreffens mit einem völlig Fremden.

Was folgt aus alledem für die Umweltpräferenzen von Abschirmern und Nichtabschirmern? Aus Abbildung 1 geht hervor, daß sich im Falle von lustbetonten Umgebungen jeder den erregenderen in stärkerem Maße nähert. Da Nichtabschirmer in Situationen mit hohem Reizvolumen stärker als Abschirmer erregt werden, bedeutet dies, daß sich Nichtabschirmer zu lustbetonten und reizstarken Umgebungen sogar noch mehr hingezogen fühlen müßten. Die untere Kurve in derselben Abbildung zeigt, daß von den unlustbetonten Umgebungen die erregenderen von jedem stärker gemieden werden. Wiederum müßten die Nichtabschirmer, da sie an reizstarken und unlustbetonten Orten

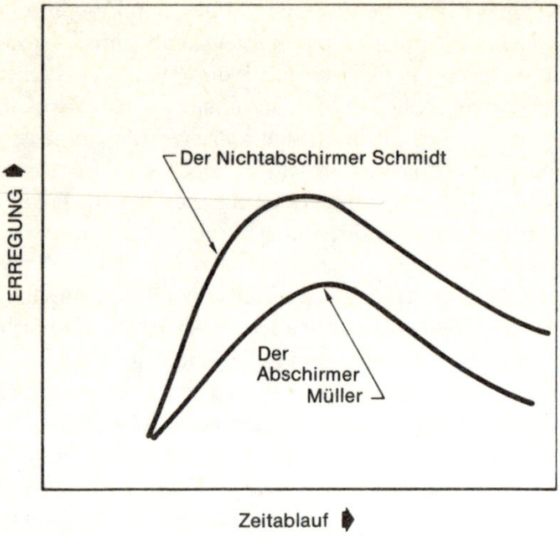

Abbildung 2

stärker erregt werden, diese noch mehr meiden als Abschirmer. Anders gesagt, bewirkt die Tatsache, daß die Nichtabschirmer in Umgebungen mit hohem Reizvolumen stärker erregt werden, daß sie ein stärker polarisiertes Annäherungs-Meidungsverhalten bei lustbetonten und unlustbetonten Situationen aufweisen: Im Vergleich zu Abschirmern fühlen sie sich stärker zu reizstarken und lustbetonten Orten hingezogen, und meiden reizstarke und unlustbetonte ebenfalls stärker.

Es gibt noch einen weiteren Unterschied in den Umweltpräferenzen von Abschirmern und Nichtabschirmern, zu dessen Erklärung etwas weiter ausgeholt werden muß. Häufige und sehr hohe Erregungszustände können von niemand sehr lange ausgehalten werden; das erlaubt schon der Körper nicht. Die Körpersysteme werden überlastet, und Ermüdung setzt ein. Wenn die »durchgebrannten Sicherungen« in Form von gewöhnlicher körperlicher Müdigkeit oder einer Meidungsreaktion irgendeiner Art irgendwie überspielt werden, schalten sich andere körperliche Abwehrmechanismen ein und verursachen am Ende schwere körperliche Schäden wie z.B. Magengeschwüre. Unser Körper sabotiert sich buchstäblich selbst in dem Bemühen, uns einer Umwelt zu entziehen, die unerträglich hohe und häufige Erregungszustände verursacht. Doch selbst bevor die Ermüdung einsetzt, zeigen mehrere Signale an, wenn ein zu hohes Erregungsniveau erlebt wird: Herzklopfen, feuchte Hände, usw.

Diese körperlichen Reaktionen auf ein anhaltendes hohes Erregungsniveau sind ein Teil des *Allgemeinen Anpassungssyndroms*. Wir werden es im nächsten

Kapitel im einzelnen abhandeln, doch ist es an diesem Punkt sinnvoll, auf Abbildung 1 zurückzuverweisen. Die obere Kurve in diesem Bild zeigt, daß von lustbetonten Situationen die erregenderen (reizstärkeren) stärker gesucht werden, doch sinkt die Kurve bei extrem hohen Erregungszuständen wieder. Dieser absteigende Ast soll die Grenzen darstellen, die unser Körper einem anhaltend hohen Erregungsniveau entgegensetzt. Das heißt, auch die Annäherung an lustbetonte und extrem erregende Situationen wird gebremst, weil sie zur Vermeidung von Reaktionen des Allgemeinen Anpassungssyndroms geregelt werden kann.[3]

Wenn wir uns wieder den Unterschieden zwischen Abschirmern und Nichtabschirmern zuwenden, sehen wir, daß die Nichtabschirmer diese maximal erträglichen Erregungszustände rascher und häufiger als Abschirmer erreichen. Dies bedeutet, daß der längere Aufenthalt in Umgebungen mit hohem Reizvolumen gern die Körpermechanismen der Nichtabschirmer stärker überfordert als die der Abschirmer und dafür sorgt, daß sie schneller ermüden. Daher ziehen streßbetonte Umgebungen, die nicht nur reizstark, sondern auch unlustbetont sind, häufig Nichtabschirmer stärker in Mitleidenschaft als Abschirmer. Nichtabschirmer ermüden schneller und entwickeln eher psychosomatische Krankheiten in derlei Situationen, wenn sie aus dem einen oder anderen Grund gezwungen sind, darin zu verbleiben. Auch gehen Nichtabschirmer in lustbetonteren und reizstärkeren Situationen eher freiwillig bis an die Grenze ihrer körperlichen Leistungsfähigkeit.

Im übrigen ist es ziemlich leicht, festzustellen, ob man ein Abschirmer oder Nichtabschirmer ist. Ein zeitweilig oder chronisch hohes Niveau physiologisch hoher Erregung geht mit Gefäßkontraktionen an der Peripherie einher – die Kapillargefäße in Händen und Füßen ziehen sich zusammen, was bedeutet, daß die Hauttemperatur dieser Gliedmaßen geringer als die normale Körpertemperatur (etwa 36,6°C) ist. Stark erregte Menschen haben daher eher kalte Füße oder kalte Hände.

Nehmen Sie ein Thermometer, das empfindlich auf die Temperatur der Hand reagiert, wenn es zwischen Zeigefinger und Daumen gehalten wird. Das Thermometer sollte von der Art sein, die eine Zu- oder Abnahme der Temperatur

3 Auch die Anpassung an ein extrem niedriges Niveau des Erregungszustands fällt schwer, das längere Zeit aufrechterhalten wird, jedoch aus anderen Gründen. Aus der *unteren* Kurve in Abbildung 1 geht hervor, daß von den unlustbetonten Situationen die weniger erregenden (reizärmeren) stärker gesucht werden, doch sinkt die Kurve für extrem niedrige Erregungsniveaus wieder ab. Dieser absteigende Ast soll unsere psychologischen Grenzen angesichts extrem erregungsloser Situationen und unsere mangelnde Präferenz dafür veranschaulichen. Das heißt, daß es selbst beim Gefühl der Unlust eine untere menschliche Toleranzgrenze für extrem niedrige Erregungsniveaus gibt.

registriert und kein Fieberthermometer, das nur die obere Grenze der Temperatur eines Patienten festhält und dann geschüttelt werden muß, damit die Quecksilbersäule wieder hinuntergeht. Bei Verwendung eines derartigen Thermometers sollten Sie feststellen können, bis zu welchem Umfang Ihre Hände zu jedem beliebigen Zeitpunkt kälter als die normale innere Körpertemperatur sind, und damit Ihr zeitweiliges Erregungsniveau. Je höher die Erregung ist, desto größer ist der Temperaturrückgang in Ihren Händen, Füßen und in der Haut. Indem man Messungen über viele Situationen mit hoher Reizstärke hinweg vornimmt, kann man das eigene Niveau der Reizabschirmung feststellen. Vorübergehendes starkes Absinken der Handtemperatur dürfte auf vorübergehende hohe Erregung hinweisen und nur dann ein Beweis für Nichtabschirmung sein, wenn diese großen Temperaturrückgänge häufig auftreten.[4]

Es läßt sich nachweisen, daß Nichtabschirmer ein hohes Einfühlungsvermögen haben – sie reagieren empfindlicher auf die Gefühlsreaktionen anderer und können deren Gefühle eher nachempfinden oder sich vorstellen. Sie sind auch empfänglicher für subtile Veränderungen ihrer Umwelt und reagieren heftiger auf diese Veränderungen. Die in unserem Versuchsraum erzielten Resultate weisen nach, daß im allgemeinen bei Frauen eine leichte Tendenz besteht, sich weniger abzuschirmen als Männer. Ich will damit keineswegs behaupten, daß alle Frauen Nichtabschirmer und alle Männer Abschirmer seien. Es liegt jedoch ein kleines statistisches Indiz dafür vor, daß auf einer kontinuierlichen Skala mehr Frauen in Richtung auf den Nichtabschirmungspol und mehr Männer in Richtung auf den Abschirmungspol einzuordnen sind. Es gibt zahlreiche Ausnahmen, und mein Beispiel von Christoph und Linda Sansum habe ich konstruiert, um das zu belegen.

Diese wissenschaftlich überwachten Beobachtungen decken sich jedoch sehr gut mit gewissen weit verbreiteten kulturspezifischen oder allgemeinen Vorstellungen. Es wird zum Beispiel häufig bemerkt, daß Frauen »emotionaler« als Männer seien, womit gemeint ist, daß sie auf offensichtlich gefühlsbetonte Situationen mit stärkerer Erregung reagieren, oder daß sie auf anscheinend winzige Veränderungen der Umwelt, die von Männern bisweilen nicht einmal wahrgenommen werden, gefühlsmäßig eher ansprechen. Derartige Vorstellungen werden durch experimentelle Beobachtungen untermauert, aus denen hervorgeht, daß Frauen für Angst- und Ohnmachtsanfälle anfälliger sind und gegenüber anderen Personen ein besseres Einfühlungsvermögen aufbringen.

Das Ergebnis, daß Frauen dazu neigen, sich weniger als Männer abzuschirmen, deckt sich auch auf unliebsame Weise mit bestimmten geschlechtsspezifischen Rollenzuweisungen. Nichtabschirmer zeigen in unlustbetonten und stark

4 Eine weniger umständliche Messung der Reizabschirmung, die auf einem Fragebogen beruht, wurde vom Verfasser entwickelt und ist bei ihm erhältlich.

erregenden Umgebungen schlechtere Leistungen – zum Beispiel in Umgebungen, in denen Konkurrenz bis aufs Messer herrscht. Nichtabschirmer dürften auch in angstbetonten oder gefährlichen Situationen nicht so leistungsfähig sein wie Abschirmer.

Es ist ganz interessant, sich Spekulationen über die Bedeutung hinzugeben, die die leichte Neigung von Frauen, sich weniger abzuschirmen und daher empfänglicher für Veränderungen der Umwelt zu sein, für die Reizanpassung hat. Diese ergab sich vermutlich aus der natürlichen Zuchtwahl, da sie die Spezies ingesamt begünstigte. Wenn wir einmal annehmen, daß sich unterschiedliche Geschlechterrollen recht früh in der menschlichen Vorgeschichte entwikkelten, und daß das Weibchen sich auf die lokale Umwelt beschränkte, um auf die Jungen der Spezies aufzupassen, dürfte eine Nichtabschirmung äußerst nützlich gewesen sein. Eine Mutter, die nicht sehr empfänglich für winzige Veränderungen der Umwelt ist – ein Rascheln in den Büschen, ein plötzliches Verstummen des Vogelgezwitschers oder der Spielgeräusche ihrer Kinder – könnte ihren wehrlosen Nachwuchs rasch verlieren. Natürlich wäre es sehr nützlich für die Spezies insgesamt, wenn zumindest die Hälfte ihrer Mitglieder vom Temperament her wachsam genug ist, die Annäherung von Gefahr selbst dann zu bemerken, wenn sie sich in Sicherheit und in Ruheposition befinden.

Innerhalb desselben spekulativen Gedankengangs ließe sich auch vorbringen, daß die allgemeine Neigung von Männern, sich abzuschirmen, sich ebenfalls durch Anpassung an die Umwelt entwickelt haben könnte. Wenn wir einmal annehmen, daß sich die Männer der Frühzeit zur Jagd oder Verteidigung ihres Territoriums weiter von der unmittelbaren Umgebung entfernten, war es für sie nützlicher, sich stärker abzuschirmen. Auf diese Weise waren sie besser in der Lage, mit gefährlichen (unlustbetonten, neuartigen und komplexen) Umwelten fertig zu werden. Und in reizüberfluteten Situationen wie der offenen körperlichen Konkurrenz von Geschlechtspartnern, dem Krieg zwischen einzelnen Stämmen oder einer gefährlichen Jagd wurden die Männchen, die so stark erregt wurden, daß sie ins Allgemeine Anpassungssyndrom überkippten und nicht mehr mithalten konnten, als erste ausgeschaltet.

Werfen wir noch einen letzten Blick auf die Sansums und stellen wir fest, wie sich einige der in diesem Kapitel eingeführten Begriffe auf sie anwenden lassen. Sowohl Linda und Christoph kommen aus reizüberfluteten und unlustbetonten Arbeitsatmosphären nach Hause. Sie haben gelernt, daß sie einen Gefühlszustand, bei dem sie sich wohler fühlen, durch drastisches Reduzieren des Reizvolumens der Umwelt erreichen können. Die ganze Routine – die Drinks, das Anziehen von bequemen und vertrauten Kleidungsstücken zum Herumlungern, das Meiden von Menschen und neuen Orten – das alles dient dazu, das Reizvolumen der Umwelt und damit das Erregungsniveau zu senken. In dieser Situation ist jedoch noch mehr enthalten: Linda Sansum ist ein Abschirmer, und

Christoph ein Nichtabschirmer. Selbst dann, wenn Linda in ungewöhnlichen oder komplexen Situationen stark erregt wird, beruhigt sie sich schnell wieder und kann sich daher wegen irgendetwas nicht stundenlang aufregen. Natürlich bevorzugt sie kurz nach dem Nachhausekommen eine beträchtlich geringere Umweltreizstärke, doch ist das bei ihr nicht so dringend wie bei Christoph. Seine reizüberflutete Arbeit zwingt ihn zu kaum erträglichen Erregungsniveaus und hält ihn dort. Im Büro ist er vermutlich ein Pedant, was Routine, Verfahren, Rangordnung, die Erledigung von Dingen nacheinander und die ordentliche Ablage angeht. In jedem Stadium strebt er nach Abgeschlossenheit und Regelmäßigkeit, da ihm dies die letzte Möglichkeit zu sein scheint, das Gesamtreizvolumen seiner Arbeitsumwelt zu reduzieren.

Obwohl die Unlustbetontheit und das Reizniveau bei der Arbeit für beide etwa gleich sind, wird Christoph, der Nichtabschirmer, stärker erregt. Daher ist es verständlich, daß er eine stärkere Abneigung gegenüber seiner Arbeit hat und alles in seiner Macht Stehende unternimmt, um die Belastung zu verringern. Wenn er das nicht mehr bewältigen kann, fängt er an, Kopfweh oder Erkältungen zu bekommen und ist manchmal stark versucht, die ganze Arbeit hinzuschmeißen.

Verlassen wir jedoch unsere fiktiven Sansums nicht in so trüber Stimmung. Geben wir ihnen statt dessen eine angenehmere Arbeitsumwelt, um festzustellen, wie sie darauf reagieren könnten. Nehmen wir einmal an, daß sie bald nach ihrer Hochzeit den Entschluß faßten, zusammen eine Agentur für Schulbücher aufzumachen, und daß dieses ursprünglich kleine und wackelige Geschäft inzwischen großgeworden ist und sich als äußerst lukrativ erweist. Sie haben wenig aber leistungsfähiges Personal angestellt, das aus Leuten besteht, mit denen sie gerne arbeiten, und sind inzwischen von einem Großteil der täglichen Aufgaben bei der Leitung eines Kleinbetriebs befreit. Sie verfügen nunmehr über Leute, an die sie Verantwortung delegieren können, daher ist es nicht erforderlich, daß sie beide ständig arbeiten. Diese Flexibilität läßt ihnen freie Zeit, um etwas zu unternehmen – neue Kleider einkaufen zu gehen, für ein paar gute Freunde ein schönes Abendessen zu planen, oder sogar gelegentlich ein langes Wochenende zu nehmen und zusammen irgend wohin zu fliegen. Im Verlauf der Jahre haben es die Sansums also fertiggebracht, sich eine sozial und räumlich angenehme Arbeitsatmosphäre zu schaffen, die starke Belohnungen enthält und nur mäßig reizbetont ist.

Wenn Linda nach getaner Tagesarbeit nach Hause kommt, steht sie unter keinerlei Zwang, sich eine Umwelt, mit drastisch verringertem Reizvolumen zu suchen. Ganz im Gegenteil. Sie zieht eine Umgebung mit einer ziemlich hohen Reizstärke vor, und versucht, das Reizvolumen zu Hause dadurch zu steigern, daß sie Gäste einlädt, die Wohnungseinrichtung verändert, spontane Entscheidungen fällt, usw. Sie verändert sogar gern ihre äußere Erscheinung und damit die Gefühlswirkung, die sie auf andere hat. Sie probiert ausgefallene Kleider und verändert häufig ihre Frisur, ihr Make-up oder ihr Parfum. Christoph wünscht sich dasselbe, und mehr. Er ist im allgemeinen begeisterter bei der Arbeit. Wenn er nach Hause kommt, möchte er neue und aufregende Restaurants und Veranstaltungen besuchen; er möchte eine Party feiern oder sogar ein bißchen über die Stränge schlagen. Er ist stets aufgedreht und zu allen Schandtaten bereit, und führt häufig bis zur Erschöpfung ein vergnügtes und fast hektisches geselliges Leben.

Nachdem wir die Umwelt-Spielkarten an Linda Sansum (die Abschirmerin) und Christoph (den Nichtabschirmer) neu verteilt haben, können wir die interessanten Unterschiede bei diesen beiden Typen stärker herausarbeiten. Nichtabschirmer sind im wesentlichen in reizstarken Umgebungen empfänglicher für die Lust-Unlustdimension. Im streßbetonten Job, den wir Christoph zu Beginn dieses Kapitels zugeteilt haben, litt er mehr, wurde häufiger krank, und zeigte auf andere Weise mehr Meidungsverhalten und Bemühungen, das Reizvolumen der Umwelt zu reduzieren. In dem Job, den wir ihm als nächstes austeilten, konnten wir jedoch feststellen, daß er seine Arbeit und sein Leben mit einer Leidenschaft anging, die die meisten Abschirmer nicht im selben Umfang aufbringen können. Unter dem Strich jedoch heben die Karten, die wir Linda und Christoph vorher und nachher ausgeteilt haben, genau das Interessante bei der Reizabschirmung hervor, durch das sie sich von den anderen hauptsächlichen Persönlichkeitsdimensionen unterscheidet. Während Christoph zuvor schlechter dran war, geht es ihm jetzt besser, und es fällt uns schwer, gegenüber Nichtabschirmern wie ihm ein positives oder negatives Vorurteil zu entwikkeln.

Teil 2 Intime Umwelten

Kapitel 4
Reizmittel, die unter die Haut gehen

Es ist Samstagabend in Manhattan. Nehmen wir einmal an, Sie leben in der Wohnung B eines ziemlich billig renovierten Gebäudes. Ganz gegen Ihren Willen sind Sie in der Lage, das Geräuschniveau in Wohnung A zu Ihrer Rechten und Wohnung C zu Ihrer Linken zu verfolgen. Die Leute in A heben gerne einen, und ihre Gäste ebenfalls. Sie stehen auf Jazz und Blues. Die Mitbürger in Wohnung C ziehen den schweren Sound von Bob Dylan vor und rauchen zufällig häufig Marihuana.

Eine typische Party in Wohnung A hat also, wenn man sie durch die Wand hört, ein anderes Geräuschprofil als eine in C. Beide Parties beginnen ungefähr mit demselben Geräuschpegel – ziemlich laute Musik, überschwengliche Begrüßungen, usw. Doch etwa eine halbe Stunde später zeichnen sich schon echte Unterschiede ab. In der Wohnung A wird es immer lauter. Es gibt zunehmend hitzige Streitgespräche etwa darüber, ob Beckenbauer je ein Spieler von Format war. Blakeys »Jazz Messengers« lassen donnernd den Fußboden vibrieren. Es wird viel herumgelaufen, Stühle hin- und her gerückt, Füße trappeln. Bei der Party in C jedoch nimmt die Lautstärke ab: es geht dort weniger hoch her, und schließlich verliert sie sich in Ruhe und Sanftmut.

Diese großen Verhaltensunterschiede ergeben sich aus den Auswirkungen von Alkohol auf den Körper. In geringen Mengen (ein paar Gläser im Verlauf von 2 oder mehr Stunden) wirkt Alkohol als Aufputschmittel, in größeren Mengen jedoch (mehrere Gläser im Verlauf einer Stunde) dämpft er die Erregung. In Extremfällen, wenn er rasch in großen Mengen konsumiert wird, führt der Alkohol zu Schläfrigkeit und sogar zum Koma. Jeder Mensch, der Alkohol zu sich nimmt, kann seine Erregung regulieren: er kann langsam trinken, um die anregende Wirkung auszudehnen, oder gleich zu Anfang ein paar kippen, um die beruhigende Wirkung zu spüren. Die erfahrenen Trinker in Wohnung A haben eine ziemliche Alkoholverträglichkeit und stellen außerdem ihr Trinken bewußt darauf ab, »in Stimmung« zu bleiben. Außerdem tragen ihre Trinkgewohnheiten, wie wir noch sehen werden, dazu bei, daß sie sich souveräner fühlen.

Das Marihuana hat im Vergleich zum Alkohol eine ganz andere Wirkung auf die Erregung. Sein Hauptwirkungsfaktor funktioniert etwa eine halbe Stunde als Aufputschmittel und hebt so das Erregungsniveau. Danach verwandelt der Körper diesen Bestandteil in ein Dämpfungsmittel, das die Erregung senkt. Für häufige Marihuanaraucher, wie die Leute in Wohnung C, bleibt die anfängliche anregende Wirkung aus, wenn nicht eine besonders konzentrierte Dosis des Reizmittels genommen wird. Anders gesagt, verspüren Personen, die täglich zwei oder drei Joints Marihuana rauchen, nicht die anfängliche halbstündige Erregungssteigerung; tatsächlich setzen diese Menschen vermutlich wegen ihres stets eintretenden erregungsdämpfenden Effekts auf die Droge. Im Gegensatz dazu erlebt der unregelmäßige Marihuanaraucher, der jede Woche oder alle zwei Wochen einen Joint raucht, die anfänglich erhöhte Erregung und die darauf folgende Dämpfung.

Warum streben die trinkfreudigen Party-Gäste in Wohnung A eine reizintensive Umwelt an, Bewegung, mehr Annäherung, und mehr Gespräche, während die Leute in Wohnung C mit einem von Marihuana gedämpften Erregungsniveau nicht daran interessiert sind? Die Antwort liegt darin, daß eine mäßige Alkoholmenge nicht nur die Erregung steigert, sondern auch, was für die Geselligkeit noch wichtiger ist, Selbstwert- und Lustgefühle verstärkt. Diese Zunahme an Selbstwertgefühlen und der damit einhergehende Verlust von Hemmungen ermöglicht den Leuten, bei der Anpassung ihrer Umwelt an ihre Bedürfnisse ungezwungener vorzugehen. Sie fühlen sich freier, nach Lust und Laune zu handeln, zu sagen, was sie wollen und sich einer Umgebung jeweils bis zum von ihnen gewünschten Ausmaß zu nähern. Die Menschen haben dabei – ohne Rücksicht darauf, wie die tatsächlichen Umstände beschaffen sind – das Gefühl, daß sie die Situation unter Kontrolle haben, daß sie einflußreich und wichtig oder zumindest für ihre Handlungen nicht verantwortlich sind. *In vino veritas* ist ein recht zutreffendes Klischee. Zutreffender wird es noch in Kulturen wie unserer, die bei Betrunkenen toleriert, wenn sie die Wahrheit aussprechen oder von Verhaltensnormen abweichen, was bei Nüchternheit des Sprechers als unerhört betrachtet würde.

Selbstwert- und Unterlegenheitsgefühle beeinflussen das Annäherungsverhalten eines Menschen gegenüber anderen entscheidend. Wenn sich jemand gut fühlt, strebt er zu anderen – wenn die Situation lustbetont und besonders wenn sie reizintensiv ist. Eine mäßige Alkoholmenge bewirkt, sofern sich die Leute dadurch selbstsicher, erregt und lustvoll fühlen, daß sie sozial aktiver und übermütiger werden.

Im Gegensatz zum Alkohol bewirkt Marihuana angenehme Gefühle, jedoch solche der Unterwerfung. Ein Mensch, der sich unterworfen fühlt, läßt sich in durchschnittlichem Maße auf gesellige Kontakte ein, ohne Rücksicht darauf, wie lustbetont oder erregt er sich fühlt. Dieses Niveau der Freundlichkeit liegt beträchtlich unter dem Niveau einer Person, die sich dominant, lustbetont und erregt fühlt. Von jemand, der Marihuana geraucht hat, ist daher zu erwarten, daß er selbst bei einer lustbetonten Party weniger gesellig ist. Seine Unterwerfung geht einher mit Passivität – er wird zum Empfänger, der mehr in Umweltreizen badet, als daß er selber Wellen aussendet. Diese Unterordnung drückt sich nicht nur in dem irgendwie asozialen Charakter von Parties aus, auf denen Marihuana geraucht wird, sondern auch in vielen anderen Situationen. Jeder Verkehrspolizist kann ein Lied davon singen, daß einer, der »einen zur Brust genommen hat«, eher 130 km/h fährt, wo 80 vorgeschrieben sind, weil er sich glänzend fühlt und Straße und Auto zu beherrschen glaubt; während jemand, der Marihuana geraucht hat, eher mit 50 dahinschleicht, weil er sich gedämpft fühlt und auf keinen Fall Wellen machen will.

Eine Betrachtung der emotionalen Auswirkungen von Alkohol und Marihuana oder auch jedes anderen Rauschmittels hilft uns beim Verständnis dessen, welche Art von Mensch welche Droge zu nehmen pflegt, oder unter welchen Umständen eine davon attraktiver erscheint. Die Muster des Alkoholkonsums reichen von gar keinem Konsum über den Konsum von mäßigen Mengen (zwei oder drei Drinks, die über mehrere Stunden gestreckt werden) bis zum Konsum von großen Mengen (mehrere Drinks in der ersten Stunde, denen in jeder Stunde darauf mindestens zwei oder drei Drinks folgen, sofern es dem Trinkenden gelingt, Schlaf oder Stupor zu vermeiden).

Geringe Mengen Alkohol, die Lust, Erregung und Dominanz steigern (das heißt für Lebhaftigkeit sorgen) sollten im allgemeinen großen Mengen vorgezogen werden, die die Lust nur geringfügig steigern, die Erregung dämpfen und vermutlich die Dominanz senken. Tatsächlich sind Personen, die gewohnheitsmäßig große Mengen trinken, eindeutig in der Minderheit, und dasselbe gilt für Situationen, in denen die meisten Menschen versucht werden, viel zu trinken. Es gibt natürlich Zeiten, zu denen jemand größere Mengen vorzieht. Ein Mensch, der vom Gemütszustand her oder vorübergehend nervös oder besorgt ist (sich erregt und unlustbetont fühlt) kann unter Umständen große Mengen von Alkohol konsumieren, insbesondere dann, wenn er dies in einem reizarmen und lustbetonten Rahmen tun kann. Wichtiger noch ist, daß diejenigen, die vom Temperament her oder zeitweilig deprimiert sind, das genaue Gegenteil dieses Gefühls mit mäßigen Mengen von Alkohol erzielen können – sie können von der Unlust, geringen Erregung und Unterwerfung der Depression zu einem lustbetonten, erregten und dominanten Gefühlszustand überwechseln. Dieser Umschlag ist bei einem deprimierten Menschen so drastisch und verstärkend, daß er dazu führen kann, daß er sich häufiger dem Alkohol zuwendet. Tatsächlich wird die Vermutung einer Beziehung zwischen Depressionen und chronischem Alkoholmißbrauch insbesondere bei Männern durch Forschungsergebnisse stark untermauert.

Im Fall von Marihuana führt der tägliche Gebrauch, wie wir feststellten, dazu, daß sich gegenüber der zu Anfang erregenden Wirkung eine gewisse Toleranz entwickelt; das heißt, die anfängliche Erregungssteigerung bleibt aus, und es ergibt sich nur Entspannung. Es ist daher wahrscheinlich, daß ängstliche Menschen, die typischerweise Erregung und Unlust verspüren, oder Menschen, die häufig reizstarken und unangenehmen Situationen oder Ereignissen ausgesetzt sind, eher zu starken und häufigen Konsumenten von Marihuana werden. Andererseits könnten diejenigen, die sich im allgemeinen gut fühlen, Marihuana zur Freizeitgestaltung und unregelmäßig benutzen, obwohl sie es häufiger nehmen können, und dies hauptsächlich wegen seiner erregenden Wirkung.

Nennen wir also einige der allgemeinen Faustregeln, die wir zum Verständnis der Vorlieben für bestimmte Reizmittel anwenden. Reizmittel werden in erster Linie dazu eingesetzt, unliebsame Gefühlszustände zu kompensieren, obzwar sie in geringerem Umfang auch dazu dienen, bevorzugte Gefühlszustände zu verstärken. Das heißt, daß Reizmittel bei unbeliebten Gefühlszuständen, die mit dem Temperament eines Menschen zusammenhängen oder durch seine Umwelt bzw. seine Tätigkeit am Arbeitsplatz oder zu Hause ausgelöst werden, besonders attraktiv werden.

Die verschiedenen unbeliebten Gefühlszustände schließen unweigerlich Unlust ein, insbesondere, wenn sie mit hoher Erregung verbunden ist. Menschen in unlustbetonten und nicht erregten Gefühlszuständen dürften Aufputschmittel gebrauchen – Zigaretten, Coca Cola, Kaffee, Tee, geringe Mengen Alkohol, unregelmäßiger Gebrauch von Marihuana, Amphetaminen, Kokain und Halluzinogene wie Meskalin oder LSD –, vorausgesetzt, daß diese in einem lustbetonten Rahmen eingenommen werden können. Diejenigen, die sich in einem unlustbetonten und stark erregten Zustand befinden, dürften erregungssenkende (sogenannte Dämpfungsmittel) bevorzugen, wie Tranquilizer, Muskelerschlaffungsmittel, Barbiturate, große Mengen Alkohol, häufiger und größerer Konsum von Marihuana oder äußerst starke Drogen wie Morphium und Heroin.

Von Depressiven, die vom Temperament her zu Unlust und geringer Erregung neigen, ist zu erwarten, daß sie von Aufputschmitteln – Coffein, Amphetaminen, Kokain – in Versuchung geführt werden. Von ängstlichen Neurotikern andererseits, die vom Gemütszustand her zu Unlust und starker Erregung neigen, ist zu erwarten, daß sie zu Dämpfungsmitteln greifen – zu größeren Mengen von Marihuana, Barbituraten oder zu Opiaten. Tatsächlich ist das Etikett »Dämpfungsmittel« eine Fehlbezeichnung für eine Anzahl dieser Drogen, die primär die Funktion haben, die Erregung zu senken, während sie gleichzeitig die Lust steigern. Stattdessen wollen wir diese Mittel mit dem geeigneteren Etikett »Relaxans« versehen, da zur Entspannung geringe Erregung und großes Wohlgefühl gehört.

Die Unterschiede des Temperaments sind zwar von großer Bedeutung, doch kann der Drogengebrauch auch von der Umwelt zu Hause oder am Arbeitsplatz ähnlich beeinflußt werden. Menschen, die in einem unlustbetonten und reizüberfluteten Rahmen etwas leisten müssen – aktive Fachleute, die unter Bedingungen extremer Konkurrenz arbeiten und Geschäftsleute, die problemträchtige und komplexe Firmenstrukturen ohne nennenswerte Belohnungen verwalten müssen –, greifen vermutlich zu einem Relaxan, wenn sie überhaupt Reizmittel einnehmen. Im Gegensatz dazu dürften diejenigen, die einer reizarmen und unlustbetonten (langweiligen) Umgebung ausgesetzt sind – alte, pensionierte Menschen, Hausfrauen, deren Kinder erwachsen und aus dem Haus sind, die Arbeitslosen, die unter Umständen sozial isoliert und unglücklich sind, und Leute, die langweilige und monotone Arbeiten verrichten müssen, auf Aufputschmittel einsteigen, wenn sie überhaupt zu Reizmitteln greifen. Aufputschende Reizmittel erhöhen die Erregung, und entspannende Reizmittel senken sie. Der Grund dafür, daß beide Arten von Reizmitteln allgemein in Gebrauch sind, und gewöhnlich auf eigenes Rezept, liegt darin, daß sie auch das Lustniveau heben. Im Falle der Halluzinogene ergibt sich jedoch aus dem Reizmittelgebrauch an sich noch kein entschiedener Trend in Richtung auf Lust oder Unlust. Stattdessen tritt eine äußerst starke und plötzliche Zunahme der Erregung ein, die den Reizmittelkonsumenten gegenüber der Lust-Unlustdimension in seiner räumlichen oder sozialen Umgebung äußerst empfindlich macht. Wie nach Abbildung 1 zu erwarten, sind extreme Meidungsreaktionen (»Horrortrips«) bei denen festzustellen, die derartige Reizmittel zu sich nehmen und dann mit bedrohlichen oder auch nur leicht beunruhigenden sozialen Situationen konfrontiert werden. Deshalb predigten die LSD-Propheten den Neulingen, die Droge beim ersten Mal in einer beruhigenden und aufnahmebereiten Umgebung zu sich zu nehmen, vorzugsweise bei jemand, den sie mögen und dem sie vertrauen.

Bei den verschiedenen zur Verfügung stehenden Drogen kann die Auswahl auch mit Dominanzgefühlen zusammenhängen, die von dem Reizmittel erzeugt werden. Erste Forschungen zeigen, daß Kokain und geringe Alkoholmengen Dominanzgefühl auslösen, und daß LSD, Marihuana, Opium, Morphium und Heroin den Menschen Unterwerfungsgefühle vermitteln. In unserer konkurrenzbetonten Kultur, die Aggressivität gegenüber Personen oder Gruppen (Dominanz) eher belohnt als bestraft, sind die bevorzugten Reizmittel für diejenigen, die ihre Erregung steigern wollen, Kokain und geringe

Alkoholmengen. Dies könnte das stetige Ansteigen des Alkoholkonsums bei den Teenagern, insbesondere bei gewissen Minderheiten mit einer starken Tendenz zum Machismo (z. B. Rockern) erklären. Das eröffnet auch beunruhigende Perspektiven über den weiteren Gebrauch von Kokain in der Zukunft. Diejenigen, die in einer reizstarken und unlustbetonten Umgebung leben, sich aber mit den leistungsorientierten und aggressiven Kulturnormen nicht identifizieren (die »Ausgeflippten«), entscheiden sich für erregungssenkende Drogen wie Marihuana oder Heroin, die angenehme Gefühle erzeugen.

Wie verhält es sich mit dem Paradox von ängstlichen nervösen oder angespannten Menschen, die bei Reizmitteln wie Kaffee oder Zigaretten des Guten zuviel tun? Um das zu erklären, müssen wir uns einem anderen Begriff zuwenden – dem Allgemeinen Anpassungssyndrom.

Das *Allgemeine Anpassungssyndrom* ist ein Begriff, der zuerst von dem Biologen Hans Selye zur Erklärung menschlicher Reaktion auf Krankheit, Verletzung und Gifte eingeführt wurde. Inzwischen ist jedoch klar, daß dieser Begriff eine viel umfassendere Bedeutung hat; er kann auch unsere Reaktionen auf einen breiten Fächer von Streßsituationen erklären, die in unserem Alltagsleben an der Tagesordnung sind. Diese täglichen Streßfaktoren können sich daraus ergeben, daß man Entscheidungen fällen muß, besonders unter Zeitdruck; außerdem auch in zwischenmenschlichen Konflikten; Verkehrsstauungen, das Einatmen hoher Konzentrationen chemischer Schadstoffe; oder aus jeder beliebigen anderen Situation, die ein hohes Niveau der Erregung und der Unlust erzeugt.

Das Allgemeine Anpassungssyndrom setzt mit einer Alarmreaktion ein: das sympathische Nervensystem wird aktiviert, was hohe Erregung verursacht. Wenn diese hohe Erregung mit geringer Lust und einem Gefühl der Unterwerfung zusammenfällt, werden wir angespannt, ängstlich und nervös. Wenn der Streß irgendwie beseitigt wird, können wir zu einem normalen Erregungsniveau zurückkehren. Wenn jedoch der Streß anhält, und ihm nicht ausgewichen werden kann, setzt das zweite Stadium des Allgemeinen Anpassungssyndroms ein; es äußert sich zunächst in Erschöpfung, dann in Depressionen, und schließlich in körperlicher Erkrankung. Die Drüsen, die die Tätigkeit des sympathischen Nervensystems stützen, haben dann ihre Reserven verausgabt, und die weiteren Versuche des Körpers, sich anzupassen, geraten aus dem Gleichgewicht und schaden dann. Zu den Symptomen des zweiten Stadiums des Allgemeinen Anpassungssyndroms gehören Kopfweh, Magengeschwüre, Schlaflosigkeit, Erkältungen, Grippe, Erkrankung der Herzkranzgefäße und der Nieren, hoher Blutdruck, rheumatische Beschwerden oder allergische Reaktionen. Das dritte und letzte Stadium des Allgemeinen Anpassungssyndroms tritt dann ein, wenn die Streßfaktoren so lange angehalten haben, daß der Körper überhaupt nicht mehr in der Lage ist, mit ihnen fertig zu werden. Das Ergebnis ist völlige Erschöpfung, die jede normale Tätigkeit ausschließt; man hat buchstäblich nicht mehr die Energie zum Aufstehen. In späteren Kapiteln werden wir uns mit den weitgehenderen sozialen Folgen des Allgemeinen Anpassungssyndroms befassen, doch ist es an dieser Stelle nützlich, wenn wir im Zusammenhang mit bestimmten persönlichen Gewohnheiten und Bedürfnissen auf diesen Begriff zurückgreifen können.

Ein im allgemeinen harmloses und bekanntes Beispiel für dieses Syndrom ist das Ermüdungsgefühl, das bei heftigen Anstrengungen immer stärker wird und auch dann noch anhält, wenn die Beanspruchung längst aufgehört hat. Ein extremes Beispiel dafür ist der Student, der die ganze Woche für ein wichtiges Abschlußexamen gepaukt hat. Er hat pro Nacht nur ein paar Stunden geschlafen und hat verständliche Angst davor, daß er die Arbeit von einem ganzen Semester in vier Tagen nicht schaffen wird. Die Nacht vor dem Abschlußexamen trinkt er mehrere Kannen Kaffee und nimmt vielleicht sogar zur Sicherheit ein oder zwei Aufputschtabletten. Kurz danach fällt er in tiefen Schlaf und wacht erst Stunden später völlig verwirrt und verstört wieder auf. Er hat nach dem Allgemeinen Anpassungssyndrom überreagiert und ist ins andere Extrem umgekippt. Die kräftige Dosis von Aufputschmitteln hat sein Erregungsniveau – das schon zuvor zu lange auf einem hohen Stand gehalten worden war – weit über das hinausgejagt, was sein Körper noch verkraften konnte. Die Körpersysteme, die den Erregungszustand aufrechterhielten, fielen einfach aus oder schalteten sich ab, und das scharfe und rasche Abfallen der Erregungskurve, das daraus folgte, war ähnlich dem, wie es bei einem Ohnmachtsanfall auftritt. In einem Moment saß er noch lesend in seinem Stuhl, und als nächstes wußte er nur, daß er aufgewacht war. Der Kaffee und die Aufputschmittel wirkten nicht aufputschend, sondern als Beruhigungsmittel.

Menschen, die in unlustbetonten und reizstarken Situationen bestehen müssen, und deren Erregungsniveau häufig über die Toleranzgrenze hochgejagt wird, neigen dazu, Gewohnheiten zu entwickeln, die einen solchen Überkippeffekt herbeiführen. Der Kettenraucher, welcher, sofort wenn man in sein Büro kommt, noch bevor man sagen kann »ich komme mit dieser Rechnung nicht weiter«, nach einer Zigarette greift, raucht nicht, um sein Erregungsniveau zu steigern, obwohl das Nikotin in Zigaretten ein Anregungsmittel ist. Stattdessen senkt er seine Erregung durch Überreizung. Starke Kaffee- oder Teetrinker tun bewußt oder unbewußt häufig dasselbe. In manchen extremen Fällen von Nichtabschirmung und Spannung befindet sich der jeweilige Mensch an der Grenze einer solchen Umschlagsreaktion, und ein zusätzliches Reizmittel kann diesen Umschlag rasch auslösen; selbst ein einziger Gin und Tonic kann zur Erschöpfung oder Schläfrigkeit führen. Diese Menschen sind die Langweiler in einer Gesellschaft, die schon nach einer Anzahl Drinks vor allen Augen schlapp werden oder sogar einschlafen. Manche Nichtabschirmer, die in einer reizüberfluteten Umwelt bestehen müssen, brauchen nicht einmal irgendwelche Reizmittel; körperlich sind sie bereits weit über die Toleranzgrenzen hinausgelangt, und die Reaktionen des Allgemeinen Anpassungssyndroms haben bereits eingesetzt. Derartige Personen machen einen ermüdeten, erschöpften, und in Extremfällen einen depressiven Eindruck.

Es ist kein Zufall, daß starke Raucher tendenziell auch während des Tages große Mengen an Kaffee oder Tee vertilgen, und Alkohol konsumieren, wenn dies im gesellschaftlichen Umgang oder im Beruf möglich ist. Derartige Personen versuchen, ihr Erregungsniveau zu dämpfen; sie haben gelernt, daß das mit einer genügenden Menge Kaffee, Zigaretten oder Alkohol zu schaffen ist. Sie bewegen sich jedoch die ganze Zeit in einem der Stadien des Allgemeinen Anpassungssyndroms, und die statistischen Zahlen für diese Gruppe im Hinblick auf entsprechende Symptome wie Magengeschwüre, Herzkranzgefäßerkrankungen und hohes Vorkommen von allgemeinen Infektionskrankheiten beweisen dies.

Menschen mit einem chronisch und abnorm hohen Erregungsniveau – hyperkinetische Kinder und bestimmte Arten von Schizophrenen zum Beispiel – reagieren auf Anregungsmittel gewöhnlich mit Erschlaffung. Reaktive Schizophrene, denen man LSD verabreicht, zeigen eine Erregungsabnahme, während normale Menschen dadurch übererregt werden. Hyperkinetischen Kindern gibt man zur Beruhigung häufig Amphetamine. Tatsächlich ist aus neueren Beobachtungen klar geworden, daß sogar zwei Tassen Kaffee täglich sehr gut dazu beitragen, Hyperaktivität bei Kindern zu reduzieren.

Im allgemeinen bedeutet der starke Gebrauch der üblichen und schwächeren Aufputschmittel wie Zigaretten oder Kaffee nicht immer, daß die jeweilige Person sich durch Übererregung beruhigen will. Ein derartiger Effekt nach Verwendung eines Aufputschmittels ist bei einem Nichtabschirmer häufiger als bei einem Abschirmer. Das Aufputschmittel in übertriebenen Mengen wirkt auf den Nichtabschirmer, der häufig schon vorher erregt ist, als Beruhigungsmittel, kann sich jedoch trotz des übermäßigen Gebrauchs bei einem Abschirmer, der nur selten übererregt ist, als Aufputschmittel auswirken.

Es versteht sich von selbst, daß die Verwendung eines Aufputschmittels dazu, bei sich selber die Umschlagreaktion eines Allgemeinen Anpassungssyndroms zu erzeugen und damit den Erregungszustand zu dämpfen, weitaus schädlicher ist, als wenn man dasselbe Ergebnis mit einem Beruhigungsmittel erreicht. Häufige Umschlagsreaktionen nach dem oben erwähnten Syndrom bedeuten lediglich, daß das Körpersystem viel zu oft bis an die absoluten Grenzen seiner Belastbarkeit beansprucht wird. Früher oder später muß ein lebenswichtiges Organ versagen. Wenn Sie Kaffee oder Zigaretten oder ein anderes stärkeres Aufputschmittel in starkem Umfang benutzen und nicht genau wissen, ob Sie den anregenden oder entspannenden Effekt anstreben (und sich über die mit dem Entspannungseffekt einhergehende Umschlagsreaktion Sorgen machen) achten Sie einmal darauf, ob Sie leicht müde werden oder ob Sie nachmittags häufige Erschöpfungsphasen haben. Wenn dies der Fall ist, haben Sie vermutlich bei sich mit dem Aufputschmittel eine Umschlagsreaktion herbeigeführt. Die beste Möglichkeit, das herauszufinden, besteht jedoch darin, daß man die Gewohnheit ein paar Tage lang aufgibt. Der Versuch, auf irgendein Abhängigkeit erzeugendes Reizmittel ganz zu verzichten, stellt diejenigen Gefühlszustände während des Tages deutlich heraus, an denen der Drang zur Einnahme dieses Reizmittels heftig ist. Wenn man zu den Zeiten, wo man sich nach dem Reizmittel sehnt, Langeweile hat, bedeutet das, daß man es zur Erregungssteigerung benutzt. Wenn man andererseits nach dem Aufputschmittel giert, während man unter starkem Streß steht oder in Angst schwebt, dann sucht man den Entspannungseffekt. Einer meiner Freunde, der ein starker Kaffeetrinker war und diese Gewohnheit aufgegeben hatte, stellte fest, daß diese kritischen Augenblicke in seinem abgeschlossenen und ruhigen Büro auftraten, wenn er allein war und wenig zu tun hatte. Ganz allgemein verspürte er ein Bedürfnis nach Kaffee, wenn er Langeweile hatte. Andererseits fiel es ihm sehr leicht, eine Tasse nach ein oder zwei Schlucken stehen zu lassen, wenn er sich in Gesellschaft anderer oder in einer reizbetonten Umgebung befand – im Freien in seinem Hausgarten mit Freunden, beim Essen und beim Gespräch. Ihm diente also der Kaffee eindeutig als Aufputschmittel; die Gier danach trat zu den Tageszeiten auf, wenn weder seine räumliche noch gesellschaftliche Umgebung noch seine Arbeit genügend Anreize boten. Im Gegensatz dazu fiel es ihm in reizstarken Situationen viel leichter, diese leidige Gewohnheit zu meiden.

Nichtabschirmer, die häufig Streß ausgesetzt sind (stark reiz- und unlustbetonten Umgebungen), werden dadurch stärker erregt als Abschirmer, und sind daher den Versuchungen von Beruhigungsmitteln besonders ausgesetzt. Derartige Menschen neigen dazu, süchtig nach diesen Reizmitteln zu werden – sie greifen nach einem Beruhigungsmittel oder stürzen zwei Drinks oder mehr hinunter, um ihr Erregungsniveau rasch zu senken, damit sie zu notwendigen oder erwünschten Dingen tun können, wie gesellig zu sein, zu schlafen, oder Anforderungen gerecht zu werden. Da sich Frauen im allgemeinen weniger abschirmen als Männer, machen sie sich eher auf diese Weise kaputt, wenn sie das Geld und die Beziehungen dafür haben. Obwohl Anhängerinnen der Frauenbewegung kein gutes Haar an Ärzten lassen, die dazu neigen, viele Frauenbeschwerden als »nervlich bedingt« abzutun und Beruhigungsmittel zu verschreiben, hat diese hausgemachte Therapie, die zum Teil wirkungsvoll ist, eine gewisse theoretische Berechtigung. Da reizempfängliche Personen emotional stärker ansprechbar sind, erregen sie sich über persönliche Auseinandersetzungen oder scheinbar unüberwindliche Probleme sehr stark und brauchen ziemlich lange, um sich wieder zu beruhigen. Eine reizüberflutete, beunruhigende soziale, berufliche oder räumliche Umwelt jagt sie bis an die Grenze des für sie

Erträglichen hoch und läßt sie so gut wie nie wieder zu sich kommen. Da die komplexen und hochgradig organisierten Zivilisationen des Westens großen Wert auf Zeitökonomie und Einhaltung kurzer Fristen (bei Erledigung eng umgrenzter Aufgaben) legen, sind wir alle einem ungeheuren Druck dahingehend ausgesetzt, unser Erregungsniveau durch chemisch wirkende Mittel rasch und bequem in den Griff zu bekommen. Es ist zwar schön und gut, wenn man seine allgemeinen Lebensprobleme mit komplizierten frühkindlichen Erlebnissen (Freudsche Schule) oder weniger komplizierten Gegenwartserlebnissen (Therapie nach Perls oder Roger) in Verbindung bringen kann. Das hilft jedoch nicht viel, wenn man Todesängste aussteht, weil der Ehegatte nicht heimgekommen ist, das Kind mit einem Knochenbruch im Krankenhaus liegt, oder wenn man wegen irgendeiner Kundenreklamation zum Chef bestellt ist.

Das Problem besteht natürlich darin, daß diese chemisch wirkenden Mittel, insbesondere Barbiturate, langfristig nicht die gewünschte Wirkung bringen. Barbiturate und andere Beruhigungsmittel (ebenso wie größere Mengen Alkohol) dämpfen zwar das Erregungsniveau. Sie führen jedoch zur körperlichen Abhängigkeit, weil zur Erzielung derselben Wirkung eine immer höhere Dosis erforderlich ist. Mit diesen Mitteln ist es zum Beispiel zwar möglich, Schlaf zu finden, nicht aber einen gesunden oder erholsamen Schlaf. Sie hemmen nämlich den Tiefschlaf oder Delta-Wellen-Schlaf, der entscheidend für die Regenerierung der Körpersysteme ist. Infolgedessen greift der Barbituratsüchtige oder nächtliche Trinker zu Aufputschmitteln, damit er morgens hochkommt. Wenn der halbe Tag herum ist, haben die Aufputschmittel schließlich das Bedürfnis nach einem Beruhigungsmittel erzeugt, und der Teufelskreis ist geschlossen. Früher oder später, und meistens früher, treten schwere, wenn nicht tödliche Allgemeine Anpassungssyndrome auf.

Bei ängstlichen Menschen, die in einer streßbetonten Umwelt etwas leisten müssen, fängt der Zyklus also damit an, daß sie sich in starkem Umfang auf Beruhigungsmittel verlassen, die schließlich dazu führen, daß während des Tages die Verwendung von Aufputschmitteln erforderlich wird. Umgekehrt verläuft dieser Zyklus bei depressiven Personen, die in einer langweiligen Umgebung etwas leisten müssen. Bei diesen Personen ist es wahrscheinlich, daß sie dadurch in eine gefährliche Zwangslage kommen, daß sie nach Aufputschmitteln süchtig werden. Die Abhängigkeit von hohen Dosen von Aufputschmitteln erfordert gewöhnlich weitere Korrekturen mit Beruhigungsmitteln oder kann automatisch zu einem schwerwiegenden Anpassungssyndrom führen, wenn die Aufputschmittel selbst im Übermaß verwendet werden.

Daß ich diesen Mißbrauch erörtert habe, wird hoffentlich nicht als Rezept dafür verstanden werden, daß man alle Reizmittel ohne Unterschied fürchten und meiden soll. Es ist besonders wichtig, dies hier zu erwähnen, weil diejenigen, die sich an uns heranmachen und uns die Wissenschaft als ein totsicheres Mittel zur Verbesserung unserer Gesundheit, unseres Glücks oder Vermögens anbieten, uns häufig hinterrücks unsere schönsten Freuden wegnehmen. Plötzlich dürfen wir keine Spiegeleier, keine Martinis, Revals, Schokoladencremes, keinen Mercedes oder Morgenkaffee mehr haben. Daß wir über ein wenig praktisches Wissen über Umweltpsychologie verfügen, bedeutet nicht, daß wir unser Leben ungeschältem Reis, halbgarer Leber, Trimmdichläufen um fünf Uhr morgens oder irgendwelchen anderen schrecklichen Lebensgrundsätzen zu widmen haben, die bisweilen irrtümlich asketisch genannt werden.

Wir haben recht viel über den Mißbrauch von chemischen Beruhigungs- und Aufputschmitteln gesagt, doch ist in Wirklichkeit nichts Böses dabei, wenn wir morgens eine Tasse Kaffee trinken, um in Schwung zu kommen, oder abends ein bißchen Whisky-Soda wegen der Stimmung auf einer Party. Tatsächlich haben geringe Mengen von Beruhigungsmitteln günstige Auswirkungen. Da sie das Erregungsniveau dämpfen, senken sie auch den Blutdruck und können recht nützlich sein, besonders für Personen, die an Hypertonie und verwandten Herzstörungen leiden. Gar nicht in Ordnung sind jedoch neun Tassen Kaffee oder neun Whiskys. Mit dem Einnehmen derartiger Mengen können wir das nicht erreichen, was wir uns in Wirklichkeit wünschen, oder nur um einen hohen Preis, um den unserer Gesundheit. Eine Tasse Kaffee kann das Erregungsniveau heben; neun Tassen in einer relativ kurzen Zeit dürften vermutlich zu einem Allgemeinen Anpassungssyndrom führen. Über ein bestimmtes Niveau des Mißbrauchs hinaus werden wir um so müder, je mehr Kaffee wir trinken, und deshalb trinken wir noch mehr, um mit dieser Müdigkeit fertig zu werden. Das bedeutet eine Überdosierung an Kaffee.

Der häufige Gebrauch irgendeines starken Betäubungs- oder Aufputschmittels stellt den Körper vor ungeheure Anforderungen und führt gewöhnlich auch zu rechtlichen und sozialen Nachteilen. Der Sportler, der Amphetamine nimmt, um eine noch höhere Leistung aus seinem Körper herauszuholen, jagt diesen auf ein Erregungsniveau hinauf, das er nicht aushält – irgendetwas setzt aus, unter Umständen das Herz. Der Heroinsüchtige, der sich gerade einen Schuß gesetzt hat, dürfte sich in einem Zustand äußerst geringer Erregung, großen Vergnügens und äußerster Unterwürfigkeit befinden. Wenn sich jemand so fühlt, ist er fast völlig außerstande, sich gesellig zu verhalten, zu arbeiten oder irgendeine Tätigkeit auszuführen, wozu auch die für die Selbsterhaltung notwendigen Tätigkeiten gehören, wie zum Beispiel essen oder einem Lastwagen ausweichen. Andererseits dürfte ein Heroinsüchtiger, der Entzugserscheinungen hat, sich in einem Zustand hoher Erregung befinden und sich äußerst unlustbetont fühlen. Wenn er vom Temperament her unterwürfig ist, wird er fürchterliche Ängste ausstehen, und wenn er vom Temperament dominant ist, ist es ihm völlig egal, was er anstellt, um zu seinem Schuß zu kommen.

Eine andere Art des Mißbrauchs ergibt sich daraus, daß man unwissentlich

Anregungs- und Betäubungsmittel durcheinandermischt. Das Ergebnis der wahllosen Einnahme von chemisch wirkenden Mitteln, deren Wirkung einander aufhebt, besteht darin, daß das Innenleben völlig durcheinandergebracht wird. Den beklagenswerten Auf-und-ab-Teufelskreis, in den manche Leute hineinschlittern, haben wir bereits erwähnt. Wenn jedoch jemand regelmäßig Amphetamine oder Kokain in seine Haschischzigaretten tut, nach einem Abendessen, bei dem bereits eine Menge Wein getrunken ist, Kognak in den Kaffee schüttet oder gewohnheitsmäßig Irish Coffee trinkt, treibt er ebenfalls Schindluder mit seinem Körper. Es ist nie angebracht, Aufputsch- und Beruhigungsmittel zu mischen oder von einer Sorte große Mengen einzunehmen. Ein kleines bißchen vom einen oder vom anderen wirkt gewöhnlich am besten und führt nicht zu einem ungebührlich hohen oder niedrigen Erregungszustand, der weitere radikale Manipulationen erfordert. Diejenigen, die die Mittel mischen oder versuchen, ihren Gefühlszustand zu rasch zu verändern, richten am Ende unweigerlich ein Chaos in ihrem Körper an.

Ich bin mir darüber klar, daß ich in diesem Kapitel über einige unangenehme Dinge gesprochen habe. Die Menschen können ihren Erregungszustand künstlich verändern und sich ein Gefühl von Lust oder Dominanz verschaffen, indem sie bestimmte Substanzen einnehmen, von denen ein großer Teil in der Natur nicht vorkommt, oder zumindest nicht in den äußerst starken Formen, die wir mit unserem praktischen Wissen erzeugen können. Die meisten dieser Substanzen wirken jedoch nur eine kurze Zeit lang: das ist ihr Vorzug und ihr Fluch. Im Sinne langfristiger Lösungen – das heißt in bezug auf ein recht langes, gesundes, einigermaßen qualfreies, stabiles und produktives Leben – funktionieren diese Substanzen nicht, sondern wirken sich sogar buchstäblich im gegenteiligen Sinne aus. Wir können sogar einen philosophischen Sprung machen und die Verwendung dieser Substanzen mit bestimmten Handlungen im ethischen Bereich vergleichen: sie sind eine Form des Lügens, Hochstapelns, Betrügens oder Einschüchterns. Eine Lüge, ein unmoralisches Manöver, ein Bluff oder eine Kraftmeierei kann einmal notwendig sein und unserem Leben einen Reiz geben. Längeres Lügen und Betrügen holt uns aber eines Tages ein, und früher oder später gelangen wir an den Punkt, wo unser persönliches Wort als wertlos bekannt ist und unsere Leistungen hauptsächlich als Vorspiegelungen angesehen werden. Jemand, der sich bereits an einem solchen Punkt der Abrechnung befunden hat, weiß, daß er verloren ist, genau wie jemand, der sein Herz, seine Lungen, oder seine Leber schon mit 35 oder 45 Jahren ruiniert hat. Mit »verloren« meine ich nicht unbedingt etwas Theologisches, sondern nur das Gefühl, daß man die Chance für ein erfülltes, abgerundetes und befriedigendes Leben vertan hat.

Die Übertreibungen sind es, die die Frage provozieren: »Warum überhaupt Reizmittel nehmen?« Warum verlassen sich die Menschen auf diese künstlichen

Mittel zur Veränderung ihres Gefühlszustands? Eine Antwort darauf erfordert gewiß, die Funktion der vielen Traditionen der westlichen Kultur zu erkennen, die zu diesem Zustand beigetragen haben. Führend darunter sind der Respekt und die Ehrfurcht, mit denen die Medizin und die Arzneimittel traditionell betrachtet wurden; die Forderungen nach wirkungsvoller und rascher Anpassung und Veränderung, die durch die zunehmend auseinanderklaffenden Ansprüche erhoben werden, denen die Menschen in der modernen städtischen Gesellschaft ausgesetzt sind; die Faszination gegenüber ungewöhnlichen und mystischen Zuständen der Psyche, die ein Teil der fortgesetzten Bemühungen des modernen Menschen ist, sich selbst zu erforschen; oder die Fortschritte der Technik, die immer noch den Menschen von heute beeindrucken und ihn zu vereinfachten und pauschalen Lösungen verführen (Autos, Klimaanlagen, Fertiggerichte) und fast unweigerlich zu Auswüchsen, Erstarrung und menschlichen Schäden zu führen scheinen.

Der größte Teil dieses Buchs behandelt die Frage, wie wir unsere Umwelten – ob es sich nun um das Zuhause, das Büro oder um Vergnügungsstätten handelt – so gestalten können, daß wir es vermeiden, uns selber mit Hilfe der Chemie auf kurzlebige oder unnatürliche Art zu belügen oder zu betrügen. Die nächsten Kapitel behandeln bestimmte Möglichkeiten natürlicheren oder wenigstens weniger schädlichen Handelns, durch das wir unsere Umwelt so manipulieren können, daß unser Bedürfnis, unsere Gefühle in den Griff zu bekommen – unsere Reaktionen bezogen auf Erregung, Lust und Dominanz –, nicht völlig an den Bedürfnissen und Möglichkeiten unserer Körper vorbeigeht.

Kapitel 5
Musik, Gymnastik, Essen, Ausspannen

Es gibt noch andere Dinge, die uns außer Reizmitteln zur kurzfristigen Beeinflussung unseres Innenlebens zur Verfügung stehen, und sie erfordern keine ungeheuren Opfer an Zeit und Leistungsfähigkeit. Zu diesen Dingen gehören die Musik, die Gymnastik, das Essen und bestimmte geistige Ausgleichsprozesse wie ein Nickerchen machen, Tagträumen oder sich Phantasien ausmalen. Um diese nutzbringend anzuwenden, müssen wir wissen, was wir tun, und warum.

Reden wir zuerst von der Musik. Einer meiner Freunde, ein Junggeselle, verabscheut die Arbeiten im Haushalt, will aber keine Putzfrau haben, weil er halbwegs davon überzeugt ist, daß man früher oder später ausgeraubt wird, wenn jemand zum Staubsaugen oder Küche aufräumen kommt, und zwar nicht von der Putzfrau, sondern von Leuten, die die Gepflogenheiten von Zugehfrauen ausbaldowert haben. Daher erledigte dieser Junggeselle selber die einförmigen und unlustbetonten Arbeiten, die er haßte und trotzdem niemand gegen Geld übertragen wollte, mußte aber feststellen, daß er beim Saubermachen der Kloschüssel imaginäre, aber gehässige Unterhaltungen mit seinen besten Freunden zu führen pflegte. Dies beunruhigte ihn dermaßen, daß er sich eine Technik zurechtlegte, mit der er derart einförmige (reizarme) und unlustbetonte Tätigkeiten ausführen konnte, ohne sich dabei unterdrückt vorzukommen oder feindselige Gefühle zu entwickeln. Er half sich damit, daß er Tonbänder mit einer Auswahl äußerst erregender und lustbetonter Musikstücke aufnahm – alles von Bud Shanks lateinamerikanischem Jazz über Art Blakeys *Orgy in Rhythm* bis zu Archie Shepps *Mama Too Tight.* Während er seinen Haushaltspflichten nachgeht, spielt er diese Bänder mit voller Lautstärke ab. »Ohne meine Saubermach-Tonbänder brauche ich ein halbes Wochenende. Wenn ich aber meine Tonbandnummer hinlege, habe ich alles schon in zwei Stunden hinter mir.«

Langweilige Arbeiten sind deswegen langweilig, weil sie reizarm (einfach und allzu vertraut) und unlustbetont sind. Sie senken unser Erregungsniveau, verstärken unsere Unlust, und fördern auch, weil wir sie aus dem einen oder anderem Grund einfach erledigen müssen, Unterwerfungsgefühle. (Geringe Erregung + Unlust + Unterwerfung = Langeweile.) Indem er Musik spielen läßt, die laut, aufregend und lustbetont ist, gelingt es meinem Bekannten, sowohl seine Erregung als auch seine Lust zu steigern, und sich damit dazu zu bringen, die langweiligen Haushaltspflichten anzupacken und mit ihnen fertigzuwerden. Die imaginären Unterhaltungen, mit denen er seine Erregung und Dominanz erhöhte, wirkten nicht so gut, weil ihn ihr merkwürdiger Verlauf nicht nur vor Rätsel stellte, sondern auch seine Unlust verstärkte. Als ich ihm von einer Untersuchung erzählte, die nachweist, daß Einkäufer im Supermarkt mehr Sachen in kürzerer Zeit kaufen, wenn lautere Musik gespielt wird, lautete sein Kommentar: »Das paßt zu meinem Bild.«

Über die Anwendungsmöglichkeiten der Musik werde ich in späteren Kapiteln noch einiges zu sagen haben, doch wollen wir hier bereits einige einfache Faustregeln festhalten. Je lauter und schneller die Musik ist, desto stärker ist ihr erregender Charakter (und desto rascher bewegen wir uns daher). Je lustbetonter die Musik ist, desto eher zeigen wir ein Annäherungsverhalten gegenüber der räumlichen oder sozialen Umwelt, zu der sie gehört. Umgekehrt wirkt sich langsame, einfache, sanfte und vertraute Musik dahingehend aus, daß sie das Erregungsniveau senkt, wobei sie jedoch gleichzeitig die Lustdimension nicht aufhebt, so daß wir uns entspannt und zufrieden fühlen.

Ein Teil der modernen Musik ist komplex, unvertraut und dissonant (reizstark und unlustbetont), was dazu führt, daß die Menschen, die sie anhören müssen (wie zum Beispiel bei einem Konzertabend) verspannt und gereizt werden. In dem Maße, wie man mit derartiger Musik vertrauter wird, geht ihr Reizvolumen zurück und die Vorliebe dafür nimmt zu. Genau das ist damit gemeint, wenn man bei irgendeiner Sache »auf den Geschmack kommt«: damit wird die Neuartigkeit einer Sache abgebaut, wodurch wiederum ihr Erregungscharakter gedämpft wird, obwohl sie nach wie vor unverändert komplex bleibt. Zwar nimmt die Vorliebe für einen neutralen oder unlustbetonten Reiz in dem Maße zu, wie sein Reizvolumen gesenkt wird (wenn man zum Beispiel auf den Geschmack kommt), doch nimmt bei einem lustbetonten Reiz die Vorliebe mit sinkendem Reizvolumen ab. Dies erklärt, daß das zu häufige Anhören eines Musikstücks, von dem wir einmal hingerissen waren, dessen Reizvolumen soweit senken kann, daß wir es nicht mehr hören können.

Unter den verschiedenen Formen der Musik weist die elektronische Musik im allgemeinen das höchste Ungewißheitsniveau auf. Sie ist komplex, neuartig, und enthält viele unvorhersehbare Klangfolgen, die sie zur erregendsten Musik machen, noch erregender als Jazz. Dies erklärt zusammen mit den neutralen (weder lust- noch unlustbetonten) Assoziationen, die sie bei den meisten Leuten weckt, warum es der elektronischen Musik nicht gelungen ist, sich gegenüber dem Schlagermarkt in nennenswertem Umfang durchzusetzen. Außerdem erschweren es die charakteristisch langgezogenen Kompositionen auf diesem Gebiet dem Zuhörer, sich mit dem Stück durch wiederholtes Anhören vertrauter zu machen, um auf diese Weise das Reizvolumen und den Erregungscharakter auf das Niveau zu senken, das ihm lieber ist. Die Komponisten können jedoch ihre Werke ansprechender machen, indem sie sie etwas stärker strukturieren, zum Beispiel mit der Wiederholung bestimmter Tonfolgen durch das ganze Stück. Andererseits ist es vorstellbar, daß es manche Leute lernen werden, die elektronische Musik zum Erreichen einer höheren Erregung zu verwenden, indem sie sie einfach mit anderen Lustquellen kombinieren. In diesem Fall verbindet sich die Lust, die durch die Umgebung oder die Mithörer geschaffen wird, mit dem sehr hohen Reizvolumen der Musik und ergibt ein ungewöhnlich hohes Niveau der Erregung.

Die Auswirkung, die die Musik auf die Leistung eines Menschen bei bestimmten Aufgaben oder auf das Verhalten von Menschen bei Arbeit oder Spiel haben kann, ist kaum zu überschätzen. Die Musik kann sich stärker und unmittelbar auf das Erregungsniveau und die Lust auswirken, als etwa mehrere Tassen Kaffee. Leute, die einen Radiowecker morgens zum Aufwachen oder abends zum Einschlafen benutzen, praktizieren Umweltpsychologie, ob sie das wissen oder nicht. Der gewöhnliche Wecker macht gemeinhin ein unlustvolles Geräusch, oder besser noch Radau. Ich fragte mich, wieviele Morgenmuffel darauf zurückzuführen sind, daß die Leute zu früh aus ihrem Bett gerissen werden, und auf Gefühle von geringer Erregung, Lust und Dominanz, welche ihnen durch einen entschieden erregenden, unlustbetonten und überwältigenden Reiz vermittelt werden. Wenn man so aus dem Bett stolpert, um seinen verhaßten elektronischen Hahnenschrei abzustellen, erfährt man einen plötzlichen und diametral entgegengesetzten Gefühlsumschwung hin zum Schlechteren – was kaum ein guter Tagesbeginn ist.

Radiowecker sind jedoch auch nicht die beste Lösung, da gewöhnlich keine Vorhersage darüber möglich ist, was über sie hereinkommt, wenn es Zeit zum Aufstehen ist. Eine Musiksendung kann übermäßig schrill (hohes Reizvolumen) sein, oder nicht so genießbar, daß wir den Übergang zum Wachsein allmählich und lustvoll erleben. Aber gewiß müßte es inzwischen technisch möglich sein, preiswerte Kassettenwecker herzustellen, die wir genau auf die Art Musik programmieren könnten, die zu unseren morgendlichen Bedürfnissen in Bezug auf Erregung und Lust paßt. Und eine reizarme Einschlafmusik ließe sich natürlich genauso gut programmieren. Schließlich ist das Radio die Nabelschnur zur Welt. Wenn wir eines Abends bereits angespannt und voller Sorgen sind, und dann plötzlich eine von diesen reizstarken Durchsagen hören, wie »Wir unterbrechen diese Sendung, um . . .«, kann uns das mehr Stunden Schlaf kosten, als wir zu opfern bereit sind, um auf dem Laufenden zu sein.

Ich will damit lediglich sagen, daß die Musik sich unmittelbar und bezeichnend auf das Erregungs- und Lustniveau auswirken kann. Beim Aufwachen, beim Einschlafen, oder beim Recken und Strecken kann eine überlegt ausgewählte Musik ein wirksamer Ersatz für chemisch wirkende Aufputsch- oder Beruhigungsmittel sein.

Auch Gymnastik kann als wirksames Aufputsch- oder Beruhigungsmittel wirken, wenn auch nicht so rasch. Sachte und kurze Körperbewegung hebt das Erregungsniveau. Heftige Körperbewegung hebt das Erregungsniveau noch weiter, führt aber, wenn sie fortgesetzt wird, früher oder später zur körperlichen Überforderung oder zu einer Umschlagsreaktion nach dem Allgemeinen Anpassungssyndrom, und wirkt daher schließlich wie ein Beruhigungsmittel. Wie jedes andere Mittel zur Hebung oder Senkung des Erregungsniveaus kann die Gymnastik mißverstanden und mißbräuchlich angewendet werden.

Wenn man ein Bad nimmt oder duscht, wirkt das ähnlich wie Gymnastik. Der ungleich verteilte Wasserdruck einer Dusche wirkt belebend. Extrem heiße oder kalte Duschen oder Bäder erzeugen ein noch höheres Erregungsniveau. Wenn man eine Erregung senken will, soll man ein laues Bad nehmen, bei dem die Wassertemperatur nur ein klein wenig über der inneren Körpertemperatur liegt. Dies bewirkt, daß das Blut in die äußeren Körperbereiche fließt, was dem physiologischen Zustand bei Erschlaffung oder geringer Erregung gleichkommt. Ein sehr kaltes oder ein sehr heißes Bad oder eine solche Dusche führen am Anfang dazu, daß der Körper das Blut in einer Art Schockreaktion in den inneren Organen sammelt und auf diese Weise das Erregungsniveau erhöht. In gleicher Weise dürfte sich aus extrem hohen oder niedrigen Temperaturen ein unruhiger Schlaf ergeben, dessen typisches Merkmal ein ungenügend gedämpftes Erregungsniveau ist. Wenn wir unter einer sehr warmen elektrischen Decke schlafen, träumen wir mehr und haben aufreizendere Träume, in denen es um Angst, Ungewißheit oder lebhafte und komplexe Bilder geht.

Der Nichtabschirmer, der nach dem Aufstehen herumschlurft und das Frühstück macht – Wasser für den Tee aufsetzt, den Speck in die Pfanne wirft, die Morgenzeitung von der Türschwelle holt und den ganzen Ablauf koordiniert – genehmigt sich vielleicht gerade die richtige Menge an Körperbewegung, um sein Erregungsniveau allmählich zu erhöhen. Ein derartiger Nichtabschirmer dürfte mit Entsetzen auf Leute blicken, die mit einem Satz aus dem Bett hüpfen, das Fenster aufreißen und dann zwanzig Liegestützen machen, während sie den letzten Börsenbericht hören. Wenn er versuchen würde, das nachzumachen, weil es gesund ist oder weil es in seinem Bekanntenkreis gang und gäbe ist, wäre es übermäßig erregend und blödsinnig. Diese heftige Form der Morgengymnastik könnte jedoch für einen Abschirmer genau das Richtige sein – er kommt dadurch auf Touren. Menschen, die sich ohne Rücksicht auf ihre persönlichen Bedürfnisse in ein bestimmtes morgendliches Schema zwängen lassen, müssen dafür leiden. Der Nichtabschirmer, der vor dem Frühstück einen Trimm-Trab macht, weil dies in seinen Kreisen allgemein üblich ist, oder der Abschirmer, der sich aus Familienrücksichten ewig durch dasselbe Frühstück von Cornflakes und Kaffee quält, handelt gegen sein eigenes wohlverstandenes Interesse. Der Nichtabschirmer ist viel zu früh überdreht, und der Abschirmer fühlt sich restlos schlapp, obwohl das gar nicht sein muß.

Leichte Abendgymnastik ist häufig nützlich für Personen, die sich tagsüber mit einem mäßigen bis hohen Reizvolumen in Umwelt und Arbeit herumschlagen müssen. Für Leute, deren Betätigungen tagsüber reizarm sind, ist anstrengendere Gymnastik besser geeignet. Jemand, der sich nach einem fürchterlichen Tag im Büro müde, unlustig und unterwürfig fühlt, kann aus einer Stunde Betätigung in der Turnhalle häufig Nutzen ziehen. Ein sehr sanftes und zeitlich gut abgestimmtes Training hebt sein Erregungsniveau, ohne daß es in ein Allgemeines Anpassungssyndrom umschlägt. Die Unterhaltung mit ein paar vertrauten Trainingspartern kreist um die Lustdimension, und seine Geschicklichkeit und Vertrautheit mit der Ausstattung und Umwelt der Turnhalle steigert die Gefühle der Dominanz. Wenn aber ein derartiger Mensch andererseits in einem sehr erregten Zustand in die Turnhalle kommt, sich auf einen Wettkampf einläßt und nacheinander eine Reihe Bauchaufschwünge oder Flickflacks macht, ermüdet er sich genügend, um sein Erregungsniveau zu senken, ist jedoch für den Rest des Abends kaum noch zu gebrauchen.

Die Umwelt der Turnhalle hebt die Erregung besonders wohltuend für jemand, dessen Tagesablauf langweilig ist. Er hält sich vielleicht an ein abwechslungsreicheres Trainingsprogramm, knüpft mehr Kontakte, und läßt sich auf einen Wettkampf mit jedem ein, mit dem er sich einigermaßen messen kann, wobei er seine Gefühlserregung daraus bezieht, daß er seine eigene frühere Leistung verbessert oder jemand anderes hinter sich läßt. Es macht ihm Spaß, seine Kenntnisse an andere weiterzugeben, neue Bekanntschaften zu schließen, und er genießt den reizvollen unausgesprochenen Wettbewerbsgeist in einer ausgewählten Gruppe von Partnern.

Mißbrauch liegt vor, wenn sich Menschen aus dem einen oder anderen Grund in ein Verhaltensschema pressen lassen, das ihnen entweder vom Temperament her (ständig) oder in anbetracht ihres gegenwärtigen Erregungsniveaus (vorübergehend) nicht liegt. Ein nicht besonders schwerwiegender Mißbrauch besteht in Folgendem: Jemand, der nur schwer einschläft, kann unter Umständen das Zubettgehen solange wie möglich hinausschieben, damit er »hundemüde« ist und sich nicht stundenlang im Bett herumwirft. Kurz vor dem Zubettgehen läuft er durch das Haus und überprüft die Schlösser, öffnet oder schließt Fenster, und fummelt vielleicht in letzter Minute an diesem oder jenem herum. Diese Tätigkeiten stellen eine mäßige körperliche Bewegung dar und erhöhen infolgedessen sein Erregungsniveau, wodurch der Schlaf schwerer und nicht leichter zu erreichen ist. Anstatt das zu tun, würde er mit ein wenig leichter Lektüre besser fahren, um sich vor dem Einschlafen zu entspannen.

Ein anderes Beispiel des Mißbrauchs könnte der zeitweilig stark gestreßte Geschäftsmann bieten, der während der Mittagspause ins Schwimmbad saust und meint, daß er seine üblichen vierzig Längen schwimmen muß, um in Form zu bleiben. Die heftige körperliche Bewegung kann bewirken, daß er für den Rest seines Arbeitstages ausgepumpt ist. Die ungewohnte Müdigkeit kann seine Besorgnis über seine schlechter werdende körperliche Verfassung verschlimmern, und so könnte er zu seiner Beruhigung am nächsten Tag wieder hingehen, sich erneut überanstrengen und sich damit in eine Umschlagsreaktion nach dem Allgemeinen Anpassungssyndrom manövrieren. Tatsächlich kann eine Woche mit ungewöhnlichem Arbeitsstreß in Verbindung mit einem Umfang an körperlicher Betätigung, der ansonsten zulässig wäre, zu schweren physischen Reaktionen nach dem Allgemeinen Anpassungssyndrom führen, die buchstäblich sein Leben verkürzen.

Dies ist die Ursache, die hinter manchen Schlaganfällen, Herzinfarkten und Muskelrissen steht. Für Männer ist eine heftige körperliche Betätigung vielleicht unentwirrbar mit Dingen wie Machismo, Manneskraft und Dominanz verknüpft und verleitet daher zu beträchtlichem Mißbrauch. Der ältere Mann, der hinausstürmt und versucht, eine anderthalb Meter hohe Schneeverwehung von seiner zehn Meter langen Auffahrt zu schaufeln, gerade nachdem er einen bösen Streit mit seiner Frau oder mit seinem Sohn gehabt hat, wird sich nach aller Wahrscheinlichkeit gemäß dem Allgemeinen Anpassungssyndrom überfordern und sich hinterher schlecht fühlen oder sich einen Herzanfall zuziehen. Aber Männer oder Frauen, die je nach ihren klar erkannten Bedürfnissen fünf oder zwanzig Liegestützen machen, fühlen sich gut, weil sie ihre körpereigene Umwelt genau auf die richtige Art und Weise manipuliert haben.[5]

Die dritte »natürliche« Sache, die unter die Haut geht und sich zum Guten oder Bösen manipulieren läßt, ist das Essen. Es ist eine weit verbreitete Art und Weise, wie Menschen unbewußt ihr Innenleben verändern. Ich muß gestehen, daß die unter die Haut gehenden Auswirkungen vom Essen von den Umweltpsychologen etwas vernachlässigt worden sind, und daß zahlreiche meiner Bemerkungen auf diesem Gebiet eher Spekulation als Zusammenfassung streng wissenschaftlicher Versuchsergebnisse sind.

Wir wissen, daß Hunger zu einer Erhöhung des Erregungsniveaus führt. Ein mäßiges Hungergefühl (d.h. ein Gefühl, daß es Zeit zum Mittagessen ist) ist von mäßiger Erregung begleitet, starker Hunger führt zu hoher Erregung. Echtes Hungern, wie zum Beispiel, wenn man gefastet hat oder mindestens drei oder vier Tage keine Kalorien zu sich genommen hat, geht mit Lethargie einher – einem Zustand geringer Erregung, Unlust und Unterwerfung – und auch mit geringeren Hungergefühlen, weil anscheinend der Körper begonnen hat, zu seiner Ernährung seine eigenen Fett- und andere Gewebe anzugreifen. Der Akt des Essens ist an sich schon mäßig erregend, und hieraus ergeben sich, wie wir in späteren Kapiteln noch sehen werden, eine Anzahl von Schlußfolgerungen in Bezug auf die Eßgewohnheiten in der Familie. Während des Verdauungsprozesses nimmt die Erregung allmählich ab, während das Blut vom Gehirn zum Magen abgezogen wird. Aus diesem Grund fühlen wir uns nach einer umfangreichen Mahlzeit bisweilen ganz schläfrig oder müde. Ganz allgemein können wir daher sagen, daß Nahrung anfänglich als Anregungsmittel und dann mehr als eine Stunde lang als Beruhigungsmittel wirkt.

Der Feinschmecker, der einen großen Teil seiner Freizeit dem Essen widmet, wobei kleine und abwechslungsreiche Portionen über eine Zeit von zwei bis drei Stunden hinweg verzehrt werden, ist auf eine Möglichkeit gekommen, sich ein anhaltend sehr hohes Niveau von Lust und Erregung zu verschaffen. Obwohl es keine experimentellen Daten zu diesem Punkt gibt, ist es ganz interessant, darüber zu spekulieren, daß sowohl Kulturen als auch Einzelpersonen tendenziell für diese eine Quelle von Reiz und Erregung entscheiden, wenn sie sexuell eingeschränkt leben oder Sexualität nicht möglich ist. Man beachte zum

5 Morehouse und Gross (1975) vertreten eine ähnliche Ansicht mit einem Übungsprogramm, das sie entworfen haben. Der Teilnehmer bestimmt den nötigen Umfang der Gymnastik, indem er auf seinen Puls achtet, der bekanntlich ein Gradmesser für das Erregungsniveau ist.

Beispiel, daß die katholischen Länder (Frankreich, Italien und die südamerikanischen Länder) in denen traditionell sexuelle Betätigung vor der Heirat nicht gern gesehen wird und danach aus wirtschaftlichen Erwägungen problematisch bleibt, stark aufs Essen fixiert sind. Man versuche, sich daran zu erinnern, wieviel Wert man selber auf Nahrung und Essen in Zeiten gelegt hat, in denen man entweder gar keine oder aber ein gerüttelt Maß an abwechslungsreichen Sexualerlebnissen hatte. Man beobachte auch unverheiratete Personen, deren Sexualleben eindeutig reich und befriedigend ist, und stelle fest, ob sie nicht geringer am Essen interessiert sind als Freunde, deren sexuelle Betätigung sehr selten oder problembeladen ist. Schwieriger ist es, dieses ungeklärte Verhältnis zwischen Sexualität und Essen bei verheirateten Paaren festzustellen, da sehr viele unbekannte Variablen eingehen.

Auch Langeweile oder Depressionen können Gründe dafür sein, daß man sich auf das Essen konzentriert und auf das, was damit zusammenhängt. Gelangweilte oder deprimierte Leute, die häufig essen, haben gelernt, ihr Lust- und Erregungsniveau zeitweilig dadurch zu erhöhen, daß sie naschen oder zwischendurch etwas essen. Sie tun das lieber, als hungrig zu bleiben, was ebenfalls die Erregung steigern würde, aber unlustbetont wäre. Dies gilt besonders, wenn sie reizvolleres Essen zu sich nehmen – irgendetwas Würziges, Süßes, sehr Heißes oder sehr Kaltes, wie Eis, oder irgendetwas Ungewöhnliches oder Exotisches. Natürlich fallen solche Leute bald auf einen geringeren Erregungszustand ab, wenn sie zuviel essen, und machen so ihre eigentliche Zielsetzung zunichte – besonders dann, wenn sie große Mengen Kohlehydrate verzehren, wodurch der Blutzuckerspiegel schlagartig absinken kann. Wenn sie erneut versuchen, ihr Erregungs- und Lustniveau zu heben, essen sie noch mehr und bekommen daher wahrscheinlich Übergewicht. Die Lösung besteht darin, daß man häufig kleine Portionen sehr reizvollen Essens zu sich nimmt und dabei vielleicht scharfen Gerichten vor den ebenso erregenden süßen den Vorzug gibt. Wenn die Gastgeber bei einem Abendessen wollen, daß sich aus dem Essen und den Gesprächen für den größten Teil des Abends anhaltende und lustvolle Anregungen ergeben, ist es sinnvoll, über eine Zeit von zwei bis drei Stunden kleine Gänge zu servieren, wobei jeder so ausgedacht ist, daß er den Gaumen auf eine andere und völlig neue Art kitzelt.

In einer Anzahl der ärmeren Kulturen, in denen das Hauptnahrungsmittel aus faden, aber sättigenden Kohlehydraten wie Reis, Mais oder Weizen besteht, werden gern äußerst scharfe Gewürze verwendet. Die Inder zum Beispiel würzen ihr Essen sehr scharf und auf recht raffinierte Art und Weise und erreichen dabei mit recht einfachen Zutaten wie Reis oder Gemüsen, ohne Fleisch, Fisch oder Geflügel, abwechslungsreiche und außerordentlich reizvolle Geschmacksnuancen. Daher werden Anregung und Erregung durch das Essen dadurch verstärkt (das heißt Nahrung und Essen erregender gemacht), daß den Grundzutaten entweder eine große Vielzahl von Gewürzen (Komplexität) oder äußerst scharfe und würzige (intensive) Zusätze beigemischt werden. Andererseits ist es weniger wahrscheinlich, daß wohlhabendere Kulturen, in denen eine große Vielzahl von Agrarprodukten leicht erhältlich ist, auf ausgeklügelte Zubereitungsarten unter Verwendung von scharfen und würzigen Zusätzen zurückgreifen, weil diese nicht erforderlich sind, um mehr Erregung aus der Nahrung zu gewinnen. Die nordamerikanische Küche ist ein anschauliches Beispiel dafür: die Kochkünste sind ziemlich einfallslos und bestehen darin, daß eine Anzahl von Grundstoffen, die an sich schon wohlschmeckend sind, auf relativ einfache und geradlinige Weise eingesetzt werden.

Manche Menschen verwenden das Essen als Beruhigungsmittel, sie haben gelernt, das vom Essen verursachte anfängliche »Hoch« zu tolerieren und sind stattdessen auf den längeren und niedrigeren Erregungszustand aus, der durch die Verdauung bewirkt wird. Solche Leute neigen dazu, mit kräftigem Essen zu »feiern«, wenn etwas Ungewöhnliches, ob gut oder schlecht, geschehen ist. Sie können sogar dazu neigen, sehr rasch zu essen, da es nicht darauf ankommt, die verschiedenen Geschmacksnuancen und Konsistenzen der Nahrung auszukosten – das wäre ja ein erregendes Erlebnis –, sondern darauf, das Essen in den Magen zu befördern, damit die Verdauungsprozesse einsetzen und ein »Tief« erzeugen können. Sie sind außerdem wahrscheinlich Leute, die gern spät nachts essen, weil sie gelernt haben, daß sie mit einem Essen im Bauch, besonders mit hohem Gehalt an Eiweiß oder Fett, die langsamer verdaut werden als Kohlehydrate, besser einschlafen können. Da Leute, die weniger zu ihrer Ernährung als zu ihrer Beruhigung essen, dazu neigen, mehr Nahrung zu sich zu nehmen, als ihr Körper verbrauchen kann, neigen sie zu Übergewicht. Eine Ausnahme stellt *anorexia nervosa* (nervöse Appetitlosigkeit) dar, bei der der Patient ein extremer Nichtabschirmer ist. Er kann sich einfach das vom Essen erzeugte zusätzliche »Hoch« über seinen bereits übermäßigen Erregungszustand hinaus nicht leisten und verliert rasend schnell an Gewicht – bis er an Unterernährung stirbt. Etwas ähnliches tritt ein, wenn manche Leute Abmagerungstabletten einnehmen, die gewöhnlich eine Art Amphetamin (ein starkes Aufputschmittel) enthalten. Sie sind zu stark erregt, als daß sie auf weitere Reizung durch das Essen aus wären, und müssen sich in einer sehr reizarmen Umwelt befinden, bevor sie sich vom Essen angesprochen fühlen können.

Und dann gibt es auch andere Menschen, die die erregungsdämpfenden Auswirkungen der Verdauung meiden. Solche Leute müssen dazu oft überredet werden, »sich zu setzen und einen Bissen zu sich zu nehmen.« Sie haben gelernt, die Arten von Umwelt zu vermeiden, die die meisten Menschen für das Essen optimal finden, nämlich die relativ reizarme, und ziehen es gewöhnlich vor, auf dem Sprung etwas zu essen (mitten in einer reizbetonten Umwelt) oder in lauten, lärmenden, überfüllten oder exotischen Restaurants.

So gibt es trotz unseres bruchstückhaften Wissens ein paar Einsichten, nach denen man handeln kann. Wenn man sein Erregungsniveau aus dem einen oder anderen Grund erhöhen will, soll man gar nicht essen, nur sehr leicht essen, oder größere Mahlzeiten langsam zu sich nehmen und dabei auf reizstarke Nahrungsmittel setzen. So zum Beispiel sollte der Student, der für ein Examen hellwach bleiben möchte, sich vielleicht gestatten, leicht hungrig zu werden. Natürlich kann starker Hunger zu einem so hohen Erregungsniveau führen, daß es die Lösung von komplexen und anspruchsvollen Aufgaben beeinträchtigt, und dies sollte vermieden werden. Sportler nehmen bisweilen am Abend vor einem Spiel eine große Mahlzeit zu sich und essen dann am nächsten Tag gar nichts oder knabbern nur ein wenig herum. Interessant ist, daß sehr aggressive Sportler, oder auch aggressive Verkäufer oder Börsenmakler bisweilen als »hungrig« beschrieben werden.

Wenn man ständig ißt, um sein Erregungsniveau zu heben und seine Lust zu steigern, erreicht man letzten Endes das Gegenteil. Sowie das ursprüngliche Hochgefühl vorbei ist, setzen geringere Erregung und vermutlich Unlust ein und halten mindestens eine Stunde lang an. Wenn man andauernd und kräftig ißt, um sein Erregungsniveau zu senken, erreicht man ebenfalls das Gegenteil. Man neigt zum Dickwerden, und wenn man in einer Kultur wie der unseren Übergewicht hat, kann das umweltbezogene Auswirkungen haben, die der ursprünglichen Absicht genau entgegengesetzt sind. Man wird selber zu einem unlustbetonten und ungewöhnlichen sozialen Reizfaktor und die Wahrscheinlichkeit steigt, daß man als Sexualpartner abgelehnt wird, was in den meisten sozialen Situationen zu einem sehr hohen Erregungsniveau führt. Wenn sich das Individuum dann dem Essen zuwendet, um seine häufig bestätigte »Wertlosigkeit« zu »feiern«, ist der Teufelskreis geschlossen.

Die vierte, unter die Haut gehende Möglichkeit, die die Menschen haben, ihre Gefühlsreaktionen auf eine bestimmte Umwelt zu beherrschen, ist das, was ich geistiges Ausspannen genannt habe – im Wesentlichen kognitive Hilfsmittel wie Tagträumen, Phantasien, selektive Aufmerksamkeit, Meditation oder autogenes Training.

Wenn eine Umwelt zu sehr mit Reizen überflutet wird, kann man seine Auswirkungen auf das eigene Erregungsniveau dadurch beherrschen, daß man sich auf eine begrenzte Reihe von Reizen konzentriert. In Experimenten ist nachgewiesen worden, daß Menschen, wenn sie in extrem reizüberflutete Umgebungen versetzt werden – mit allen möglichen visuellen Reizen wie Spiegeln, Flakkerlichtern und Filmprojektionen, mit Geräuschen und vielen verschiedenen Arten von Musik, möglicherweise sogar mit Gerüchen oder starkem Luftzug – gern ganze Sinnesorgane ausschalten. Wenn sie zum Beispiel optisch orientiert sind, achten sie auf eine ausgewählte Anzahl von optischen Reizen, »sehen« die übrigen nicht, und »hören« überhaupt nichts. Menschen mit hochentwickelten

Hörorganen, die daran gewöhnt sind, große Datenmengen über ihre Ohren aufzunehmen und einzuordnen – zum Beispiel Musiker – achten selektiv auf einige der Geräusche und ignorieren die optischen Reize, oder übersetzen groteske optische Bildkompositionen in den ihnen vertrauteren akustischen Erfahrungsbereich. Andere übersetzen akustische Reize in visuelle Begriffe und Formen (ein Musikstück kann mit spitzen Zacken assoziiert werden, und ein anderes mit dem Geräusch von Meereswellen). Mit einer derartigen Übersetzung wird das Reizvolumen der Umwelt reduziert, indem die überzogenen und fremden Reize zu vertrauten Kategorien eines Sinnesorgans assimiliert werden, das hochentwickelt ist und eine höhere Reizlast verträgt.

Beispiele für äußerst enge Aufmerksamkeitsbereiche kann man in Heilanstalten finden, in denen bestimmte Schizophrene stundenlang zwanghaft dieselben Verhaltensschemata durchhalten. Ein Patient kann zum Beispiel zehn Schritte in einer Richtung gehen, sich umdrehen, zehn Schritte zurückgehen, sich erneut auf genau die gleiche Art und Weise umdrehen und dies viele Stunden lang fortsetzen. Ein derartiger Patient steht unter einer unerträglich hohen Erregung – entweder infolge seiner physiologischen Verfassung, oder als Reaktion auf die Anstaltsumwelt – und hat gelernt, seine Erregung dadurch ein wenig zu dämpfen, daß er sich auf eine extrem vertraute, extrem strukturierte und extrem monotone Aufgabe konzentriert. In diesem Fall kann ein Beruhigungsmittel dazu beitragen, den Patienten aus seinem engen, zwanghaften Verhaltensschema zu lösen.

Wir alle aber schränken unsere Aufmerksamkeit in bestimmten, sehr schlimmen Situationen drastisch ein. Viele Szenen in der Literatur und im Film bauen auf unserer Neigung auf, uns in äußerst traumatischen Augenblicken wie gebannt auf irgendeine ganz gewöhnliche und vertraute kleine Tätigkeit zu konzentrieren. Zum Beispiel gibt es in Vladmir Nabokovs *Pnin* eine sehr gut beobachtete Szene, in der Professor Pnin, der soeben die niederschmetternde Nachricht von seiner Entlassung erhalten hat, anfängt, das Geschirr abzuwaschen. Er scheuert es, spült den Seifenschaum weg, trocknet es äußerst sorgfältig ab und stapelt es dann sorgsam auf, als ob es das kostbarste Porzellan der Welt wäre. Und als Mr. Chips erfährt, daß seine Frau tot ist, nimmt er seine Uhr heraus, stellt fest, daß seine Lateinstunde erst in ein paar Minuten zu Ende ist, und macht mit den Konjugationen weiter. Daß sie sich auf die armseligen kleinen Verhaltensschemata des Alltags konzentrieren, hilft den Menschen häufig nach einem furchtbaren Verlust oder einer Enttäuschung beim Weiterleben. Indem sie derart mechanische und reizarme Tätigkeiten ausführen, legen sie wirksam partielle Scheuklappen an, um einige Aspekte ihrer Umwelt auszuschließen, und können so ihr extrem hohes Erregungsniveau senken.

Verschiedene Entspannungs- oder Meditationsübungen ermöglichen uns ebenfalls, unser Erregungsniveau durch eine Kombination von Körperübungen und geistiger Konzentration zu senken. Wenn mit Bio-Rückkopplungsmethoden eine Entspannung herbeigeführt werden soll, wird der Person lediglich eine sichtbare oder hörbare Anzeige ihres Erregungszustands (EEG-Kurven oder Pulsfrequenz) zur Verfügung gestellt. Er kann dann eine Vielzahl von körperlichen, gefühlsmäßigen und kognitiven Haltungen ausprobieren, bis er auf eine Methode stößt, mit der er seine Erregung eindeutig dämpfen kann, und dann daran gehen, sie systematisch zu senken. Wenn man keine derartige Ausrüstung hat, kann man die folgende klassische Entspannungsübung machen. Man konzentriere seine ganze Aufmerksamkeit auf einen bestimmten Körperteil, spanne ihn an und nehme dann die halbe Muskelspannung weg, fühle die verbleibende Spannung, nehme davon die Hälfte weg, und so weiter. Die Bewegung erfolgt von den Gliedmaßen zum Körpermittelpunkt. Man fange mit den Fingern, Handgelenken, Armen an, dann mache man dasselbe mit den Zehen, Knöcheln, Knien und Beinen, dann fahre man mit dem Hals, dem Gesicht und der Kopfhaut fort. Schließlich mache man dasselbe mit dem Magen und dem Brustkorb und gehe zum ganzen Körper insgesamt über, von der Kopfhaut bis zu den Zehen. Um jedem Körperteil auf diese Art und Weise langsam durchzuarbeiten, braucht man lange. Man braucht eine Menge körperliche Energie und Konzentration für die selektive Anspannung jedes Körperteils und das darauffolgende allmähliche Ablassen dieser Spannung. Diese Übung hat sich als nützlich für Menschen erwiesen, die gelegentlich nur schwer einschlafen können. Andere, die extrem erregt sind, können derartige Entspannungsübungen nicht anwenden. Sie müssen sich aktivere Körperübungen verschreiben, wie zum Beispiel ausführliche und anstrengende Gymnastik, und sich auf eine schwere Umschlagsreaktion nach dem Allgemeinen Anpassungssyndrom einlassen.

Entspannung, Meditation, Bio-Rückkopplung oder Gymnastiktechniken sind aktive Mittel zur Verringerung der Erregung, doch gibt es auch diese einfache, passive und allgemein verbreitete Methode, ein Nickerchen zu machen. Für manche Leute, die während ihrer Arbeitszeit äußerst intensiv tätig sind, kann sogar ein Nickerchen von einer halben Stunde – vorausgesetzt, daß sie dafür genügend abschalten können – sehr erfrischend und Beruhigungsmitteln, Alkohol oder Entspannungsübungen weit überlegen sein. Tatsächlich wäre es interessant, die Schlummergewohnheiten von Personen, die in einer reizüberfluteten Umwelt Leistung erbringen müssen, mit ihrem körperlichen Wohlgefühl und ihren Krankenziffern zu korrelieren.

Ebenso, wie es verschiedene kognitive Mittel gibt, mit reizbelasteten Umwelten fertig zu werden, gibt es andere für reizarme. Ein extremes Beispiel für eine reizarme Umwelt sind die Labore für Wahrnehmungsentzug, in denen die Versuchspersonen in schalldichte, verdunkelte Räume gesperrt und ihnen so gut wie alle Reize entzogen werden. Die Versuchspersonen haben alsbald groteske Gedanken, Halluzinationen, und ihre inneren Körpervorgänge werden ihnen intensiv und störend bewußt. Die Halluzinationen und andere von innen heraus erzeugte Reize dienen unter anderem dazu, ein unerträglich niedriges Erregungsniveau zu erhöhen.

Derartiges tritt aber auch außerhalb von Versuchssituationen auf. Einer meiner Kollegen behandelte einen jungen Mann, welcher berichtete, daß er nachts, wenn er allein zu Hause war, bisweilen die Augen schloß und dann von äußerst lebhaften und furchteinflößenden optischen Einbildungen »bestürmt« wurde. Zum Beispiel sah er sich mit hundert Stundenkilometern eine belebte Straße hinunterrennen, wobei Autos auf ihn zurasten. Diese Bilder pflegten entsetzliche fünfzehn bis dreißig Minuten lang an ihm vorbeizuflitzen. Er hatte den Eindruck, daß er diese Halluzinationen nicht unter Kontrolle bekommen konnte, wenn sie erst einmal angefangen hatten, konnte aber gewöhnlich sagen, wenn sie kurz bevorstanden.

Ich meinte, daß dieser Patient vermutlich nachts unter äußerster Langeweile und Einsamkeit litt, und daß diese eigenartigen optischen Einbildungen vielleicht eine kostspielige Art und Weise seien, die extrem niedrige Erregung zu kompensieren, die mit seiner Langeweile zusammenhing, welche womöglich schon an Depression grenzte. In der Tat entdeckten wir, daß der Patient einsam und gelangweilt war, daß sich seine Beziehungen zu seiner Freundin schlecht entwickelten, daß er nunmehr viel Zeit alleine verbrachte und viel aß, wenn er zu Hause war.

Ich schlug sodann vor, daß mein Kollege diesen Patienten eine kurze Erklärung über das Erregungsniveau und seine Beziehungen zur Langeweile geben und dem Patienten Wege aufzeigen sollte, wie er seine Wohnumwelt derart manipulieren könnte, daß sich seine Erregung steigerte, sobald er spürte, daß die Bilder kamen. So zum Beispiel konnte er seine Stereoanlage stark aufdrehen, oder Stereo und Fernsehapparat gleichzeitig einschalten und sehr laut stellen. Wenn es ihm gelänge, sein Erregungsniveau zu heben, wären die optischen Einbildungen vermutlich nicht nötig und würden aufhören. Wie sich herausstellte, war der Fernsehapparat gar nicht nötig, die Stereoanlage schaffte es auch allein. Die Bilder hörten auf, und mein Kollege und sein Patient waren dann in der Lage, etwas Langfristigeres zu unternehmen, um gegen die Ursachen der Langeweile und Einsamkeit des Patienten anzugehen.

Wir alle halluzinieren in einem größeren oder kleineren Ausmaß insofern, als wir alle tagträumen und phantasieren. Im allgemeinen tun wir das, wenn wir uns in reizarmen Situationen befinden – in Umgebungen oder bei Tätigkeiten, die wir langweilig, einförmig, schematisch, reizlos, äußerst vertraut usw. finden. Wir phantasieren in reizarmen Umwelten, um unser Erregungsniveau zu heben, und gewöhnlich auch, um unsere Gefühle von Lust und Dominanz zu verstärken. So zum Beispiel stellen Akt-Modelle, die zwanzig oder dreißig

Minuten an einem Stück stillstehen müssen, umgeben von Leuten, die sie in aller Ruhe abzeichnen, häufig fest, daß die Phantasie das einzige Mittel ist, ein unerträglich niedriges Erregungsniveau zu heben.

Daß wir dazu neigen, in reizarmen Umwelten zu phantasieren, legt viele weitreichende Schlußfolgerungen nahe, wie wir in späteren Kapiteln über Schulen und Gefängnisse sehen werden. Ich möchte jetzt auch darauf hinweisen, daß nicht immer die Phantasie benutzt wird, um das Erregungsniveau in einer langweiligen Umwelt zu heben. Es gibt auch Fälle, wo das Phantasieren oder Tagträumen die Funktion hat, die Erregung zu senken. Man nehme zum Beispiel den Direktor, der sich mitten an einem besonders reizüberfluteten Tag zurücklehnt und sich einbildet, daß er in der warmen Sonne an einem Swimmingpool liegt und vielleicht ein Buch liest und einen schönen kalten Drink schlürft. Dann stellt er sich eine endlose Folge warmer schöner Tage am Schwimmbecken ohne Entscheidungen, ohne Streitereien vor, bei denen er sich nur entspannt, tut was er möchte, und das abwirft, was Philip Larkin die Kröte Arbeit nennt, die einem auf dem Leben hockt. Eine derartige entspannte, friedliche und lustvolle Phantasiererei senkt tatsächlich die Erregung und steigert natürlich die Lust. Wie meistens, wird sich diese Phantasie vermutlich als Enttäuschung erweisen, wenn sie realisiert wird. Der Direktor im Ruhestand, der seine Tage damit verbringt, sich am Rand eines Schwimmbeckens zu fläzen, stellt häufig fest, daß eine derartig reizarme Umwelt sein Erregungsniveau drückt – es wird ihm furchtbar langweilig. In ähnlicher Weise phantasiert der Kriegsgefangene oder Sträfling in einer trostlosen, eintönigen und extrem reglementierten Umwelt über Essen, Frauen, Freiheit und »über die Stränge schlagen« in der Außenwelt. Sobald solche Leute aber erst einmal entlassen sind, stellen sie bisweilen fest, daß die Welt draußen mehr Reize enthält, als sie bewältigen können – es gibt zuviele Probleme, zuviele Entscheidungen, zuviele Reize, mit denen sie fertig werden müssen.

Phantasien oder Tagträume sind eine Zuflucht, die richtig genutzt oder mißbraucht werden kann. Um ein positives Beispiel zu zitieren: Das Lockere und Flexible freier Gedankenassoziationen in der Phantasie ist ein entscheidender Bestandteil beim kreativen Lösen künstlerischer oder geistiger Probleme. Mit ungezwungeneren Assoziationen kann man eher alte Geisteshaltungen oder gewohnte Denkweisen in Bezug auf ein Problem durchbrechen, und Gedanken oder Ereignisse miteinander verbinden, zwischen denen man gewöhnlich keine Beziehungen herstellen könnte. So kommt es, daß manche Wissenschaftler oder Künstler unfreiwillig in der Dämmerzone zwischen Schlaf und Wachsein auf ihre kreativsten Lösungen oder Einfälle kommen, oder wenn sie sich vollständig entspannt in einer sehr eintönigen, reizarmen Umwelt befinden und kaum an ihre Arbeit denken. Daraus ist natürlich nicht zu folgern, daß derartige Personen sich gewohnheitsmäßig in eine eintönige Umwelt zurückziehen sollten, sondern daß sie gelegentlich von charakteristisch reizüberladenen Umgebungen und Tätigkeitsebenen freigestellt werden sollten.

Andererseits kann der sozial Ungeschickte, dessen zurückweichende, passive oder schäbige Erscheinung bei anderen keine ihn selber stimulierende Reaktion auslöst, sich häufig auf das Phantasieren als Mittel verlegen, seine Erregung, Lust und Dominanz zu erhöhen. Er kann der klassische Typ des Walter Mitty von Art Buchwald sein – ein Typ, den Woody Allen in dem Film *Play it again, Sam* verkörperte. Seine Phantasien darüber, wie er Frauen verführt, den Goldtransport rettet, oder ein Meisterschütze mit seinem Webley ist, mögen uns ungereimt erscheinen, doch haben sie den Unter-die-Haut-Effekt, daß sie Walter Mittys Leben zu einem sehr erfüllten machen. Das Bemitleidenswerte dabei ist vielleicht, daß er sich als Ersatz für Reize, Lust und Lebensbewältigung immer mehr auf sein Phantasieleben verlegt. Er arbeitet nicht daran, sein Verhaltensrepertoire so zu verbessern, daß seine echten Beziehungen mit anderen reizvoller und erfreulicher werden. Und man kann, wie wir im nächsten Kapitel sehen werden, vieles tun, um derart anregende und lustspendende Reaktionen hervorzurufen.

Kapitel 6
Das Individuum als Umwelt – Kleidung, Kosmetika und Verhaltenseigentümlichkeiten

Vor einigen Jahrzehnten wurde eine Problemlösungsmethode erfunden, die sich Systemanalyse nennt. Die Systemanalyse beginnt mit einer präzisen Beschreibung der Ziele (Z) und arbeitet sich dann zum Ausgangspunkt (A) zurück. Das Endergebnis ist ein schrittweiser Spielplan, wie man von A nach Z gelangt. Obwohl sie in Bezug auf manche Problemarten recht erfolgreich ist, war die Reinform der Systemanalyse häufig nicht anwendbar, weil die Menschen in Wirklichkeit nicht genau wissen, was sie wollen – sie können das Z nicht mit genügend Klarheit und Präzision definieren. Und wenn wir uns mit etwas wie zwischenmenschlichen Beziehungen befassen, droht das Z hoffnungslos verschwommen zu werden. Wie sollen unsere Beziehungen zu anderen Menschen aussehen? Was brauchen und wollen wir von anderen? Derartige Fragen rutschen gern unter die große Sammelrubrik: Wie sieht das wahre Leben aus? – eine Frage, mit der sich Philosophen, Dichter und die übrige Menschheit seit Jahrtausenden herumschlagen. Obwohl überall die Gefahren der Metaphysik lauern, sollten auch die Umweltpsychologen ihre Chance haben, dort zu Hilfe zu eilen, wo selbst Engel leisetreten, und zu versuchen, ihr ureigenstes Netz über dieses flüchtige Z zu werfen.

Zu Beginn können wir sagen, daß es die Menschen meistens lieber haben, wenn für ihre Beziehungen zu anderen Annäherung und nicht Meidung typisch ist. Man wird sich erinnern, daß Annäherungsverhalten so beschrieben werden kann, daß es etwas mit Darauf-zu-gehen, Erforschung, Freundlichkeit, verbesserter Leistung und Gefallensäußerungen zu tun hat. Man wird sich auch daran erinnern, daß wir ein Annäherungs- oder Meidungsverhalten dadurch hervorrufen können, daß wir eine bestimmte Kombination von Umweltreizen (Erregung), Lust und Dominanz schaffen.

Wenn wir fürs erste einmal annehmen, daß wir wollen, daß sich andere uns nähern, können wir sagen, daß wir im allgemeinen andere dazu bringen wollen, daß sie auf uns mit Gefühlen hoher Erregung, Lust und einem bißchen Dominanz reagieren. Zum Beispiel wollen wir sie gewöhnlich nicht langweilen oder in Angst versetzen, weil dies Meidung hervorruft und bedeutet, daß wir die Aufmerksamkeit, Billigung, Anerkennung oder Zuneigung nicht bekommen, die wir unter Umständen brauchen und haben wollen. Außerdem ist das Erregungsniveau, das andere von uns tolerieren, umso höher, je mehr Lust wir erzeugen können; und umso niedriger, je mehr Unlust wir erzeugen. Dies bedeutet, daß eine aufregende (stark erregende und lustbetonte) Verhaltensweise gewöhnlich andere stärker anzieht als eine beruhigende (unerregende und lustvolle). Auf der negativen Seite schreckt eine ängstliche oder angstbeladene (stark erregende und unlustbetonte) Verhaltensweise andere Personen stärker ab als eine langweilige (unerregende und unlustbetonte; vgl. Abb. 1).

Sowohl Anerkennung als auch Zuneigung erzeugen Gefühle von Lust und mäßiger Erregung; keines von beiden kann Teil einer Meidungsreaktion sein. Aufmerksamkeit kann entweder positiv oder negativ sein, aber in jedem Fall bemerken uns die anderen und wissen, daß wir leben. Um Aufmerksamkeit auf sich zu ziehen, muß man zumindest einen mäßigen Reiz ausüben. Wenn einem Aufmerksamkeit geschenkt wird, bewirkt dies eine Steigerung des Erregungsniveaus, die je nachdem willkommen ist oder nicht. Man kann jedoch mit einiger Sicherheit sagen, daß es den meisten Menschen viel lieber ist, wenn ihnen Aufmerksamkeit geschenkt wird, besonders positive, als wenn sie ignoriert werden.

Sehen wir uns einmal die Kleidung daraufhin an, ob sie geeignet ist, Gefühle der Erregung, der Lust und der Dominanz zu erzeugen. Farbenfrohe, leuchtende und etwas vom üblichen Stil abweichende Kleidung ist reizstärker (komplex und neuartig) und daher erregender. Eine Kleidung, die komplexe Farbmuster kombiniert, die als schreiend oder einander widersprechend wahrgenommen werden, erzeugt Gefühle der Erregung und Unlust. Durchsichtige oder halbdurchsichtige Kleidung, die große Körperpartien sichtbar läßt, oder weiche, anschmiegsame Gewebe, die jede Körperform betonen, sind neuartig und daher ziemlich erregend. Natürlich bewirkt das starke Reizvolumen der Nacktheit eine Polarisierung von Anziehung und Abgestoßensein, mit starker Anziehung, wenn Nacktheit oder spärliche Bekleidung mit gefälligem Körperbau oder ebensolchen Bewegungen einhergeht, und starker Meidung bei einer unerfreulichen Erscheinung. Die Nacktheit an sich ist nur dann erregend, wenn sie durch die Umstände ungewöhnlich, unerwartet oder neuartig wird. Daher kommt das vielzitierte Ausbleiben von Erregung bei eingefleischten Nudisten oder bei Leuten, die den Körper des anderen durch und durch kennen. Leute, die sich für traditionelle, konservative und teure Kleidung mit einem Anflug von Wohlstand oder sozialem Status entscheiden, setzen in erster Linie auf die Dominanzdimension. Diejenigen, die eine umfangreiche modische Garderobe besitzen, haben sie, um sich selbst und andere durch Abwechslung und Neuartigkeit zu erregen. Im Vergleich zu den Modebewußten ist das Erscheinungsbild von Individuen mit eigenartiger Erscheinung ebenso reizstark, aber mehr unlustbetont als lustbetont. Eine leichte Abwandlung dieses Phänomens ist die schockierende Aufmachung jener, die etablierte Normen herausfordern und sogar Abwehrreaktionen von seiten der konformistischen Massen suchen. Man nennt dies seit jeher *épater le bougeois*, oder Spießer erschrecken.

Menschen, die beim gleichen grundlegenden und etwas unscheinbaren Zuschnitt ihrer Kleidung bleiben, oder sogar Tag um Tag dieselbe tragen, sind keine starken sozialen Reizfaktoren. Man vergleiche die konservative Matrone, die sich bei ihren Kostümen und Schuhen monatelang auf die selben Schnitte, Farben und Strukturen verläßt, mit der lebhaften College-Studentin, die ihre Kleidung zwischen der Vorlesung am Morgen und am Nachmittag wechselt, und noch einmal am Abend vor einem Rendezvous zum Abendessen.

Die Geräusche, die unsere Kleidung und unsere Schuhe machen, wenn wir uns bewegen, können einen weiten Gefühlsbereich umfassen: Sanftheit, Gefühlsbetontheit, Stärke oder Sorglosigkeit. Das steife, knirschende Geräusch mancher Lederarten läßt in Verbindung mit seinem wetterfesteren Aussehen auf Dominanz schließen und könnte die Vorliebe für Sämischleder erklären, das in Geräusch und Anblick weicher, wenn auch unpraktischer ist. Besonders Schuhe können danach ausgewählt werden, daß sie geräuschvoll und grob sind (auf dominante Art reizstark), gedämpft und weich klingen, oder aber fast gar nicht zu hören sind (reizarm und unterworfen). Die Frauen haben heute die Möglichkeit, Clogs oder Holzschuhe zu tragen, um zu erregen und fast herauszufordern. Absatzeisen auf Männerschuhen waren früher sehr beliebt und entsprachen den erwünschten Vorstellungen von Männlichkeit und Stärke. Das klassische Beispiel: ein Werbemann oder Verkäufer mit festen und geräuschvollen Schuhen zu Besuch bei dem charakteristischerweise weit weniger aggressiven Hochschulprofessor in Wildlederschuhen mit Kreppsohlen.

Einheitlichkeit der Bekleidung bei militärischen, sozialen, politischen oder ideologischen Gruppen trägt nicht nur dazu bei, daß man die Einstellungen, Hauptbeschäftigung oder Lebensweise sofort identifizieren kann, sondern verrät uns auch etwas über gefühlsmäßige Vorlieben. Sowohl die Hippie- als auch die Beatnik-Bewegung verwarfen die anerkannten sozialen Werte. Ideologisch jedoch war die Beatnik-Bewegung von Philosophien inspiriert, die die Verzweiflung als primäre Gefühlsreaktion auf existentielle Zwangslagen in den Vordergrund stellte. Die »schwermütigen« Beatniks entscheiden sich häufig für dunkle, strenge, triste und stärker taillierte Kleidung. Die Kleidung der Hippies mit ihrem sorglosen, leichten, hellen, wallenden und komplexen Aussehen deckte sich mit ihrer Ideologie, die das Streben nach Lust in den Vordergrund stellte, daß man tun und lassen kann, was man will (Vielfalt), und die Aufgeschlossenheit und Offenheit eines »Blumenkindes«.

Die Kleidungsstile und Moden im Westen haben sich über die Jahrhunderte hinweg natürlich enorm verändert, doch können wir auf einige Konstanten verweisen. Eine davon sind die Dominanzkonnotationen von Rüschen, Accessoires oder einer allgemein komplexen Bekleidung, die sich nur die Reichen leisten können. Die Ballettmeister der Renaissance bildeten die Höflinge darin aus, heiter und elegant einherzuschreiten und ihre Kleidung ebenso zu tragen. Die Kleidung hatte sich aus recht einfachen Kleidungsstücken zu gekünstelten Drapierungen und Schuhen mit spitz zulaufenden Schnäbeln entwickelt, in denen man nur sehr schwer gehen konnte. Diese Ballettmeister wurden dazu angestellt, die Menschen darin auszubilden, sich anmutig zu bewegen und zu gehen, wenn sie mit solchem Putz angetan waren. Auf diese Art und Weise entwickelte sich das gewöhnliche Gehen, Sitzen und Aufstehen zu kunstvollen, anmutigen und überlegteren Bewegungen, die durch die Kleidung zur Geltung kamen. Beim Tanzen zum Beispiel schien die Kleidung zu schweben und sie stellte fast eine Verlängerung der jeweiligen Körperbewegungen dar.

Eine Kleidung, die Körperumfang und Körpergröße verstärkt, verstärkt auch das Gefühl der Dominanz. Sogar lange Haare und ein Vollbart wirken sich so aus, daß ein Mann älter aussieht und sein Kopf größer wirkt, was den Dominanzaspekt verstärkt. Da die Modegeschichte überwiegend die Geschichte der Kleidungsstile ist, für die sich eine dominante, wenn nicht allmächtige kulturelle Minderheit entschieden hatte, ist es vielleicht kein Zufall, daß der meiste Putz in der ganzen Geschichte sowohl ausgefeilt als auch umfangreich war – große Capes, riesige Reifröcke, sehr viel Pelze, hoch aufgetürmte Frisuren und weite fließende Gewänder oder Schleppen der einen oder anderen Art. Natürlich müssen auch andere Faktoren berücksichtigt werden, wie zum Beispiel die fehlende Zentralheizung in nördlichen Klimazonen. Nichtsdestoweniger hat die meiste Kleidung für Personen mit hohem Status in der Vergangenheit gern beträchtlich zur Körperstatur des Trägers beigetragen. Auch heute noch entscheiden sich die meisten Frauen bei offiziellen Anlässen, oder wenn sie als Gastgeberinnen fungieren, für lange Abendkleider. Und da die aristokratische oder dominante Minderheit über viel Muße verfügte und häufig gelangweilt war, ist es nur natürlich, daß sie versuchte, ihre Lust- und Erregungsgefühle dadurch zu erhöhen, daß sie äußerst kunstreiche phantasievolle Kleidung trug, die sie sich dank ihres Reichtums und ihrer Macht leisten konnte.

Eine andere interessante Sache ist, wie sich die Mode verändert. Wenn man sich ansieht, was ein römischer Prokonsul in Gallien trug, und diese Kleidung mit der eines Normannenhäuptlings, eines Höflings der Tudor-Zeit oder eines Stutzers der Jahrhundertwende vergleicht, und sich dann die Kleidung für offizielle Anlässe in der letzten Ausgabe von *Gentleman's Quarterly* ansieht, stellt man extreme Unterschiede fest. Allerdings reden wir hier von Veränderungen, die über zwei Jahrtausende hinweg eingetreten sind.

Im Vergleich dazu macht die heutige Mode weniger drastische Veränderungen durch. Es gibt jedoch kleinere und häufigere Veränderungen, zum Teil deswegen, weil die Leute sich an den selben alten Sachen sattgesehen haben. Abwandlungen werden eingeführt, um das Reizvolumen der Umwelt (Neuartigkeit) und damit die Erregung zu erhöhen. Vor einiger Zeit zum Beispiel holte sich die Modeindustrie so etwas wie eine blutige Nase, als sie versuchte, in einer einzigen Saison vom Mini zum Midi überzugehen. Die meisten Leute wollten die Midi-Moden einfach nicht kaufen. Als der Midi jedoch schon einige Monate zu sehen gewesen war, verlief der Übergang zum Maxi schon etwas glatter. Einige Zeit früher erlitt der Nehru-Anzug ungefähr dasselbe Schicksal. Während des Zweiten Weltkriegs, als Frauen in großer Zahl als Arbeitskräfte eingesetzt wurden, wurden die Frauenmoden weniger verspielt, bequemer und männlicher, oder dominanter. Die Frauen fingen an, Kostüme mit wattierten Schultern, breite Schuhe und Hosen oder Hosenanzüge zu tragen. Manche dieser Moden haben jedoch mehr als dreißig Jahre gebraucht, um so etwas wie volle Anerkanntheit zu erreichen. Vor nicht allzu vielen Jahren verweigerten zum Beispiel Etablissements mit hohem Status Frauen in Hosenanzügen den Zutritt. Selbst heute noch dürfte in stark bürokratisierten Institutionen wie den englischen *public schools*, den Streitkräften oder Großkonzernen, deren Personal auf Abweichungen von Verhaltensnormen sehr empfindlich reagiert – besonders wenn es bei diesen Abweichungen um Dominanz oder Unterwerfung geht –, das Tragen von Hosen bei Frauen verboten oder zumindest nicht gern gesehen sein.

Vor etwa fünfzehn Jahren galten in mehreren Großunternehmen in den Vereinigten Staaten Regeln, nach denen es ihrem männlichen Personal verboten war, andre Hemden als weiße zu tragen. Das Farbfernsehen dürfte eine große Rolle dabei gespielt haben, die Neuartigkeit von farbenfrohen Hemden, schreienden Krawatten und kräftig gemusterten Sakkos abzubauen. Diese sind nicht mehr neuartig genug, um erregend zu wirken, doch hat es gute zehn Jahre gedauert, bevor sie akzeptiert waren. Derartige Veränderungen weichen stark von den Maßstäben ab, die in den letzten siebzig Jahren galten und nach denen Männer sich nicht auf erregende (farbenfrohe) Art und Weise kleiden durften. Diese Tradition ist zum Teil darauf zurückzuführen, daß vor ein paar Jahrzehnten weit mehr Männer als Frauen zur Arbeit gingen und den konservativen Normen der Arbeitskleidung unterworfen waren. Die offizielle und unveränderliche Bekleidung, die für Geschäftsleute geboten war, war insofern sinnvoll, als eine derartige Bekleidung auf Status, Achtbarkeit, Beständigkeit und Vertrauenswürdigkeit schließen ließ (nach unserer Definition starke Dominanz, mäßige Lust, jedoch geringe Erregung). So kam es, daß der Anzug, dessen Schnitt sich von Jahr zu Jahr nur gering unterschied und bei dem stumpfe, wenig satte Farben wie grau, dunkelblau, schwarz oder braun verwendet wurden, mit Dominanz und einer »männlichen« Rolle assoziiert wurde. Von den Frauen, die zu Hause saßen und nicht nennenswert mit Männern konkurrierten, wurde erwartet, daß sie Abwechslung in ihre Kleidung (und damit in ihr Leben) brachten, und sie wurden natürlich ermuntert, eine Quelle lustbetonter Anregung zu sein. Eine farbenfrohe Kleidung und die Verwendung von Kosmetika wurden im öffentlichen Bewußtsein mit allgemein femininen Attributen identifiziert und daher von den Männern gemieden.

Kleidungsstile lassen immer noch erkennen, daß auf Dominanz und Sexualrollen geachtet wird. So zum Beispiel haben viele Firmen ihre Bekleidungsvorschriften für ihre männlichen Angestellten soweit gelockert, daß Sakko und Krawatte nicht mehr unerläßlich sind. Dennoch tragen weiterhin viele männliche Angestellte, besonders die in leitender Stellung, Anzug und Krawatte mit ihren starken Konnotationen von Achtbarkeit und Vertrauenswürdigkeit – eines dominanten Status. Entsprechend sind in dem Maße, wie die Grundprinzipien der Frauenbewegung etwas weitere Verbreitung gefunden haben, ungezwungenere Kleidungsstile bei Männern maskuliner und daher implizit dominanter geworden. Sie sind nach Arbeitsbekleidung zugeschnitten, zahlreiche Elemente der militärischen Bekleidung wurden eingeführt, Safari- oder Buschjacken sind zurückgekehrt, und massige Leder- oder Pelzmäntel tauchen häufiger auf. In letzter Zeit sind auch die offizielleren Kleidungsstile männlicher oder traditioneller geworden, Anzüge, Sakkos und Hosen meiden einen kühneren Schnitt, und Farben und sind zu einem etwas konservativeren Look zurückgekehrt. Der ursprüngliche feminine breite Schuh, der die Dominanz dadurch erhöht, daß er einen größeren Eindruck macht, ist auch von den Männern übernommen worden, entweder voll oder in einer Art mit etwas höheren Absätzen. Bärte und Schnurrbärte haben ein Comeback erlebt, das häufig von jüngeren Männern ausging. Aber es dauerte nicht lange, bis sie auch von reifen Männern angeschafft wurden, um den jüngeren zu zeigen, wer wirklich der »Leitbulle« ist.

Was ich über Bekleidung in Bezug auf die Gefühlsdimensionen gesagt habe, gilt auch für Kosmetika und Accessoires. Je auffallender, abwechslungsreicher, farbenfroher und ungewöhnlicher diese sind, desto erregender können sie sein. Schmuck, Schals, oder andere Accessoires, die in der Formgebung klassisch und sehr wertvoll sind, dienen in erster Linie dazu, Status und Reichtum anzuzeigen und dadurch Gefühle der Dominanz zu erhöhen. Eine Person, die pfundweise Schmuck trägt, Halsketten, Fingerringe, Armbänder, Ohrringe, Knöchelringe, Amulette usw. – und außerdem noch ihren Körper mit Schminke, Aufklebebildchen oder Tätowierungen verziert, strebt danach, einen besonders starken Eindruck zu machen, ein sehr erregender sozialer Reiz zu sein. Unausgesprochen wird damit gesagt: »Ich bin unkonventionell und offen für alle möglichen neuen Erfahrungen.« Doch auch relativ geringfügige Veränderungen – eine Änderung der Farbe des Lippenstifts, ein neuer Gürtel oder eine neue Handtasche, neue Schuhe, Sonnenbräune – können erregend sein. Häufig werden jemand, der von einem Skiausflug oder einem Wochenende am Strand zurückkehrt, Komplimente gemacht; die leichte Veränderung der Hautfarbe in kurzer Zeit bringt einen Anflug von Neuartigkeit und Aufregung ins Spiel.

Die kunstvoll bemalten Gesichter der amerikanischen Indianer, ihre Federkronen und Kostüme, waren auf ihre Festlichkeiten zugeschnitten – wobei die Kriegsbemalung und -bekleidung die neuartigste und farbenfrohste war. Die Höhe der Federn gab einem Mann eine größere Statur und ließ auf Stärke schließen; die Anzahl der Federn war ein Zeichen der Dominanz. Die Kriegsbemalung zielte vermutlich darauf ab, den Feind zu erschrecken und einzuschüchtern. Um bei jemand anderem Angst zu erzeugen, muß man unlustbetont, erregend und dominant aussehen, und daher wurden Masken und Kleidungsstücke für den Krieg so gestaltet, daß sie ungewöhnlich oder sogar grotesk (unlustbetont und erregend) waren und den Träger größer erscheinen ließen.

Verhaltenseigentümlichkeiten – worunter ich Haltung, Gangart, Redeweise, Gestik und sogar das komplette nichtverbale Repertoire verstehe, durch das wir anderen unsere Gefühle sichtbar machen – können äußerst bedeutsame Auswirkungen auf unsere persönlichen Beziehungen haben. Auch diese können unter dem Gesichtspunkt der Lust (oder positiven Einstellung), Dominanz (oder dem angenommenen Status) und Reizvolumen (oder erregenden Eigenschaften) betrachtet werden.

Einige wichtige Indikatoren für positive Gefühle sind die Indizien körperlicher Nähe, wenn man zum Beispiel nahe an jemand rückt, sich zu ihm hinlehnt, ihn berührt, und den Körper und den Kopf so ausrichtet, daß man sich zu ihm hin und nicht von ihm wegwendet. Hinweise für positive Gefühle ergeben sich auch aus dem Umfang der direkten Ansprache (wieviel wir zu der anderen Person sagen), aus dem Umfang des Augenkontakts während eines Gesprächs, dem positiven Gehalt dessen, was wir sagen, der Häufigkeit des Kopfnickens und der Häufigkeit von Gesten mit Händen und Armen.

Gefühle der Dominanz oder der implizite Anspruch auf einen hohen Status werden durch eine entspannte Haltung angezeigt, Unterwerfung durch leichte Anspannung vermittelt. Entspanntheit im Sitzen ist an einer Asymmetrie von Arm- und Beinhaltung, seitlicher Körperneigung und aus dem Zurücklehnen des Körpers im Stuhl erkennbar. Entspanntheit beim Stehen zeigt sich in weniger Wiegebewegungen des Körpers, weniger Bein- oder Fußbewegungen, und einer schrägeren Haltung des Körpers. Extreme Unterwerfung wird durch Starrheit und Symmetrie des Körpers ausgedrückt, wie zum Beispiel bei einem Soldaten in Habtachtstellung.

Spannung in der Körperhaltung eines Menschen ist nicht nur Ausdruck von Unterwerfung, sondern auch von Erregung. Außerdem sind die erregenden Eigenschaften (das Reizvolumen) eines Menschen daran abzulesen, wieviel, wie schnell, und wie moduliert er spricht. Menschen, die typischerweise lauter und schneller unter Verwendung von ausdrucksvolleren Tonfalländerungen sprechen, sind für ihre Umgebung eine größere Quelle von Erregung.

Die emotionale Bedeutung von bestimmten Bewegungen und Sprechweisen läßt sich interpretieren, wenn diese nach Lustbetontheit und nach erregenden und dominanten Eigenschaften eingeordnet werden. Um Respekt (positive Einstellung und leichte Unterwürfigkeit) bei einem Einstellungsgespräch erkennen zu lassen, orientieren wir uns auf den Gesprächspartner, beugen uns zu ihm hin und blicken ihn an, wobei wir ausführlichere Antworten geben und das lakonische »Ja« und »Nein« meiden. Dadurch lassen wir die erforderliche positive Einstellung erkennen; die Unterwürfigkeit wird dadurch mitgeteilt, daß wir eine mehr symmetrische und nach vorn gelehnte Haltung einnehmen, anstatt uns entspannt mit übergeschlagenen Beinen zurückzulehnen.

Eine steife Körperhaltung ist übermäßig angespannt und läßt nicht nur auf Unterwerfung und hohe Erregung, sondern auch auf eine gewisse Unlust schließen. Hin- und Hergehen – auch das entspannte Hin- und Hergehen mit Pfeiferauchen und aus dem Fenster schauen, wie es ein College-Professor vor seinen Studenten tun könnte – ist ein Hinweis auf Streß und Meidungsreaktionen. Der Hin- und Hergehende versucht, sich aus der unmittelbaren Umwelt zu entfernen. Es gibt noch viele weitere nichtverbale Arten, auf die wir anderen unsere Gefühle mitteilen, doch kann ich sie hier nicht alle im einzelnen abhandeln.[6]

6 Für eine detailliertere Beschreibung unserer nichtverbalen Kommunikationstechniken vgl. mein Buch *Silent Messages,* Belmont, Calif. 1971.

Wir können unsere emotionale Wirkung auf andere dadurch verändern, daß wir unsere Kleidung, unser Make-up, unsere Frisur oder unsere Verhaltenseigentümlichkeiten ändern – Veränderungen, die sich in ihrer Auswirkung gegenseitig gern verstärken. Es ist sehr viel schwieriger, seine persönlichen Eigenheiten zu verändern, als die Kleidung, das Make-up oder die Frisur abzuwandeln, doch tragen die persönlichen Eigentümlichkeiten vermutlich vom Gesamtbild das meiste zur Gefühlswirkung bei.

Die Veränderung lohnt sich, wenn wir feststellen, daß unsere Gefühlswirkung auf andere Meidungsverhalten erzeugt. Man stelle sich vor, wie unbeliebt jemand ist, der charakteristischerweise ein neutrales (weder lustbetontes noch unlustbetontes) und unerregtes Gefühl bei anderen erzeugt. Wenn wir im Gegensatz dazu mit jemand zusammen sind, der körperlich seine starke Erregung und Lust kundtut, nehmen wir eher ein wenig an diesen Gefühlen teil, erfahren eine Steigerung unserer eigenen Erregung und Lust, und nähern uns. Um genauer zu sein: das höchste Niveau des Annäherungsverhaltens wird durch Personen ausgelöst, die uns das Gefühl geben, dominant, lustbetont und erregt zu sein. Wenn in uns Unterwerfungsgefühle erzeugt werden, wird unsere Freundschaftlichkeit gegenüber anderen durch das Niveau der Lust oder Erregung, das wir verspüren, nicht nennenswert beeinträchtigt. Da sich ein dominantes Gefühl sowohl aus dem Charakter der sozialen Beziehungen als auch aus der Umwelt ergeben kann, kann die Wirkung der Umwelt in sozialen Situationen äußerst kritisch sein. Eine Umwelt, in der sich Personen entspannt und wohl fühlen (dominant und lustbetont) dürfte zum Beispiel die freundschaftlichen Gefühle zwischen ihnen fördern.

Man könnte nun einige Nachforschungen bei seinen Freunden anstellen und sie darum bitten, die eigene Erscheinung nach Erregung, Lust und Dominanz zu beurteilen. Bevor man das jedoch tut, muß man beachten, daß ein Nichtabschirmer das Erscheinungsbild erregender finden dürfte als ein Abschirmer und es sogar allzu erregend finden könnte. Andererseits könnte ein Abschirmer dazu neigen, die Erscheinung des Fragers als nicht erregend genug zu beurteilen.

Wenn man nun feststellt, daß sich alle ungefähr darin einig sind, daß das Erscheinungsbild des Fragers etwas unerregend ist, versuche man, etwas Abwechslung und Neuartigkeit einzuführen: zum Friseur zu gehen, ein wenig mehr Make-up aufzulegen, ein paar farbenfrohere Sachen anzuziehen, mit dem Parfum oder Kölnisch Wasser abzuwechseln, ein bißchen Modeschmuck anzustecken usw. Wenn man feststellt, daß das Erscheinungsbild nicht gerade lustbetont ist, sollte man erwägen, Änderungen in der persönlichen Sauberkeit vorzunehmen, etwas zuzunehmen oder abzunehmen, sich mehr zu bewegen oder zu sonnenbaden. Man versuche, mehr Verhaltensgewohnheiten in sein Repertoire aufzunehmen, die auf Lust schließen lassen, man lächle öfter, berühre andere Menschen ein wenig häufiger, oder trete ihnen ein wenig näher als sonst. Man sollte nicht vergessen, daß ein scheues oder halbherziges Lächeln oder ein ungeschicktes, versuchsweises Schulterklopfen weit mehr bewirkt als gar keines.

Wenn man feststellt, daß man in seiner Erscheinung als unterwürfig beurteilt wird, versuche man stärker auftragende oder konservativere Bekleidung und Frisuren. Man trage Schuhe, die beim Gehen Geräusche von sich geben und gehe rascher. Man bewege sich mehr, um körperlich fit zu werden, halte den Kopf oben, und den Rücken gerade. Wenn die Gesten gern langsam und zögernd sind, sollte man sie etwas beschleunigen. Selbst die Redeweise läßt sich verändern, damit man bereitwilliger und gesprächiger erscheint, anstatt zaudernd, stockend oder fehlerhaft.

Das drastischste Beispiel dafür, wie man seine Wirkung auf andere durch die Auswahl der Kleidung beeinflussen kann, bilden die Transvestiten. Der Transvestit erlebt viele der subtilen Möglichkeiten, wie die zwei Geschlechter unterschiedlich behandelt werden. Ein derartiger Mensch, der gelegentlich das »Geschlecht« seiner Kleidung wechselt, kann seine Wirkung auf andere in einer Vielzahl von Tätigkeiten und Umgebungen außerordentlich variieren.

Veränderungen der Erscheinung oder der Verhaltensgewohnheiten, die von bezeichnendem Einfluß auf den eigenen Gefühlszustand, auf die eigene Gefühlswirkung auf andere und auf die sozialen Beziehungen sein können, werden in den meisten Schulen der Psychotherapie übersehen. Die traditionellen Therapien haben sich tendenziell auf internalisierte Konflikte konzentriert und überhaupt nicht beachtet, mit welchen recht offensichtlichen Ausdrucksformen ein Mensch bestimmte Gefühle projiziert, und wie die anderen auf diese projizierten Gefühle reagieren. Eine Ausnahme bildet Wilhelm Reich. Er achtete sehr darauf, welche Haltung seine Patienten hatten, und in welcher Beziehung die Haltung allgemein zu der Persönlichkeit eines Individuums und zu der Wirkung stand, die es auf andere hat. Die heute beliebten Rolfing-Methoden folgen Reichs Hinweisen insofern, als sie eine Vielzahl von Massagetechniken anwenden, um verspannte Körperhaltungen und damit zusammenhängende Unterwürfigkeit und übertriebene Erregung (Angst) abzubauen.

Zahlreiche zwischenmenschliche Probleme lassen sich viel sinnvoller aufgrund der Verhaltensmuster eines Patienten und seines Stils der Selbstdarstellung untersuchen, als aufgrund der Vorgeschichte – Eltern-Kinder-Beziehungen usw. – solcher Probleme. Jemand der gelangweilt, einsam und deprimiert ist, hat vielleicht aufgehört, besonders auf sein körperliches Erscheinungsbild zu achten, weil dies zu viel Anstrengung im Verhältnis zu seinem gegenwärtig deprimierten Zustand bedeutet. Seine abgerissene oder unlusterregende körperliche Erscheinung macht es jedoch unwahrscheinlicher, daß er Menschen trifft, die seine Einsamkeitsgefühle abbauen, indem sie auf anerkennende oder liebevolle Art und Weise auf ihn reagieren. Wenn es dem Therapeuten gelingt, den Patienten dazu zu bringen, sich auf eine erregendere und lustbetontere Art und Weise anzuziehen und herauszuputzen, spricht alles dafür, daß der Patient eine Steigerung seines Erregungsniveaus erfährt und anfängt, sich froher zu fühlen. Infolgedessen dürfte er eher Annäherungsversuche machen, und andere düften sich ihm eher annähern. Er könnte sogar unverhofft zu einem kleinen Liebesabenteuer kommen. In diesem Fall könnte er es der Mühe wert finden, sich das nächste Kapitel anzusehen.

Kapitel 7
Im Bett

Im Bett tun die Menschen in der Hauptsache zweierlei zusammen: sie schlafen und sie schlafen miteinander. Beides ist eine reiche Quelle von Eheproblemen, und beides läßt sich unmittelbar auf den Begriff der Reizabschirmung beziehen.

Wir schlafen ein, wenn unsere Körpersysteme den Erregungszustand nicht mehr aufrecht erhalten können, der zum Wachsein gehört. Dies erinnert an Reaktionen nach dem Allgemeinen Anpassungssyndrom – in beiden Fällen strebt der Körper nach Erholung von anhaltender Erregung. Der Unterschied liegt darin, daß die Schläfrigkeit ein normaler Teil der täglichen zyklischen Veränderungen der Erregung darstellt, während bei Reaktionen nach dem Allgemeinen Anpassungssyndrom das Gefühl geringer Erregung bei Depression oder Erschöpfung Ergebnis hoher Erregungsniveaus ist, die abnorm lange durchgehalten wurden.

Wenn die täglichen Ereignisse und Umgebungen mäßig reizbetont oder sogar reizarm sind, schlafen Abschirmer bereitwilliger ein als Nichtabschirmer, da es den Nichtabschirmern schwerer fällt, störende Reize auszuschalten. Dieser Unterschied ist sogar noch ausgeprägter, wenn man kurze Zeit, vielleicht etwa eine Stunde vor dem Zubettgehen, mit irgendwelchen reizstarken Vorgängen oder Umgebungen konfrontiert war. Nichtabschirmer brauchen in diesem Fall längere Zeit, sich soweit zu entspannen (das Erregungsniveau zu senken), daß sie einschlafen können. Das Gegenteil ist jedoch zu erwarten, wenn die täglichen Ereignisse reizüberflutet waren oder das Arbeitstempo besonders hoch gewesen ist, so daß das Erregungsniveau mehrere Stunden lang erhöht war. Jeder in dieser Situation dürfte sich am Abend früher ermüdet und schläfrig fühlen. Dies dürfte besonders für Nichtabschirmer gelten, weil das anhaltende Reizvolumen des Tags für sie besonders erregend gewesen ist. Daher schlafen im allgemeinen die Nichtabschirmer gern schwerer ein, wenn wir davon ausgehen, daß reizarme oder mäßig reizbetonte Tagesabläufe und kurze, keineswegs anhaltende reizüberflutete Ereignisse gemeinhin häufiger sind. In dieser üblicheren Situation brauchen die Nichtabschirmer länger zum Einschlafen. Bei vielen heterosexuellen Beziehungen dürfte die Frau der Nichtabschirmer und diejenige sein, die mit dem Einschlafen eher Schwierigkeiten hat, d.h. sie ist zu erregt zum Einschlafen, wenn spät am Abend etwas Unerwartetes oder Schwieriges geschehen ist – ein Unfall vor dem Haus, ein Streit über die Ausgaben für alkoholische Getränke, ein fieberndes Kind, oder sonst etwas. Sie dürfte daher das Bedürfnis haben, etwas schematisches oder entspannendes zu tun, bevor sie ins Bett geht – vielleicht ein Stückchen der Spätsendung zu sehen, ein wenig leichte Lektüre zu lesen oder lediglich ein paar Dinge mit ihrem Mann zu bereden. Der Mann wiederum dürfte eher ein Abschirmer sein. Am Abend dürfte sein Erregungsniveau niedrig sein, besonders nach einem ermüdenden Tag, so daß er schon fast einschläft. Er geht unter Umständen vor seiner Frau zu Bett oder schläft fast sofort ein, wenn er den Kopf auf dem Kissen hat.

Natürlich will ich damit nicht sagen, daß Frauen stets weniger abschirmen als Männer. Es gibt viele Fälle, in denen beide Ehepartner Abschirmer oder Nichtabschirmer sind, oder in denen der Mann ein Nichtabschirmer ist. Entscheidend ist, daß eine Beziehung, in der der eine Partner ein Abschirmer und der andre eine Nichtabschirmer ist, von beiden eine gewisse einfühlsame Anpassung verlangt.

Wenn wir einmal reizüberflutete Tage ausschließen, an denen das Erregungsniveau mehrere Stunden lang hoch gewesen ist, können Nichtabschirmer, die im allgemeinen für winzige Veränderungen der Umwelt empfänglich sind, sogar Schwierigkeiten haben, wenn die Schlafzimmerfenster offenstehen. Ein Abschirmer wird nicht durch gelegentliche Verkehrsgeräusche oder durch den Wind wachgehalten, der in den Blättern draußen rauscht, einem Nichtabschirmer kann dies jedoch passieren. Außerdem können winzige Reize im Haushalt – das Ticken einer Uhr, ein Nachtlicht, ein tropfender Wasserhahn – beim Nichtabschirmer Schlaflosigkeit erzeugen, während sie den Abschirmer nicht im geringsten stören. Ja sogar die bloße Gegenwart eines anderen Körpers im Bett – der einen anstößt, sich umdreht, brummt oder schnarcht – kann für einen extremen Nichtabschirmer soviel Reizvolumen bedeuten, daß der Schlaf schwierig oder unterbrochen wird. In einem derartigen Fall ist es für beide Partner unsinnig, wenn sie sich der Einführung von Doppelbetten oder sogar getrennten Schlafzimmern widersetzen. Während der Nacht kann es dem Nichtabschirmer eher passieren, daß er durch irgendetwas wachgemacht wird. Wenn sich das nicht sofort identifizieren läßt, kann Angst einsetzen, was dazu führt, daß der Nichtabschirmer seinen Partner weckt und sich beruhigen läßt, daß alles in Ordnung ist.

Außer Problemen mit dem Schlaf kann es noch schwerwiegendere Probleme mit der Sexualität geben. Wenn wir einmal individuelle Unterschiede der Reizabschirmung beiseitelassen, können wir sagen, daß unter Menschen Frigidität oder die Unmöglichkeit, einen Orgasmus zu erreichen, Impotenz und vorzeitige Ejakulation die am meisten verbreiteten Sexualprobleme sind. In der Vergangenheit haben die Therapeuten diese Probleme häufig im Sinne früher sexualpsychologischer oder entwicklungspsychologischer Überlegungen angegangen, und gern viel Wesens von frühen traumatischen Kindheitserlebnissen gemacht – daß man von einem Onkel belästigt worden ist, gesehen hat, wie sich Mami und Pappi im Bett gegenseitig »wehtaten«, und weitere kompliziertere, passende und phantasievolle Rekonstruktionen der Vergangenheit. Für diese Sexualprobleme gibt es jedoch häufig einfachere physiologische Erklärungen und es ist ihnen relativ leicht abzuhelfen. Nach unserer Terminologie haben diese Probleme etwas mit Erregung zu tun.

Sehen wir uns zunächst das üblichste Versagen des männlichen Partners an, nämlich Impotenz und/oder vorzeitige Ejakulation. Männer erreichen ihre Erektion in zwei Stadien. Zunächst muß ein Stadium mäßiger Erregtheit und ziemlich hoher Lust vorhergehen, in dem das parasympathische oder entspannende Nervensystem die Regie übernimmt und ermöglicht, daß Blut in die Gliedmaßen gepumpt wird. An der Wurzel des Penis befindet sich ein Schließmuskel, der erschlaffen und zulassen muß, daß das Blut zufließt, und eine Erektion erzeugt. Dann muß sich dieser Muskel spannen und das Blut einschließen, wodurch die Erektion bestehen bleibt. Dieses zweite oder konstriktive Stadium hängt mit hoher Erregtheit (dem sympathischen Nervensystem) zusammen, wie auch der Orgasmus selbst. Tatsächlich können sexuelle Erregtheit und Orgasmus zu den höchsten Erregungsstadien gehören, die ein Mensch erreichen kann.

Wenn der Mann aus dem einen oder anderem Grund Angst vor einer sexuellen Begegnung hat, verhindert sein Zustand hoher Erregung, Unlust und Unterwerfung wirksam, daß Blut in den Penis eintritt, und so kommt es zur Impotenz.

In derartigen Situationen muß das Erregungsniveau gehoben und die Lust gesteigert werden. Ein Entspannungsmittel, besonders eines wie Alkohol (eine Anzahl Drinks), welches auch die Lustgefühle verstärkt, kann dazu beitragen, diese Situation zu korrigieren. Dasselbe gilt für eine lustbetonte, reizarme Umgebung, oder für die gedämpfte Beleuchtung und sanfte Musik, die als geeignet für Verführungen betrachtet wird. Zuviel Alkohol oder Entspannungsmittel jedoch senken das Erregungsniveau des Mannes soweit, daß der Schließmuskel am Penis sich nur ungenügend zusammenzieht, und die Erektion nicht bestehen bleibt.

Wenn das Erregungsniveau zu niedrig ist, tritt die Schwellung entweder überhaupt nicht ein oder bleibt bestenfalls vorübergehend. Ein extremer Abschirmer oder älterer Mann kann unter Umständen dieses Problem haben, besonders mit einem vertrauten Sexualpartner. In diesem Fall muß das Erregungsniveau gehoben werden, unter Umständen mit einem Aufputschmittel (ein paar Tassen Kaffee) oder leichter Körperbewegung, wozu auch eine etwas energischere Rangelei oder ein derartiges Vorspiel gehört. Auch mit einem größeren Reizvolumen der Umwelt ist dies zu schaffen – mit lauter, schneller Musik, hellem Licht, Sex zu dritt oder dergleichen. In Truffauts Film *Such a Gorgeous Kid Like Me* gab der sexuell sehr aktive Kabarettsänger seinen Freunden unweigerlich einen Hinweis darauf, was vorging, indem er mit hoher Lautstärke Schallplatten von Autorennen abspielte. Eine derart treffende Episode kann nur darauf zurückzuführen sein, daß dem Drehbuchautor tatsächlich ein solches Original bekannt war, das durch Zufall ein Wunderheilmittel für das Problem unzulänglicher Erregtheit beim Geschlechtsverkehr entdeckt hatte.

Eine vorzeitige Ejakulation tritt dann ein, wenn ein Mann mit Erektion durch das reiche und vielseitige Erlebnis der Sexualität zu aufgeregt (zu erregt, zu lustbetont) wird. Dies tritt besonders bei jungen oder unerfahrenen Männern ein. Sowohl das Sexualerlebnis als auch der Sexualpartner sind neuartig (stark reizbetont) und dadurch wird sein Erregungsniveau zu hoch gejagt. Charakteristischerweise wird das Problem durch übermäßig erregendes Vorspiel verschärft. Die zunehmende Erfahrung und Vertrautheit mit dem Partner läßt dieses Problem im allgemeinen kleiner werden, solange keiner der beiden Partner darauf herumreitet. Wenn es jedoch bei der vorzeitigen Ejakulation bleibt, sollte der Mann sich um eine reizarme Umgebung bemühen oder ein Entspannungsmittel in Betracht ziehen.

Wir sind nunmehr in der Lage, die durchgängigen Unterschiede bei den Problemen zu verstehen, die von männlichen und weiblichen Patienten in sexualtherapeutischen Kliniken angesprochen werden. Das häufigste Problem bei den Frauen ist Frigidität oder die Unfähigkeit, einen Orgasmus zu erreichen, die gewöhnlich auf eine ungenügende Erregtheit zurückzuführen ist. Für die Männer sind es Impotenz und vorzeitige Ejakulation, die sich jeweils aus übertriebener und zu früher Erregung jeweils vor und unmittelbar nach der Erektion ergeben. Die unzureichende Erregtheit bei den Frauen läßt sich zum Teil mit den herkömmlichen Positionen von Mann und Frau und der unterschiedlichen Aktivität beim Geschlechtsverkehr erklären. Bei der üblichen Position liegt der Mann oben, kann sich ungehindert bewegen und kann daher besser eine Aktivität entwickeln, die zu seinem hohen Erregtheitszustand paßt. Die weiblichen Partner, die eingeklemmt und im allgemeinen in ihrer Bewegungsfähigkeit beschränkt sind, können unter Umständen eine Erregtheit nicht rasch genug erreichen oder ihre Position als zunehmend unangenehm empfinden. Der aktive, stark erregte männliche Partner (der sich über das Lust- und Erregtheitsniveau seiner Partnerin vielleicht gar nicht klar ist) ejakuliert daher mit hoher Wahrscheinlichkeit, bevor der weibliche Partner das erforderliche hohe Erregtheitsniveau erreicht hat. Um derartige Probleme zu bewältigen, könnten Männer, die unter Impotenz oder vorzeitiger Ejakulation leiden, es einmal mit passiveren und inaktiveren Rollen probieren, besonders während der ersten Stadien des Sexualakts. Frauen, die an Orgasmusschwierigkeiten leiden, könnten aktivere Rollen versuchen, bei denen sie mehr Bewegungsfreiheit haben.

Es gibt allerdings Grenzen der Verträglichkeit. Ein männlicher Nichtabschirmer und ein weiblicher Abschirmer können unter Umständen einfach keinen befriedigenden Verlauf erzielen. Der männliche Partner erreicht seinen Höhepunkt lange bevor seine Partnerin ein orgasmisch hohes Erregtheitsniveau erreicht hat. Dies gilt besonders für Sexualkontakte in reizüberfluteten Umgebungen oder mit unvertrauten Partnern. Andererseits kommt in einer Beziehung zwischen einem weiblichen Nichtabschirmer und einem männlichen Abschirmer die Frau am besten weg. Da Frauen in dem Zustand hoher Erregtheit und Lust mehrere Orgasmen hintereinander erreichen können, kann ihnen ein männlicher Abschirmer, der sehr lange braucht, bis er soweit ist, große Befriedigung bieten.

Jeder Mensch reagiert empfindlich auf die Lust-Unlust-Dimension während des Sexualakts, weil das höhere Reizvolumen der sexuellen Betätigung, das sie besonders attraktiv macht, sofern sie lustbetont ist, auch dafür sorgt, daß sie besonders abstoßend oder problembeladen wird, sofern sie irgendwie unlustbetont wird. (Dies ist lediglich eine Neuformulierung der in Abb. 1 skizzierten Prinzipien.) Noch mehr kommt es hier jedoch darauf an, daß daraus, daß Nichtabschirmer in stark reizbetonten Situationen erregter sind als Abschirmer, folgt, daß sie während des Sexualakts noch empfindlicher auf die Lust-Unlust-dimension reagieren. Insbesondere bedeutet dies, daß Nichtabschirmer unter der Voraussetzung, daß das Lustelement durch einen liebevollen und attraktiven Partner und ein allgemein lustbetontes Verhältnis gewährleistet ist, aller Voraussicht nach eine größere Vorliebe für Sex haben und sich auch häufiger darin betätigen als Abschirmer. Andererseits werden Nichtabschirmer, wenn es beim Sexualakt oder auch in anderen Aspekten einer Beziehung Unlust oder Probleme gibt, tendenziell ängstlicher und haben mehr Probleme beim Sexualakt. Daher erleben Nichtabschirmer zwar ein ähnliches Niveau der Unlust, doch meiden sie den Sexualakt stärker und betätigen sich seltener darin als Abschirmer.

Es ist daher verständlich, daß die Menschen in Anbetracht einer relativ fixierten Gefühlswirkung des Partners in einer lang andauernden Beziehung oder der gewöhnlich unveränderlichen gefühlsmäßigen Auswirkung der Umgebung, in der sie miteinander schlafen, lernen, Phantasievorstellungen einzusetzen, um das Lust- und Erregtheitsniveau zu justieren. Im Gegensatz zu viktorianischen Einstellungen, die immer noch die allgemeinen Ansichten über die weibliche Sexualität beeinflussen, ist in Forschungen nachgewiesen worden, daß sich amerikanische Frauen während des Geschlechtsverkehrs in beträchtlichem Umfang Phantasien hingeben, zu denen Verführung, Vergewaltigung, Gruppensex usw. gehören. Und natürlich können nichtabschirmende Männer genauso leicht über reizarme und lustbetonte Vorgänge phantasieren, um während des Geschlechtsakts ihren Orgasmus hinauszuzögern. Doch werden Phantasien während des Geschlechtsakts häufiger zur Steigerung der Erregung als zu ihrer Dämpfung eingesetzt. Sie können auch einen Versuch darstellen, die Lust zu steigern, besonders dann, wenn sich die Phantasie um einen anderen, bevorzugteren Partner dreht.

Es gibt Fälle, in denen die notwendige Erregung für den Sexualakt durch Konfrontation erreicht wird. Häufig ist zu beobachten, daß zwei Leute, die einander sehr nahe stehen, in einem Moment eine heftige Auseinandersetzung führen und sich im nächsten leidenschaftlich lieben. Dies passiert am häufigsten dann, wenn ein Partner wütend (stark erregt, stark unlustbetont und dominant) ist und der andere ängstlich (stark erregt, stark unlustbetont und unterwürfig). Ein Partner »haut auf den Putz« und der andere ist wütend oder schmollt. Bei solchen Auseinandersetzungen zwischen Liebesleuten ist die einzige Dimension, die sich verändert, die Lustdimension. An irgendeinem Punkt des Streits kann sich das Paar über irgend etwas Absurdes klar werden und lachen. Noch wichtiger dabei ist, daß zu einer intimen Beziehung zwangsläufig feststehende Muster der sexuellen Anziehung gehören, die so geartet sind, daß bestimmte Ausdrücke, Haltungen oder Gesten bei jedem der Partner starke positive Gefühle auslösen können. So kommt es, daß während dieses stark erregten Zustands das Vorkommen irgendeiner dieser typischen, gewohnten und positiv besetzten Ausdrucksformen das Vorspiel auslösen kann – die Lustdimension verschiebt sich von starker Unlust zu starker Lust, und die Partner streiten plötzlich nicht mehr miteinander, sondern lieben sich. Nach der Verschiebung zur Lust und während des Liebesakts verspürt der eine Partner starke Erregung, Lust und Dominanz, während der andere starke Erregung, und Unterwürfigkeit fühlt.

Der im Streit Aggressive ist also wahrscheinlich auch der sexuell Aggressive, weil sich die Gefühle der Erregtheit und Dominanz nicht zu verändern brauchen, wenn er von der einen in die andere Situation übergeht. Aus demselben Grund ist das Opfer in der Auseinandersetzung wahrscheinlich auch der passivere Sexualpartner. Verständlicherweise gehört zu sadomasochistischen Beziehungen dieses Wechselspiel zwischen Aggression und Sexualität, bei dem der Sadist vom Strafen zum Lieben und der Masochist von Angst und Schmerz (hohe Erregung, Unlust) zu Höhepunkten sexueller Erregung (hohe Erregung, Lust) übergeht. Extrem pathologische Ausdrucksformen rascher Verschiebungen der Lustdimension treten dann auf, wenn ein Opfer zuerst in Schrecken versetzt, dann vergewaltigt und schließlich ermordet wird.

Der Dominanzaspekt der Sexualität ist dornig und problembeladen. Obwohl wir heute über den Mann aus der viktorianischen Ära lachen können, der, während er sich ihr sexuell nähert, zu seiner Frau sagt: »Schließe die Augen, my Dear, und denke an England«, sind derartige Einstellungen keineswegs verschwunden. Es ist noch nicht viele Jahre her, daß ein führender junger »Revolutionär« einer versammelten Gruppe von männlichen und weiblichen Bürgerrechtskämpfern in den USA erzählte, daß die richtige Position für Frauen in der Bewegung eine »liegende« sei (er meinte natürlich »auf dem Rücken liegend«).

Der Leser wird sich daran erinnern, daß eine grundlegende Persönlichkeitsdimension eines Menschen mit seinem typischen Niveau von Dominanz oder Unterwürfigkeit zu tun hat. Trotz der heute freizügigeren Diskussion über sexuelle Angelegenheiten finden es viele Leute immer noch schwierig, gegen kulturspezifische Normen anzugehen und sich dominant zu verhalten, wenn sie dafür konditioniert worden sind, eine unterwürfige Position einzunehmen, und umgekehrt. Einem vom Charakter her unterwürfigen Mann kann es äußerst schwerfallen, gegenüber seiner weiblichen Partnerin eine dominante Sexualrolle einzunehmen. In ähnlicher Weise kann eine vom Charakter her dominante Frau sich eine Menge Sorgen über ihre »weibliche Identität« machen oder sogar feststellen, daß ihr die männlichen Sexualpartner davonlaufen, wenn sie mit aggressiven Rollen experimentiert oder solche einnimmt. Ich vermute, daß der beste Ratschlag wäre, »jeder tue, was ihm gefällt«, doch ich habe den Verdacht, daß man sich nur dann nach einer solchen Einstellung richten kann, wenn sich beide Partner sowohl dominant als auch stark erregt und lustvoll fühlen. Natürlich würde es sehr viel helfen, wenn eine gewisse soziale Entkonditionierung stattfinden könnte, damit Männer in Gegenwart einer dominanten Frau nicht automatisch ängstlich oder kalt werden.

Die Verwirrungen, die sich aus der Persönlichkeitsdimension von Dominanz-Unterwerfung ergeben, scheinen eine Menge damit zu tun zu haben, wenn anstatt heterosexueller homosexuelle Partner gewählt werden. In Forschungen wurde nachgewiesen, daß männlichen Homosexuellen entweder ein Vater fehlte, mit denen sie sich identifizieren konnten (der Vater war nicht da oder hielt auf gefühlsmäßige Distanz), oder daß sie nur Zugang zu einem sehr strengen, strafenden Vater hatten, mit dessen dominanter Rolle sie sich nicht identifizieren konnten – daher die Folgeprobleme bei der Übernahme der dominanteren männlichen Rolle.

Jedenfalls scheint man nicht viel gegen sein charaktereigenes Dominanzniveau tun zu können, zumindest nicht im Bett, wo den Menschen gewöhnlich zahlreiche Umweltstützen einschließlich ihrer Kleidung fehlen, die Dominanz bedeuten können. Ich glaube, es war Flaubert, der im Zylinder und Frack mit einer Prostituierten verkehrte – ein rührender und entwürdigender Versuch, Dominanz auszudrücken, der kaum zur Nachahmung empfohlen werden kann.

Ein gewisses Experimentieren jedoch mit persönlichen oder umweltbezogenen Hilfen, die dazu beitragen, daß Menschen ein dominanteres Gefühl bekommen, könnte sich lohnen, wenn sich beide Partner darüber einig sind.

Die Umwelt des Schlafzimmers kann so manipuliert werden, daß sie für bestimmte Menschen die Sexualität steigert. Mehr darüber werden wir in den folgenden Kapiteln sagen.

Teil 3 Wohnumwelten

Kapitel 8
Die Wohnungen von heute

Nicht viele von uns können es sich leisten, einen Innenarchitekten zu beschäftigen, und noch weniger, sich ihre Wohnung entwerfen und bauen zu lassen. Doch schaffen die besten Innenarchitekten und Architekten intuitiv Entwürfe, die erfolgreich die drei grundlegenden emotionalen Dimensionen Erregung, Lust und Dominanz erschließen.

Die Wohnungen jedoch, die die meisten von uns kaufen oder mieten müssen, sind gewöhnlich nach ökonomischen Überlegungen und festgefahrenen Traditionen und ohne ernsthaftes Augenmerk auf die Gefühlswirkung der verschiedenen Zimmer gebaut. Der Grundriß ist häufig ziemlich einfallslos und besteht im wesentlichen aus einer Reihe rechteckiger Schachteln, die durch Türen verschiedener Breite miteinander verbunden sind. Wenn das Haus ein großes zweigeschossiges Gebäude ist, sind die Schachteln im Erdgeschoß die Gebiete für »Geselligkeit« wie Eßzimmer, Familienzimmer, Küche, Wohnzimmer und vielleicht ein Arbeitszimmer oder eine Bibliothek, während der erste Stock meistens den Schlafzimmern und großen Badezimmern gewidmet ist. Wenn es ein Haus vom Ranchtyp ist, befinden sich alle Schachteln natürlich auf derselben Ebene. Jedenfalls sind diese Schachteln häufig nicht so angeordnet, daß sie dafür benutzt werden können, wofür sie gedacht sind – manche sind zu weit weg und schwer zugänglich. So zum Beispiel kann ein geräumiger und attraktiver Innenhof seitlich am Haus weit weg vom Wohnzimmer liegen, so daß der einzige Zugang dorthin durch eines der Schlafzimmer geht. Er wird nicht benutzt, statt dessen ist der Lieblingsplatz ein kleiner und weniger attraktiver Innenhof, der an das Wohnzimmer grenzt. Ein «Familienzimmer« kann irgendwo in einem entlegenen Flügel des Hauses versteckt sein, es geht unter Umständen nach Norden und erhält daher nicht viel Sonneneinstrahlung, und seine Fenster gehen unter Umständen auf die Garage des Nachbarn hinaus. Außerdem kann es ein langer und enger Schlauch sein, der jeder zwanglosen oder kreisförmigen Aufstellung von Möbeln im Wege steht. Dieser Raum wird dann nicht als Familienzimmer benutzt, statt dessen machen der Hausherr oder die Hausfrau dort ihr Nickerchen. Andererseits kann die Küche geräumig und hell sein, sie kann auf den Hausgarten mit seinen Bäumen, seinem Gras oder seinen Blumen hinausgehen. Sie kann einen ziemlich großen Tisch mit Platz genug dafur enthalten, daß mehrere Familienmitglieder Bücher, Zeitungen oder Rechnungen darauf ausbreiten können, doch nicht so groß, daß die Unterhaltung vom einen Ende zum anderen mühsam wird. Dann wird sie zum Aufenthaltsraum der Familie. Hier sammeln sich die Familienmitglieder oder sitzen zumindest nach dem Essen noch herum. Freunde, die tagsüber vorbeischauen, werden häufiger hier empfangen als in anderen Bereichen des Hauses. In einem extremeren Fall, und lediglich wegen seiner strategischen Lage, kann eine nüchterne Eßecke neben der Küche als Versammlungsort für die Familie und ihre engen Freunde dienen, während ein geräumiges und luxuriös eingerichtetes Wohnzimmer irgendwo weitab ungenutzt bleibt.

Wie also sehen einige der Überlegungen zu der Entscheidung darüber aus, ob ein Wohnbereich überhaupt oder ob er für den gedachten Zweck benutzt wird? Da eine lustbetonte Umgebung ein Annäherungsverhalten bewirkt – uns veranlaßt, uns zu anderen Leuten zu gesellen oder lediglich den Wunsch zum Verweilen erzeugt –, gibt es keinen Grund dafür, warum irgendein Raum in unserem Haus unlustbetont sein sollte. Da ein mäßig erhöhtes Erregungsniveau erforderlich ist, wenn Menschen gesellig miteinander verkehren sollen, sollten alle Räume, in denen Gäste unterhalten werden oder sich die Familie zu einem anderen Zweck als zum Essen versammelt, ein mäßig erhöhtes Reizvolumen aufweisen. Wohnbereiche, die für Zwecke benutzt werden, die ein relativ niedriges Erregungsniveau erfordern – Essen, Schlafen, Entspannen oder die Erledigung komplexer Arbeiten, die Konzentration erfordern –, sollten sehr lustbetont, aber reizarm sein. Da nur wenige von uns Staatsoberhäupter zu Gast haben und nur wenige von uns sich leisten können, Wohnbereiche kostspielig zu möblieren, die kaum benutzt werden, besteht selten der Bedarf nach einem gediegenen Wohn- oder Eßzimmer, das in einem klassischen, teuren und dominanten Stil ausgeführt ist.

Bevor wir die Innenausstattung und ihre Beziehung zur Raumwahl für bestimmte Tätigkeiten erörtern, wollen wir uns die Auswirkungen des Grundrisses auf die Raumbenutzung ansehen. Betrachten wir einmal einen einfachen Grundriß, der den Bedürfnissen der meisten Familien gerecht würde. Wenn wir einmal annehmen, daß wir über ein einstöckiges Gebäude sprechen, das bis zu 50000 Dollar kostet, würden sich Abwandlungen dieses Grundrisses hauptsächlich in Bezug auf die Größe und in gewissem Ausmaß auch auf die räumliche Anordnung der Schlafzimmer unterscheiden.

Was diese Grundrisse gemeinsam hätten, ist der Geselligkeitskern, der aus Küche, Familienzimmer und Wohnzimmer besteht, die ungefähr wie folgt angeordnet sind:

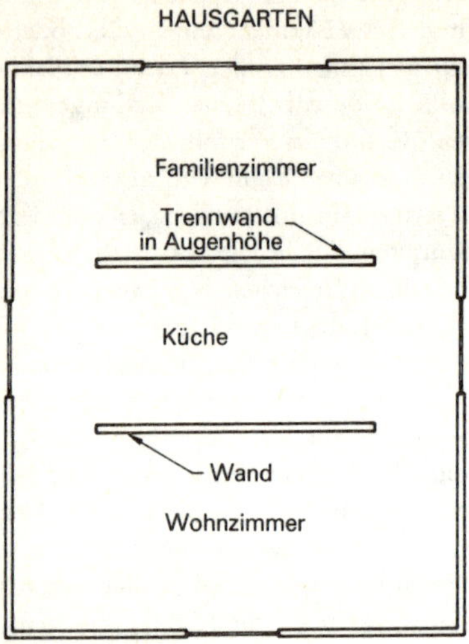

Abbildung 3

Obwohl sich der größte Teil des Essens der Familie im Küchenbereich abspielen würde, könnte ein Teil des an die Küche grenzenden Wohnzimmers für besondere Eßgelegenheiten vorgesehen werden. Dieser Kernbereich aus Küche, Familienzimmer und Wohnzimmer müßte so angeordnet werden, daß er die maximale Sonneneinstrahlung und die lustbetontesten und reizvollsten Aussichten erhält, die möglich sind – auf das Gelände, auf einen Garten, auf die Stadtlandschaft, oder auf sonst etwas. Am besten sollte das Familienzimmer auf den Hausgarten- oder Innenhofbereich hinausgehen, so daß die Familie diesen Wohnbereich im Freien zur Erholung, für Spiele oder Grillparties nutzen kann und immer noch bequem Zugang zur Kücheneinrichtung hat.

In einem Haushalt, in dem es kein Dienstpersonal gibt, ist derjenige, der kocht, die Schlüsselperson und kann nicht isoliert werden, da seine Arbeit im Mittelpunkt steht. Außerdem ist die Küche die Quelle von bestimmten elementaren Genüssen – vom Essen im Kühlschrank, von einem Glas Wasser, Eiswürfeln oder einem eiskalten Bier. In vielen Haushalten werden die alltäglichen Getränke in der Küche oder in ihrer Nähe aufbewahrt, es sei denn, es gibt irgendwoanders eine Bar mit Spülstein und Kühlschrank. Anders gesagt, haben die Menschen viele Gründe dafür, der Küche zuzustreben, die das natürliche Herzstück einer Wohnung sein dürfte.

Es ist also sinnvoll, daß eine Küche wohnlich und anziehend ist. Sie sollte gut gelüftet und gut ausgeleuchtet sein. Oberflächen sollten leicht zu reinigen sein. Stark strukturierte Bodenbeläge oder Stellflächen, in denen sich Schmutz verfängt, sind schwer zu reinigen und sollten vermieden werden, es sei denn, sie machen den Raum beträchtlich gefälliger. Der Herd, die Backröhre, das Abwaschbecken und der Kühlschrank sollten so angeordnet sein, daß sich ein leichter Bewegungsfluß ohne allzu viele Schritte ergibt, wobei Teller, Töpfe und Pfannen in recht bequemer Reichweite angeordnet sind. Probleme ergeben sich dann, wenn sich das Abwaschbecken und ein Teil der Stellfläche an der einen und die übrigen Stellflächen an der gegenüberliegenden Wand befinden. Wenn die Küche groß genug ist, ist es möglich, einen zentralen Funktionsblock in der Mitte aufzustellen, zu dem ein Herd, ein Grill, ein Hackklotz und sogar ein zusätzliches Abwaschbecken gehört. Da er in der Mitte der Küche liegt, werden unnötige Bewegungen auf ein Minimum beschränkt. Einige Töpfe und Pfannen können darüber aufgehängt werden, so daß sie für die am Herd arbeitende Person leicht greifbar sind. Die Logik der Minimierung der Bewegung bezieht sich auch auf die Aufbewahrung verschiedener Gegenstände in den verschiedenen Schränken und Regalen. Gegenstände oder Nahrungsmittel, die häufig gebraucht werden, sollten in Schränke oder Regale in bequemer Griffweite gestellt werden.

Wenn die Küche nicht abgetrennt, sondern von den Hauptwohnbereichen umgeben ist, in denen zahlreiche verschiedene Tätigkeiten stattfinden können – Essen, Fernsehen, Gäste unterhalten, Schularbeiten erledigen, Spiele machen –, ist das Ergebnis ein funktionaler, jedoch nicht spezialisierter Kernbereich, der den Zusammenhalt der Familie beträchtlich verstärkt. Eine derartige Anlage bietet sich auch recht gut für größere Anlässe an, da man eine große Party veranstalten kann, ohne daß die Gäste aufeinanderhocken müssen. Sie haben genügend Raum, sich frei zu bewegen, und merken auch, daß in den verschiedenen Teilen des Kernbereichs noch andere Gäste sind.

Familien, die in der Hauptsache aus Nichtabschirmern bestehen, brauchen geringfügig andere Variationen des einfachen Grundrisses, als Familien, bei denen die meisten Mitglieder Abschirmer sind. Man erinnere sich daran, daß Nichtabschirmer im Vergleich zu Abschirmern eher dazu neigen, erregende und unlustbetonte Arbeiten und Umgebungen zu meiden. Daher müssen Wohnbereiche, in denen anspruchsvoll und etwas unlustbetonte Pflichten erledigt werden müssen, für Nichtabschirmer besonders abgeschlossen und frei von Ablenkungen (reizarm) sein. Sie müssen sich in den Bereichen, in denen sie arbeiten wollen – in ihren Schlafzimmern, Arbeitszimmern, oder sogar in Teilen des Wohnzimmers oder Hobbyraums –, gegen Geräusche und Störungen von seiten der anderen abkapseln können. Ein alternativer Ansatz besteht darin, besondere Anstrengungen zu unternehmen, um lustbetonte Arbeitsbereiche für Nichtabschirmer zu schaffen, die zwangsläufig gelegentlich unlustbetonte Arbeiten erledigen müssen. Ein größerer Teil des Gesamtgrundrisses des Hauses müßte für individuelle, lustbetonte und abgeschlossenere Schlafzimmer für Nichtabschirmer bereitgestellt werden, während Teile des Kernbereichs für Abschirmer genauso leicht als Arbeitsbereiche dienen können. Schlafzimmer, die von Nichtabschirmern als Arbeitsbereiche, Orte der Entspannung oder zur Erledigung komplexer und erregender Geistesarbeiten verwendet werden, sollten von ihrer Ausstattung her nicht zu reizüberladen sein. Bezogen auf Beleuchtung und andere Formen kontrollierbarer Umweltreize sollten sie ziemlich flexibel sein, damit absolute Stille oder Dunkelheit sofort herbeigeführt werden kann.

Im allgemeinen läßt sich der Plan eines Hauses verbessern, wenn man die tatsächlichen Tätigkeitsmuster der Familie beobachtet. Dann kann man feststellen, wie und wie oft die verschiedenen Räume genutzt werden, und ob die Nutzung mit den vorgesehenen Funktionen übereinstimmt. Diese Art von Analyse führt zur Erkennung von Bereichen, die ungenutzt sind, und von anderen Bereichen, die sehr viel mehr Funktionen erfüllen müssen als die, für die sie ursprünglich gedacht waren. Auch deckt sie die Qualität des Familienlebens auf, wie zum Beispiel seinen Zusammenhalt und die Merkmale der Wohngestaltung, die er erfordert.

Die Beziehung dieses Kernbereichs oder auch der gesamten Wohnung zu ihrer Umgebung läßt sich ebenfalls unter dem Blickpunkt betrachten, daß reizstärkere, lustbetontere Umgebungen stärker bevorzugt werden, während reizstärkere und unlustbetonte Umgebungen stärker gemieden werden. Ein Haus, das auf unlustbetonte, lärmende, überfüllte und abgasverseuchte Straßen mit starkem Verkehr hinausgeht, kann durch Hecken, durch einen Garten, durch Topfpflanzen oder Bäume abgeschirmt werden. In diesem Fall ist der Anreiz noch größer, den Versuch zu machen, im Innern lustbetonte und reizvolle Bereiche zu schaffen. Andererseits wird ein Haus, das auf einen Garten mit Bäumen in einer lärm- und abgasfreien Umgebung hinausgeht, gewöhnlich mit einer starken Öffnung ins Freie entworfen, was viele Reize durch den Wandel der Sonneneinstrahlung, der Wolken und des Winds ergibt. Dies gilt besonders, wenn die Bepflanzung – die Blumen und Bäume – Vögel, Eichhörnchen und Eidechsen anlockten, deren Gewohnheiten und Tätigkeiten eine reiche Quelle der Anregung sein können. Von der Aussicht von verschiedenen Standpunkten im Hause können sich die Bewohner verschieden stark anregen lassen, je nachdem, ob sie gesellig sind, leichte Lektüre lesen, arbeiten, essen oder baden.

Wenn wir einen Kernbereich entwerfen und ausstatten, der Menschen dazu ermuntern soll, in genußvolle Interaktion miteinander zu treten, müssen wir diesen Bereich sowohl lustbetont als auch reizvoll gestalten. Aus unseren Untersuchungen geht hervor, daß zur Geselligkeit nicht nur das Gespräch gehört, sondern auch das wesentliche Element von verbalen und nichtverbalen gegenseitigen Gefallensäußerungen. Selbst wenn auf diesen subtilen Austausch, zu dem Augenkontakt, Kopfnicken und Gestik gehören, anscheinend nicht geachtet wird, hat er doch eine starke Auswirkung darauf, ob die Menschen ihr Gespräch fortsetzen und ob ihnen das gefällt. Die Ergebnisse haben auch gezeigt, daß ein solcher Austausch von Gefallensäußerungen in lustbetonten Umgebungen zunimmt; d.h. daß wir ohne Rücksicht darauf, mit wem wir uns unterhalten, eher positiv eingestellt sind, wenn wir uns in einem lustbetonteren Raum bewegen.

Wenn sich Menschen dominant fühlen, wie zum Beispiel dann, wenn sie sich auf ihrem eigenen Wohnterritorium befinden, trägt das Reizvolumen der Umwelt ebenfalls zu ihrem geselligen Verhalten bei. Der Leser wird sich erinnern, daß zwei Faktoren, Neuartigkeit und Komplexität, zusammen jeder Umwelt ihr typisches Reizvolumen geben. Auch dann, wenn wir einen Wohnbereich auf neuartige, seltene, unerwartete oder überraschende Art und Weise möblieren, wird er früher oder später vertraut und daher weniger erregend für alle bis auf die, die noch nicht dagewesen sind. Vielleicht die einzige Art und Weise, die Neuartigkeit einer derartigen Umwelt zu steigern, besteht darin, von Zeit zu Zeit umzuräumen, hinzuzufügen, wegzunehmen oder einzelne Stücke zu verschieben. Aus diesem Grund ist es gut, wenn man Möbel auswählt, die leicht, beweglich und für mehrere gefällige Kombinationen geeignet sind. Große, massive Stücke, die nur für wenige Ecken oder Stellwände geeignet sind, oder große Einbaumöbel schließen uns in eine statische und potentiell langweilige Struktur ein. Etwas leichter ist es, die Umgebung für Geselligkeit durch eine Vielzahl von Farben, Gewebestrukturen und anderen Reizen für Auge und Ohr komplexer zu machen. Aquarien, bewegliche Skulpturen und offene Kamine sind eben deswegen gute Dekorationsstücke, weil sie farbig sind und Bewegung enthalten. Spiegel oder spiegelnde Oberflächen, die so angeordnet sind, daß sie die farbenfrohsten, wärmsten und komplexesten Bereiche eines Raums widerspiegeln, machen nicht nur den Raum in der Wahrnehmung größer, sondern erhöhen auch seine Komplexität. Spiegel, die gegenüber kahlen Wänden oder einfallslosen Vorhängen aufgestellt sind, sollten vermieden werden, weil sie ein kälteres und distanzierteres (gering erregtes) Gefühl vermitteln. Topfpflanzen und Blumen tragen nicht nur entscheidend zu der Lustdimension bei, sondern bringen durch ihre veränderlichen Formen auch Komplexität und Neuartigkeit hinein. Außerdem stehen die verschiedenen Grüntöne von Pflanzen im scharfen Kontrast zueinander, besonders bei den heute üblichen weißen Wänden. Wandbehänge, Strukturtapeten oder Wandverkleidungen aus Kork, Backsteinen oder Holz tragen alle zu gefälligeren

Strukturen und Farbkombinationen mit höherem Reizvolumen bei als glatte und eintönig gestrichene Wände.

Neben allen diesen in erster Linie statischen Mitteln zur Erhöhung des Reizvolumens der Umwelt gibt es den ungeheuren potentiellen Beitrag der Musik zur Steigerung sowohl des Lustempfindens als auch des Reizvolumens. Auch ein und dasselbe Musikstück besteht aus veränderlichen Strukturen im Zeitablauf. Außerdem ermöglicht uns eine raffinierte Technik, die Neuartigkeit der Musikstücke zu steigern, die wir uns anhören, oder extrem reizstarke (übermäßig komplexe, unvertraute oder dissonante) Zusammenstellungen zu meiden. Der einfache Akt der Justierung der Lautstärke der Musik auf das gewünschte Niveau verändert sofort ihr Reizvolumen und macht uns die ungewöhnliche Flexibilität dieser Komponente unserer Wohnwelt klar. Bei einem zwanglosen Beisammensein kann zum Beispiel die Komplexität, Neuartigkeit und Intensität der Musik dazu eingesetzt werden, das Erregungsniveau der Gäste auszugleichen. Wenn die Gäste schnell miteinander warm werden, kann man die Lautstärke herunterdrehen, wenn jedoch das Betätigungs- und Erregungsniveau der Gäste nachläßt, kann man die Musik wieder auf mittlere Lautstärke einstellen, und lebhaftere Stücke spielen.

Auch die Beleuchtung ist von größter Wichtigkeit. Hell erleuchtete Räume sind erregender als schummrige, und daher muß der Geselligkeitsbereich gut ausgeleuchtet werden können. Wenn man sehr oft Gäste hat – von großen Cocktailparties bis zu Abendessen in kleinem Kreis –, muß man die Beleuchtungsstärke variieren können. Wenn eine große Anzahl von Leuten zusammenkommt, die einander ziemlich fremd sind, kann eine sehr helle Beleuchtung bewirken, daß sie sich ursprünglich ein wenig schüchtern fühlen. Im Idealfall sollte man über Lichtstärkeregler verfügen, so daß man die Lichter zu Beginn der Party etwas schwächer stellen und in ihrem weiteren Verlauf aufdrehen kann. Man beachte, daß die Leute häufig dazu neigen, sich in der Küche zu drängen, nachdem eine Party schon eine Zeitlang läuft. Die Küche ist gewöhnlich hell erleuchtet, und die Helligkeit, Dichte und sogar die Essensgerüche dienen dazu, das Erregungsniveau zu steigern. Da der Geselligkeitsbereich andererseits aber auch zum Essen gebraucht wird, wobei in den meisten Fällen grelle Lichter zu erregend sind, sollte das Beleuchtungssystem genügend flexibel sein, daß man die Lichter während der Mahlzeiten etwas abdämpfen kann. Da die Leute gern dunkle Ecken meiden, sollte man genügend Lampen und andere unabhängige Lichtquellen haben, damit alle Teile des Geselligkeitsbereichs ausgeleuchtet und somit benutzt werden können. Und natürlich sollte der Geselligkeitsbereich so gelegen sein, daß er das natürliche Licht voll ausnutzt; die veränderlichen Strukturen des Sonnenlichts im Tagesverlauf können sowohl lustvoll als auch anregend sein. Bestimmte besonders farbenfrohe Bereiche, Wandbehänge oder große Bilder können mit Spotlights angestrahlt werden –

wo kein Licht ist, gibt es auch keine Farbe. Wenn man aus dem einen oder anderen Grund den Geselligkeitsbereich äußerst erregend gestalten können will, kann man auch farbige Lichter verwenden. Nach Forschungsergebnissen dürften rote Lichter am erregendsten sein. Das Händezittern und die Schnelligkeit der Muskelreaktion, beides Indikatoren für Erregtheit, nehmen bei dunkelrotem Licht zu. Farbige Lichter wirken sich auch dahingehend aus, daß sich der Farbton vertrauter Gegenstände verändert, wodurch sie ungewöhnlich oder fremd aussehen, was ihre Neuartigkeit verstärkt. Derartige Effekte sollten jedoch sparsam eingesetzt werden, nur dann, wenn sehr hohe Erregungsniveaus erwünscht sind. Für die meisten sozialen Situationen – es sei denn, alle sind betrunken oder bekifft und daher physiologisch völlig ruhiggestellt – kann eine derartige Beleuchtung oder ein Stroboskoplicht zu neuartig sein und Meidungsverhalten auslösen. Wenn man sehr oft Gäste hat, lohnt es sich vermutlich, die Gästetoilette ziemlich farbenfroh und erregend zu gestalten, weil ansonsten der Kontrast zwischen der reizbetonten Party-Umwelt und der sehr reizarmen Gästetoilette unangenehm auffällt.

Um Farben wirksam einzusetzen, müssen wir ihre emotionalen Auswirkungen kennen, und diese lassen sich leicht zusammenfassen. Farbe wird durch den Farbton, die Leuchtkraft und die Sättigung charakterisiert. Der Farbton hängt mit der Wellenlänge des Lichts zusammen und bestimmt daher, ob Farben als rot, blau, grün usw. wahrgenommen werden. Die Leuchtkraft bezieht sich auf die Intensität des reflektierten Lichts, und die Sättigung auf die Konzentration oder Intensität des Farbtons. Je leuchtkräftiger oder satter die Farbe ist, desto lustbetonter ist sie. Die lustbetontesten Farbtöne sind blau, grün, violett, rot und gelb, und zwar in dieser Reihenfolge. Bezogen auf Erregung sind weniger leuchtkräftige und satte Farben erregender. Die erregendsten Farben sind rot, gefolgt von orange, gelb, violett, blau und grün, wobei grün die am wenigsten erregende Farbe ist. Wenn wir also in einem bestimmten Raum die Erregung maximieren wollen, würden wir vermutlich flockige, samtige oder anderweitig strukturierte tiefrote Tapeten, Teppiche und Vorhänge verwenden. Für den Geselligkeitsbereich ausgewählte Farbzusammenstellungen müßten sich also mehr auf die erregenderen Farbtöne und die satteren Farben stützen. Es ist vielleicht kein Zufall, daß derartige Dekorationsmuster in den besseren Bordellen des neunzehnten Jahrhunderts auf die Spitze getrieben wurden.

Beleuchtung und Farbe können auch therapeutisch genutzt werden. So zum Beispiel können hellere Beleuchtung und erregendere und lustvollere Farben bei jemand besonders angebracht sein, der alleine wohnt und anfällig für Depressionen ist. Wenn es dem Innenarchitekten gelingt, ein Glücksgefühl innerhalb der räumlichen Umgebung zu erzielen, kann dies seinem Klienten dabei helfen, Depressionsgefühle zu überwinden und sogar dessen irgendwie nichterregende Verhaltensweisen kompensieren, wenn Leute bei ihm auf Besuch sind.

Viele Wohnzimmer sind zum Empfang von Gästen völlig ungeeignet, nicht nur, weil sie nicht farbenfroh und dürftig beleuchtet sind, sondern weil auch ihr Zuschnitt oder die Art und Aufstellung der Möbel das Erregungsniveau schwerwiegend beeinträchtigt. Manche Räume fühlen sich zu weiträumig und kalt an, und können durch Farben und Strukturen auf den Wänden in der Wahrnehmung mit Leichtigkeit kleiner gemacht werden. Da eine reizstarke Oberfläche – die stark strukturiert ist und scharfe Farbkontraste in erregenden Farben enthält – näher erscheint als eine reizarme, kann die wahrgenommene Raumform durch kluge Anwendung dieses Prinzips drastisch verändert werden. So zum Beispiel können Decken »heruntergeholt« oder gehoben« werden, indem man jeweils stärker oder geringer erregende Farben und Strukturen verwendet. Wenn ein Raum das Gefühl der Bedrückung vermittelt, müssen weniger erregende Oberflächen verwendet werden. Ein Trick, den Innenarchitekten häufig anwenden, besteht darin, daß sie gegenüberliegende Wände in einem helleren und dunkleren Ton derselben Farbe anstreichen, wodurch ein enger Raum breiter erscheint.

Große Räume mit Möbeln, besonders langen Sitzmöbeln, die in weiten Abständen an den Wänden aufgestellt sind, verhindern, daß sich die Gäste im richtigen Winkel gegenübersitzen und legen außerdem zu viel Distanz zwischen sie. In unseren Experimenten manipulierten wir die erregenden Eigenschaften sozialer Umfelder, indem wir die Versuchspersonen aus einer Vielzahl von Entfernungen und Richtungen miteinander interagieren ließen. Wenn zwei Fremde gebeten werden, zusammen in einem Raum zu warten, sind diejenigen, die sich weiter voneinander entfernt hinsetzen dürfen, gern entspannter, aber weniger gesellig. Wenn man zwei Versuchspersonen unauffällig so hinsetzt, daß sie näher beieinander warten müssen, ergibt sich mehr Spannung (Erregung) aber auch mehr Gespräch, besonders zwischen solchen, die ansonsten wegen ihrer Empfindlichkeit gegenüber abweisenden Reaktionen eingeschüchtert sein könnten. Natürlich ist eine zu geringe Entfernung (weniger als 120 cm bei gegenübersitzenden Personen) extrem erregend und führt zu Meidungsverhalten. Die optimale Entfernung liegt bei 135 Zentimetern. Zahlreiche Wohnzimmer verlangen von den Gästen, daß sie aus Entfernungen von 3 Metern oder mehr miteinander Umgang pflegen und und erschweren daher das Gespräch. Scheue oder schüchterne Personen sind besonders gehemmt, Gespräche über solche Entfernungen anzuknüpfen, und fast jeder neigt dazu, in ein unnahbares oder konventionelleres Verhalten zu verfallen.

Der Winkel, in dem Fremde zueinander sitzen, ist ein weiterer entscheidender Faktor dafür, wie weit sie in Interaktion treten. Fremde, die nebeneinander gesetzt werden, wie zum Beispiel auf einem Sofa, werden einfach nicht viel miteinander reden. Eine Sitzordnung gegenüber erhöht ihre Erregung und verstärkt das gesellige Verhalten beträchtlich. Wenn Menschen mehr als 90°

voneinander abgewendet sitzen, wird die positive Einstellung zum Gespräch massiv beeinträchtigt. Da Leute, die nebeneinander auf ein Sofa gesetzt werden, tatsächlich um einen Winkel von 180° voneinander getrennt sind, sind Sofas für eine soziale Interaktion ganz abträglich. Sofas, auf denen drei oder mehr Personen nebeneinander sitzen sollen, sind der Geselligkeit umso abträglicher, je größer sie sind. Zwei Leute können sich auf einem Sofa noch so setzen, daß sie einander ins Gesicht blicken, für drei oder mehr ist dies jedoch praktisch unmöglich. Infolgedessen dürften auf einem Sofa, das für vier Leute gedacht ist, im allgemeinen nur zwei sitzen. Wenn in der Enge vier Personen gezwungen sind, auf einem Sofa nebeneinander zu hocken, dürften Umfang und Tiefe ihrer Gespräche untereinander nicht gerade berühmt sein.[7]

Es ist schwer zu verstehen, wie Sofas zu einem solchen Standardgegenstand der Wohnzimmer-Möblierung werden konnten. Wenn man schon ein Sofa haben muß, ist es wichtig, daß es von anderen Sesseln umgeben ist, wie in der folgenden Anordnung:

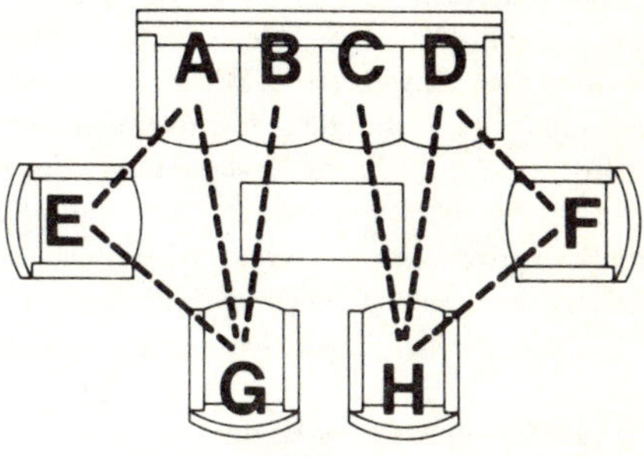

Abbildung 4

7 Die Unmittelbarkeit – eine engere und mehr von Gesicht zu Gesicht ausgerichtete Sitzposition – hat günstige Auswirkungen auf die Beziehungen zwischen Leuten, vorausgesetzt natürlich, daß der Kontakt innerhalb sinnvoller Grenzen liegt und nicht zu übermäßiger Erregung führt, die auf völliges Fehlen einer Rückzugsmöglichkeit zurückzuführen wäre. Einige der allgemein gebräuchlichen Gruppentechniken im *sensitivity training* – wobei Fremde aufgefordert werden, sich an der Hand zu halten und einander in die Augen zu sehen, einander auszukleiden oder zu massieren – verstärkt unmittelbare Nähe und Ausgesetztheit über das Niveau der Erträglichkeit hinaus. Innerhalb des Bereichs der klar definierten und sozial künstlich gebildeten sensitivity-Gruppe jedoch werden übertrieben hohe Erregungsniveaus von den Teilnehmern deswegen ertragen, weil derartige Interaktionen sorgfältig daraufhin geplant sind, daß sie nicht bedrohlich wirken und positive Gefühle verstärken. Außerdem wissen die Teilnehmer, daß sie vorübergehend sind und fühlen sich dadurch beruhigt, daß sie zu normaleren und privateren sozialen Verhältnissen zurückkehren können, sobald sie die Gruppe verlassen.

In diesem Fall werden unter der Annahme, daß alle Sitze besetzt sind, A und E miteinander reden, genauso wie D und F. F und H, E und G, A-E-G, und D-F-H sind ebenfalls mögliche Gesprächsgruppierungen. G jedoch wird sich eher nicht mit H unterhalten, und genauso wenig werden A, B, C und D dazu neigen, untereinander zu reden. Wenn man eine derartige Gruppierung nicht bewerkstelligen kann, wäre es viel besser, wenn jeder steht oder auf dem Boden oder auf Packkisten sitzt, als daß man vier Menschen allein auf ein irgendwo einzeln stehendes Sofa pflanzt.

Es ist auch besser, wenn man eine Anzahl kleinerer, intimerer Gesprächsgruppen anstatt nur einer großen innerhalb des Geselligkeitsbereiches hat. Die Interaktionen innerhalb dieser Gruppierungen wird aller Wahrscheinlichkeit nach lustvoll und lohnend sein, da sich die Leute nicht an irgendeine bestimmte Gruppe gebunden fühlen. Sie werden sich weniger schüchtern fühlen, wenn sie sich der Gruppe nähern, wenn sie zum Beispiel zur Tür hereinkommen, und weniger Hemmungen haben, sie zu verlassen, um sich etwas zu trinken zu holen, mit jemand in einer anderen Gruppe zu sprechen, zur Toilette zu gehen, oder sonst etwas zu tun. Einige dieser Stühle könnten drehbar sein, so daß die Mitglieder aus verschiedenen Gruppen nach Belieben ihre Orientierung verändern könnten, um mit jemand Verbindung aufzunehmen, der in einer anderen Gruppe sitzt. Außerdem geben kleinere Gruppierungen in vielen Fällen eine reizvollere Inneneinrichtung ab, besonders wenn sie den Eindruck machen, daß sie zufällig über die Bodenfläche verteilt sind. Dies würde auch Bereiche dafür frei machen, daß Leute herumlaufen können und spontane Stehkonvente bilden können, in denen sie ihre eigenen optimalen Distanzen und Orientierungen aussuchen können.

Das Reizvolumen des Eßbereichs oder Eßzimmers sollte niedriger sein als im Wohnzimmer und im Familienzimmer. Ansonsten wäre die kombinierte Erregungswirkung des Rahmens, des Eßvorgangs und der damit zusammenhängenden Geselligkeit viel zu hoch. Wenn man ihnen die Entscheidung darüber überläßt, ob sie das Reizvolumen der räumlichen Umgebung, oder das des Essens, oder aber das der sozialen Interaktion senken wollen, werden sich die Menschen im allgemeinen für das erste entscheiden. Dies trägt dazu bei, viele Umweltpräferenzen zur Essenszeit zu erklären, wie zum Beispiel eine geringere Lautstärke der Musik oder überhaupt keine, gedämpftere Beleuchtung, besondere Bemühungen, Geräusche oder Ablenkungen von außerhalb der Wohnung auszuschließen, und warum in manchen Haushalten Streitigkeiten, Erörterung von Geldangelegenheiten, oder allgemein unlustbetonte und angsterregende Themen beim Essen tabu sind.

Schlafzimmer, die hauptsächlich zum Schlafen benutzt werden, brauchen nicht reizstark, sollten aber lustbetont sein. Kinder, die nur schwer einschlafen und mehrfach wieder ins Wohnzimmer zurückkommen, nachdem sie zu Bett gebracht worden sind, könnten auf übermäßig erregende Auslöser in ihren Schlafzimmern reagieren. Darunter fallen im allgemeinen die Gegenwart von Geschwistern, die Gespräche, die wegen schlechter Schalldämmung aus dem Wohnzimmer zu vernehmen sind, oder Geräusche und Lichteinwirkungen von außerhalb des Hauses.

Ein Schlafzimmer, das auch in erster Linie der Ort für Sexualität sein soll, sollte unter Umständen mehr Reizvolumen enthalten. Einer der Gründe dafür, warum Wasserbetten in Motels, die als Liebesnester bekannt sind, so beliebt sind, besteht darin, daß das Schaukeln und die etwas unerwarteten Bewegungen derartiger Betten dazu dienen, die Erregung zu steigern. In einem Schlafzimmer sollte sich auch eine Musikquelle befinden und auch farbige Beleuchtung kommt in Betracht. Gewisse Motels bieten inzwischen Zimmer an, in denen ans hauseigene Netz angeschlossene Fernseher oder Videorecorder stehen, mit denen man sich pornographische Filme ansehen kann. Die Paare, die solche Zimmer haben wollen, haben offenbar festgestellt, daß das pornographische Element die erwünschte Zunahme des Erregungsniveaus bewirkt. Es ist wahrscheinlich, daß manche derartige zusätzliche Reize langsam auf den privaten Markt kommen. Bei neuen oder unerfahrenen Sexualpartnern ist jedoch eine zu reizüberflutete Umwelt unnötig und dürfte sich wahrscheinlich als abträglich erweisen, besonders für das Verhalten des Mannes.

Die Lage der Schlafzimmer könnte durch subtile architektonische Überlegungen bestimmt werden, die äußerst günstige Auswirkungen auf Leute haben, die nur schwer aus dem Bett kommen. Das Sonnenlicht, das morgens durch ein großes Fenster einfällt, ist eine der sanftesten und lustbetontesten Möglichkeiten, vom Schlaf geweckt zu werden, da sowohl die höhere Temperatur als auch die Lichtintensität erregend wirken. Leute, die sich einen einigermaßen flexiblen Tagesablauf einrichten können, können sich ihre Schlafzimmer mit großen Fenstern in südöstlicher Richtung einrichten, so daß die frühe Morgensonne sie sanft und allmählich weckt. Ein flexibler Tagesbeginn ist insofern wichtig, als sich der Sonnenstand im Laufe der Jahreszeiten verändert, und die Weckzeit daher um mehr als eine Stunde schwankt. Doch kann man mit diesem Problemaspekt dadurch fertig werden, daß man dem Schlafzimmer eine extrem große Sonneneinstrahlungsfläche gibt, mit Fenstern entlang aller nach Südosten gehenden Wände oder sogar durch Oberlichter. In diesem Fall lassen sich die Vorhänge so justieren, daß die Sonnenstrahlen das Bett fast genau zur erwünschten Zeit treffen.

Kapitel 9
Die Wohnungen von morgen

Ohne allzuweit in die Zukunft zu blicken, läßt sich vorhersagen, daß es zunehmend schwieriger werden wird, sich große Wohnungen zu leisten, mit denen Bauland, Baumaterialien und Energie verschwendet werden. Ein großer Teil der Verschwendung ergibt sich aus der Praxis, getrennte Räume für eng spezialisierte Funktionen vorzusehen, so daß manche Wohnungen buchstäblich alle die folgenden Räume enthalten: Hobbyräume, Bibliothek, Schlafzimmer, Vorratskammern, Küchen, Frühstücksecken, Eßzimmer für den Alltag, Eßzimmer für große Gelegenheiten, Salons, Wohnzimmer, drei oder vier verschiedene Arten Badezimmer, Keller, Speicher, Freizeiträume, Familienzimmer, geschlossene Veranden, Freiluft-Patios, Innenhöfe, Garagen und bisweilen sogar getrennte Wohnräume für das Personal. Jeder dieser Räume wird dann so eingerichtet, wie es für seine spezifische Funktion ereignet erscheint. Wie wir jedoch gesehen haben, werden viele dieser Räume nicht für ihren wirklichen Zweck oder überhaupt kaum verwendet, und andere werden ständig für einen weiten Tätigkeitsbereich benutzt. Eindeutig müssen die Wohnungsplaner von morgen Anleihen bei den traditionell raumbewußten Kulturen wie der japanischen oder den mehr gemeinschaftlich orientierten Kulturen von gewissen Woodland- oder Plains-Indianern machen und primäre Wohnbereiche gestalten, die eine Vielzahl von Funktionen möglich machen und fördern.

Es ist also wichtig, die fehlende Variationsmöglichkeit und Flexibilität in vielen Wohnungen zu überwinden. Variationsmöglichkeiten und Flexibilität in Form von Raumanordnung, Möbelausstattung und Dekor bieten nicht nur Erregung, sondern auch ein Gefühl der Dominanz. Im Gegensatz dazu führen Monotonie und Starrheit zu Gefühlen gedämpfter Erregung und Unterwerfung. Diejenigen, die sich teure Innenarchitekten leisten können, erreichen eine gewisse Variation und Neuartigkeit der Inneneinrichtung dadurch, daß sie ihre Wohnung häufig neu ausstatten und sogar die Konturen der Räume darin verändern. Außerdem sind die Designs, die gerade »in« sind und für sie ausgewählt wurden, meist ungewöhnlich oder selten. Ein wirkungsvolles Design muß jedoch sowohl ein hohes Ausmaß von Lust als auch von Neuartigkeit erreichen. Erfolgreiche Innenarchitekten sagen nicht: »Stellen wir ein hübsches helles Sofa hierhin, und dorthin einen reich gemaserten Rauchtisch«, sondern sie verwenden Motive, um eine aufeinander abgestimmte und gefällige Gestaltung zu erreichen, die im Kontext der Wohnung auch neuartig ist. So wird zum Beispiel ein Wohnzimmer vorwiegend in Grün- und Gelbtönen oder anderen Farben und Mustern gehalten, die an Frühling und üppige Vegetation erinnern. Ein herbstliches Gefühl wird in einem anderen Raum mit Farbtönen in Gelb, Braun und Rot vermittelt, die sich über die Verwendung komplizierter und organisch-natürlicher statt geradliniger und eckiger Formen und Umrisse miteinander vermischen und ineinander übergehen. Es gibt unzählige Möglichkeiten, Anleihen bei vertrauten Bildern aus der Natur zu machen, damit die Inneneinrichtung die angestrebte notwendige Kohärenz und außergewöhnliche Qualität erhält.

Die meisten von uns können sich jedoch eine teure und häufige Neugestaltung ihrer Wohnungen nicht leisten, und ganz gewiß können wir es uns nicht leisten, diese Innenräume von Zeit zu Zeit nach unseren Bedürfnissen baulich zu verändern. Ein Teil der Ursachen für diese Schranken liegt darin, daß die kostensparenden und technischen Vorteile der Massenproduktion bisher noch nicht in das Wohnungsbauwesen eingegangen sind.

Kehren wir einen Augenblick zu der Vorstellung eines Kernbereichs für Geselligkeit zurück, in dem sich die Familie zu allen möglichen Tätigkeiten einschließlich der Bewirtung von Gästen versammeln kann. Nehmen wir ferner an, daß in bestimmten Gebieten dieses Kernbereichs Sitzgruppen für Gespräche stehen, die aus vier bis sechs Sesseln um einen kleinen Tisch bestehen, wobei der Durchmesser der Sitzgruppe nicht mehr als zwei Meter beträgt. Nehmen wir weiterhin an, daß in einer dieser Sitzgruppen bequeme Stühle um einen eichenen Eßtisch herum stehen, der als Schreibtisch benutzt werden kann, und daß die Gruppe in der Nähe eines Fensters steht, welches auf eine riesige alte Platane hinausgeht, an deren Stamm Eichhörnchen hinauf oder hinab klettern oder in deren Blattwerk sich Blaumeisen tummeln. Wenn andere Familienmitglieder anwesend sind, ist dieser lustbetonte und leicht anregende Ort, an dem man bestimmte schematische Arbeiten verrichten kann – einfache Berechnungen anstellen, Überweisungen ausschreiben, schematische Hausarbeiten erledigen, Rabattmarken oder Rezepte einkleben und andere Tätigkeiten ausführen kann, die vertraut und einfach, oder sogar langweilig sind. Um uns derartigen Arbeiten zu nähern (sie durchzuführen), müssen wir unsere Erregung heben, ansonsten stellen wir fest, daß wir tagträumen und deprimiert werden, dösen oder andere Arten des Meidungsverhaltens zeigen. Daher werden derartige Arbeiten häufig nicht in Arbeitszimmern, Hobbyräumen, Schlafzimmern oder anderen Räumen verrichtet, die angeblich für den Papierkram da sind. Statt dessen wird er in Küchen, Eßzimmern oder Wohnzimmern erledigt, in denen auch andere Familienmitglieder anwesend und aktiv sind.

Wenn wir andererseits von der Annahme ausgehen, daß die zu leistende Aufgabe komplex ist oder ein hohes Ausmaß von Neuartigkeit enthält – ein sehr aufregender Kriminalroman, ein äußerst wichtiger Bericht, in dem eine große Anzahl Daten zusammengefaßt und integriert werden müssen, Hausarbeiten von der Art mathematischer Beweise oder Aufsätze, die Konzentration erfordern usw. Das Reizvolumen derartiger Tätigkeiten ist ohnehin groß, so daß das Erregungsniveau des Ausführenden ziemlich hoch ist; zusätzliche Reize aus der Umwelt könnten die Erregung bis zu dem Punkt steigern, daß die Aufgabe gemieden würde. Das heißt, man wird abgelenkt, verärgert und frustriert, und die Leistung geht drastisch zurück.[8]

Nun dürfte im üblichen Wohnungsbau die Anordnung von Tisch und Stühlen im Bezug auf die Möglichkeit nutzlos sein, Arbeiten zu erledigen, für die eine reizarme Umgebung erforderlich ist. Dies liegt daran, daß die meisten Räume, ohne Rücksicht darauf, wie groß oder klein sie sind, einfache Rechtecke sind, und eine zum Beispiel wie folgt angeordnete Sitzgruppe

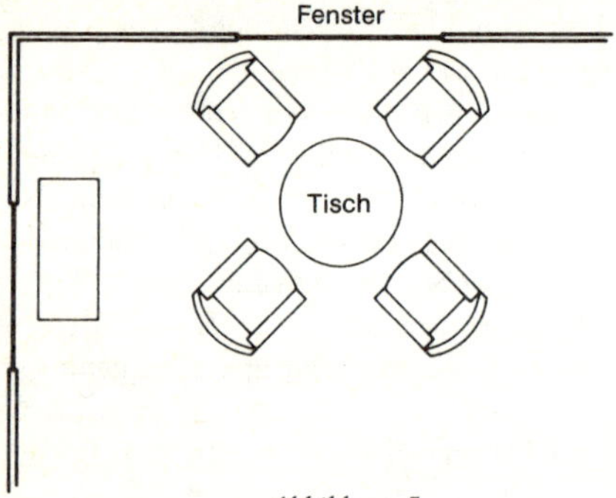

Abbildung 5

nicht ohne weiteres von ihrer Umgebung abgetrennt werden kann. Wenn der Kernbereich für Geselligkeit jedoch richtig entworfen wäre, würde er Erker irgendwelcher Art vorsehen, die mit Leichtigkeit durch eingebaute Schiebetüren abgetrennt werden können, welche entweder von Hand oder elektrisch bewegt werden. Somit könnten Menschen, die eine privatere und weniger reizüberflutete, aber dennoch sehr lustbetonte Kleinumwelt brauchten, sie einfach dadurch schaffen, daß sie einen Schalter berühren, ohne einen abgelegenen und reizarmen Raum im Haus bereithalten zu müssen, der ansonsten kaum genutzt würde.

8 Zahlreiche Lehrer aus der Mittelschicht, die milieubenachteiligten Schülern Hausarbeiten aufgeben, werden sich nicht darüber klar, daß derartige Schüler unter Umständen gar kein Zuhause haben, das heißt, daß sie sich nach einem rotierenden System bei Verwandten oder Freunden aufhalten müssen. Noch wichtiger ist, daß diese Kinder häufig nicht in dem arbeiten können, das als Wohnumwelt herhalten muß, weil diese viel zu reizbetont ist (extrem beengt, laut, unvorhersagbar), als daß man Lese-, Schreib- oder Rechenaufgaben lösen könnte, die selbst schon unvertraut und komplex genug sind, um eine erhöhte Erregung zu verursachen.

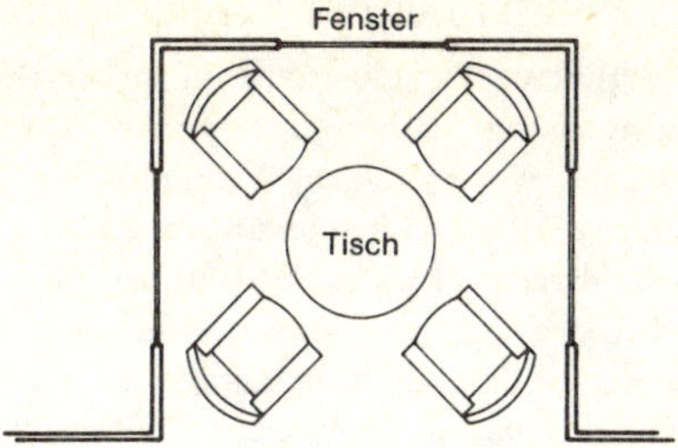

Abbildung 6a

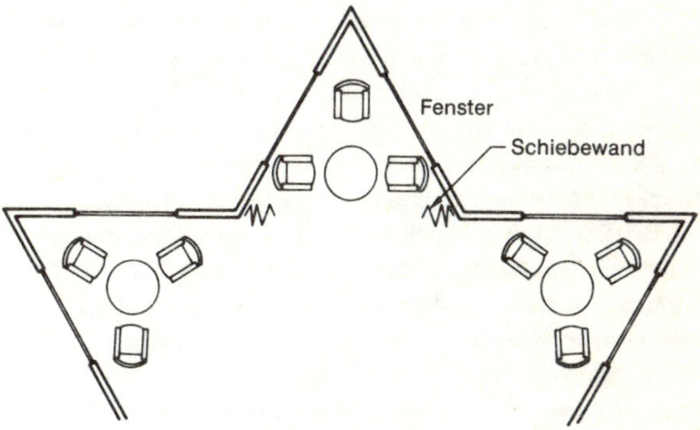

Abbildung 6b

Man kann diese Idee noch einen Schritt weiter treiben und sich ganze Häuser mit beweglichen Innenwänden vorstellen, die so gehoben und abgesenkt werden können, daß sie eine große Vielzahl von Innenräumen schaffen, die von saalartigen bis zu intimen und zurückgezogenen reichen. Wenn man sich außerdem überlegt, daß zahlreiche Schlafzimmer nur dazu da sind, damit wir eine kleine horizontale Fläche haben, auf der wir schlafen können, haben doch viele sowohl etwas Extravagantes als auch unter Umweltgesichtspunkten Fehlorientiertes an sich. Nicht nur, daß ein ganzes Zimmer häufig den größten Teil des Tages nutzlos ist, sondern es ist auch gewöhnlich auf eine teure und sogar phantasievolle Art und Weise eingerichtet, die seiner Hauptfunktion Hohn spricht, nämlich der, eine entspannende, sehr reizarme Umwelt zu bieten. In Häusern mit beweglichen Trennwänden könnten die Schlafplattformen entweder auf Knopfdruck aus dem Boden hervorkommen, oder sich von der Decke herabsenken. Durch Absenken (oder Heben) einer Wand könnte ein Schlafzimmer sofort geschaffen werden, wenn es gebraucht wird, und dann fast buchstäblich weggezaubert werden, wenn dies nicht mehr der Fall ist. Derartige Häuser könnten auch eine Anzahl von Innenansichten bieten, und auf diese Weise das bisher unlösbare Gestaltungsproblem lösen, das in der Starrheit und in den infolgedessen letztendlich niedrigeren Erregungsniveaus liegt, die aus einer unveränderlichen Struktur notwendig folgen. Wenn die Wände bemalt oder mit Mustern unterschiedlicher Lustbetontheit und Komplexität beklebt wären – alles von geruhsamen Waldszenen bis zu explosiven farbenfrohen Abstraktionen –, ganz besonders wenn in einigen von ihnen verschiedenfarbige Lichtstrukturen, Filmleinwände oder große bildschirmähnliche Flächen enthalten wären, könnte man mit Leichtigkeit eine ganze Palette von Umwelten schaffen, ohne auch nur eine davon ungenutzt zu lassen.

Selbst in den herkömmlicheren Strukturen müßte es möglich sein, verschiebliche Außenwände oder Teilwände einzubauen, so daß lustbetonte und anregende Umgebungen im Freien in die Wohnung hereinreichen könnten. (Natürlich geschieht das zur Zeit mit Schiebetüren, doch weisen sie eine Anzahl offensichtlicher Nachteile auf: sie isolieren schlecht, und allzuoft versuchen Leute, durch sie hindurchzugehen.) Zum Beispiel müssen Badezimmer nicht die reizarmen und neutralen oder sogar unlustbetonten Bereiche sein, die sie häufig sind. Es müßte möglich sein, von drinnen nach draußen reichende Badeeinrichtungen zu haben, bei denen ein geschützter Außenteil Duschen oder eine große Wanne enthalten würde, die je nach den Witterungsbedingungen benutzt werden kann. Solche Bereiche könnten mit Büschen bepflanzt und mit farbigen Kacheln ausgelegt werden.[9]

Eine Alternative zur Verwendung beweglicher Trennwände innerhalb des Hauses oder in den Außenbereichen besteht darin, durchgestaltete und organisch geformte Wohnräume zu schaffen, in denen der Übergang zwischen Wandbereich und Fußbodenbereich fließend ist. Derartige »organische« Wohnungen könnten verschließbare kugelförmige Schlafnischen oder Arbeitsräume in halber Wandhöhe haben, verschiedene und verschlungene Ebenen des Fußbodens, zu denen auch tisch- oder stuhlähnliche Auswüchse, größere und kleinere Sitzgruben gehören würden, die ein verschiedenes Ausmaß der Abge-

9 Die traditionellen japanischen Badehäuser sind ausgezeichnete Beispiele für den Einfallsreichtum, der für die Gestaltung von Baderäumen aufgewendet worden ist, um sie zu lustbetonten und anregenden Bereichen der Wohnung und insbesondere der traditionellen japanischen Ryokan (Gaststätten) zu machen. In den meisten dieser Baderäume stellt man eine kunstvolle Verwendung von Kacheln und Steinen fest, die Badewannen werden gewöhnlich sowohl mit einer interessanten Form als auch mit einem ansprechenden Ausblick auf den Garten ausgestattet. Wenn wir überlegen, welches Gewicht die Japaner darauf legen, einen Baderaum zu einem lustbetonten Bereich zu machen, müssen wir erkennen, daß ihre Vorstellung des Badens nicht lediglich auf den Akt des Sichwaschens hinausläuft. Stattdessen ist es häufig ein sehr lustbetontes soziales Ereignis, an dem die gesamte Familie teilnimmt, und daher gibt man sich Mühe, den Badebereich reizvoll zu gestalten.

schlossenheit bieten, gekrümmte Tunnel verschiedenartigen Querschnitts als Korridore usw. Sie können sogar Vertiefungen aufweisen, die Pflanzen, kleine Bäume, Tischteiche oder sogar eine *Jacuzzi* enthalten könnten. Ausgewählte Bereiche der Wände, Fußböden oder Decken könnten Videobildschirme, Lautsprecher und Lichtquellen enthalten, die so programmiert werden könnten, daß sie verschiedene Reizmischungen bieten, die eine bestimmte emotionale Wirkung haben. Man könnte alles vom Geräusch eines sanften Sommerregens, über ein Farbmuster, das eine friedliche natürliche Umwelt und Vogelgezwitscher anklingen läßt bis zu einer äußerst reizüberfluteten Kakophonie programmieren, neben der eine LSD-Rock-Bar wie ein friedlicher Abendspaziergang erschiene. Der einzelne könnte sich viele verschiedene Umwelten aussuchen, die genau zu seinen zeitweiligen Bedürfnissen passen oder seine Stimmung irgendwie ausgleichen. Er könnte sich eine lustbetonte, jedoch extrem reizarme Umwelt für eine anstrengende Geistestätigkeit wünschen, doch könnte er sich auch eine lustbetonte, jedoch reizstarke Umwelt wünschen, in der er aufwacht und mit seinen täglichen schematischen Verrichtungen beginnt. Jemand, der seine Umwelt absichtlich so manipulieren will, daß er sich das optimale Niveau von Erregung, Lust und Dominanz für eine bestimmte Tätigkeit schafft, könnte dies unter Verwendung eines Computerprogramms tun, das nach dem Zufall aus einem untergeordneten Komplex mehrere umweltbezogene »Sammelreize« auswählen würde, von denen alle für eine bestimmte Tätigkeit und eine spezifische Persönlichkeit geeignet wären. Diese Tätigkeit könnte in allem möglichen bestehen, in einer Cocktailparty, in einem intimen, romantischen Tête-â-Tête, in der Lektüre von *Finnegans Wake*, im Aufwachen oder im Kartoffelschälen. Bis zu dem Zeitpunkt, an dem derartige Kassetten umweltbezogener Sammelreize zur Verfügung stehen werden, werden die spezifischen Versuchsergebnisse, die sich erst jetzt langsam ansammeln, vollständiger sein und den optimalen Gefühlszustand für jede Kombination von Tätigkeit und Persönlichkeit ausweisen.

Einwendungen gegen vorselektierte Umweltreiz-Kassetten könnten mit der Begründung vorgebracht werden, daß sie zu reglementiert sind und für eine formelhafte Lebensweise sorgen. Aber unsere gegenwärtigen Wohnumgebungen sind nicht weniger formelhaft, wobei allerdings die gegenwärtigen Formeln weniger klar definiert sind. Außerdem können unsere gegenwärtigen Wohnumwelten infolge ihrer mangelnden Flexibilität unsere emotionalen Bedürfnisse die meiste Zeit nicht erfüllen. Die hohe Bevölkerungsdichte der Zukunft wird technische Neuerungen erfordern, damit dem Binnenraum jeder Wohnung, Vielfalt, Individualität und ein gewisses Ausmaß personalisierter Gefühle verliehen werden können. Selbst wenn eine derartige Vielfalt und Flexibilität zur Verfügung stehen, halten sich manche Menschen streng an vorgeschriebene Normen und suchen nach Anleitung durch autoritätsbesetzte Figuren oder Gruppen. Dies jedoch sollte andere nicht davon abhalten können, sich eine Wohnumwelt zu schaffen, die ihren besonderen Bedürfnissen angemessen ist. Von Nutzen ist hier der Vergleich mit der Verfügbarkeit von Musikkonserven zuhause. In vielen Fällen haben Tonkonserven in Form von Schallplatten oder Bändern ungeheuer dazu beigetragen, daß die Musik geschätzt wird, und die Menschen dazu ermuntert, ihr Zuhause durch ihre besonderen musikalischen Neigungen in der Musik individuell zu gestalten. Entscheidend ist hier, daß das wissenschaftlich Wißbare und technisch Realisierbare den Menschen mehr Alternativen eröffnet, als sie zuvor besaßen.

Aber es gibt so etwas wie Mißbrauch oder Verschwendung von Technik, und unser übermäßiges Vertrauen auf fossile Brennstoffe zur Heizung und Kühlung unserer Wohnungen ist ein schlagendes Beispiel dafür. Man bedenke nur einmal, wieviel Energie und Grünfläche durch kahle Dächer verschwendet werden, die selten richtig isoliert sind. In den heißen Monaten werden sie von der Sonne gedörrt, und die ins Haus übergeleitete Wärme erfordert oft Klimaanlagen. Während der kalten Monate und besonders nachts verlieren die Häuser durch diese Dächer Wärme, und natürlich auch durch schlecht isolierte Fenster und Wände. Soweit dies in gemäßigten Klimazonen mit geringen Niederschlägen möglich ist, sollten Flachdächer mit einer Kiesfüllung und einem Drainagesystem konstruiert werden, die fünfzehn bis dreißig Zentimeter Mutterboden tragen können, in dem Gas, Blumen, Rankengewächse, kleine Büsche, Gemüse oder sogar bestimmte flachwurzelnde Bäume fast das ganze Jahr grünen könnten. Diese Dachgärten könnten geruhsame und vergnügliche Geselligkeitsbereiche bilden. In den Städten, wo sie praktikabel sind, könnten sie den Erholungsraum nahezu verdoppeln und dabei gleichzeitig die Luft mit Sauerstoff anreichern. Mit Gemüse bepflanzt, könnten sie den Speisezettel der Familie bereichern und Haushaltsgeld sparen. Die darunterliegenden Wohnungen würden sie wirksam isolieren, womit Klimatisierung überflüssig und die Heizrechnung im Winter niedriger würde. Allein in Los Angeles muß es viele, viele Quadratkilometer Dächer geben, die reizvolle und produktive Gärten sein könnten, statt dessen aber glutheiße Dachpappeflächen sind.

Es gibt zahlreiche andere Möglichkeiten, wie eine kluge Bauweise und optimale Verwendung von Bepflanzung und Wasser Wohnungen kühlen und gleichzeitig eine lustbetonte und anregende Abwechslung in der Umwelt erzeugen kann. Eine südöstliche Ausrichtung gewährt einem Haus maximale Aufheizung durch die Sonneneinstrahlung, während eine nord-nord-östliche Ausrichtung eine derartige Aufheizung auf ein Minimum beschränkt. In vielen heißen Gebieten der Welt, zum Beispiel in Nordafrika, werden nordsüdlich verlaufende Straßenzüge häufig enger gebaut als ostwestlich verlaufende. In heißen Gebieten der USA jedoch werden solche Überlegungen nie angestellt, und dies obwohl enge, nur für Fußgänger geeignete Gäßchen oder Straßen sehr viel Reiz haben, ganz abgesehen davon, daß sie die auf sie hinausgehenden Läden und Wohnungen den größten Teil des Tages ziemlich kühl halten.

Eine Erdmasse, an die das Haus stößt, kann auch als hervorragender Isolierfaktor dienen und ist besonders für die Schaffung kühler Bereiche geeignet. Seit Urzeiten wurden Keller als natürliche Kühlschränke zur Aufbewahrung von Essen und Wein benutzt. Es ist möglich, das Kellerprinzip auf vielfältige Art und Weise auf die Bauweise von Wohnungen anzuwenden. Wohnungen in Hanglage können zum Beispiel so gestaltet werden, daß die Räume, die auf die Hang- und nicht auf die Panoramaseite hinausgehen, als kühlere Bereiche dienen, die während der heißen Sommermonate benutzt werden. Wenn die Gestaltung derartiger Wohnungen flexibel genug ist, kann sie jeder Familie ermöglichen, ihre Aktivitäten während der wärmeren Monate in die Räume zu verlegen, die der kühlere Teil des Hauses sind. Während der Wintermonate kann das Zentrum der Familienaktivität in die Räume verlegt werden, die vom Hang weg und zur Sonne hin liegen. Das Plus dabei ist die größere Vielfalt der Umwelt.

Eine drastische Ausweitung des Kellerprinzips zur Kühlung kann in Wüstengebieten dadurch Anwendung finden, daß das ganze Haus unterirdisch gebaut wird. Das Haus kann so gebaut werden, daß alle Räume auf Außen- oder Innenhöfe hinausgehen. Schatten in diesen Höfen kann durch hölzerne Gitterkonstruktionen erreicht werden, die einfach das Dach verlängern, das in einer Höhe mit dem Bodenniveau liegt, und von dieser Holzkonstruktion könnten Ranken und andere Gewächse herabhängen. Außerdem würde auch die Bepflanzung mit Büschen und Bäumen in den an die Zimmer grenzenden Höfen dazu beitragen, das Haus zu kühlen. Wenn ein derartiges Haus in Hanglage vorgesehen ist, kann es so gestaltet werden, daß drei Seiten des Hauses auf Innenhöfe hinausgehen, die unter Bodenniveau liegen, und die nicht nach Süden gehende Seite freien Ausblick gewährt. Die Bewohner haben dann von drei Seiten des Hauses aus einen Ausblick auf landschaftlich ansprechend gestaltete Bereiche, und von der vierten Seite eine größere Aussicht auf ein Tal oder auf andere Häuser.

Eine andere Quelle der Kühlung ist die Wasserverdunstung. Baugeschichtlich gesehen, sind viele einfallsreiche und wirtschaftliche Lösungen erfunden worden, um Wohnungen in heißeren Klimazonen zu kühlen. So zum Beispiel bauten die Mauren in Granada oder die Mogulkaiser in Indien häufig Teiche und Wasserzuflußgräben in die Innenbereiche und Höfe ihrer Wohnsitze. Ein größerer Raum enthielt gewöhnlich einen kleinen erhöhten Teich mit einem Springbrunnen in der Mitte. Das aus dem Teich kommende Wasser floß in schmale rechteckige Gräben, die etwa fünfzehn Zentimeter breit und fünf Zentimeter tief und so angelegt waren, daß sie das abfließende Wasser entweder in andere Räume oder in einen Hofbereich ableiteten. Indem dieses Wasser verdunstete, band es Wärme und wirkte somit als Kühlmittel. Ein derartiger Mechanismus war nicht nur funktional, sondern auch ästhetisch befriedigend. Dicke Wände dienten dazu, die Innenbereiche gegen die Hitze draußen zu isolieren, während die Wasserverdunstung dazu beitrug, die Temperatur im isolierten Innern zu senken.

Wenn wir diese natürliche »Klimaanlage« mit der künstlichen Methode vergleichen, die im Westen gewöhnlich als einziges Mittel zur Temperatursenkung verwendet wird, muß man feststellen, daß die erste Methode zwar keine konstante Temperatur im gesamten Innenbereich eines Hauses aufrechterhalten kann, aber unter psychologischen Gesichtspunkten andere Vorteile hat. So zum Beispiel verspürt man bei einer natürlichen Klimaanlage leichte Temperaturveränderungen, wenn man von einem Raum in einen anderen geht. Die Möglichkeit einer kleinen Brise und eines Lufthauchs, der sich durch bestimmte Hausbereiche zieht, erhöht sich auch, und ein derartiger Lufthauch kann erfrischend sein. Zusätzlich gibt es weitere lustbetonte und anregende Elemente, im Seh- und Hörbereich – wenn man das Plätschern eines Springbrunnens vernimmt, das Sonnenlicht auf dem Wasser spielen sieht, oder einem murmelnden Bächlein zuhört. Heutzutage können kleine elektrische Pumpen eingesetzt werden, um das Wasser in einem derartigen System von Springbrunnen und Teichen mit einem Bruchteil der Energiekosten umzuwälzen, die eine Klimaanlage für ein Zimmer oder für das ganze Haus erfordert.

Kühle Luft können wir durch ein Haus zirkulieren lassen, wenn wir erkennen, daß Warmluft nach oben strebt. In einem mehrstöckigen Haus mit Lüftungskanälen an den geeigneten Stellen kann eine konstante Luftbewegung von den unteren Stockwerken durch die oberen und dann hinaus ins Freie und damit ein erfrischender und kühlender Luftzug geschaffen werden. Wenn die unmittelbar ans Erdgeschoß grenzenden Bereiche gewöhnlich im Schatten liegen und von breitblättriger und üppiger Vegetation umgeben sind (wie zum Beispiel von immergrünen Pflanzen, die auch einen sehr großen Teil Luftfeuchtigkeit abgeben), ist die in diese Lüftungskanäle eintretende Luft mindestens sechs bis zehn Grad kühler. Wenn die Räume in den oberen Stockwerken richtig entlüftet werden können – zum Beispiel mit verschließbaren Öffnungen im Dach – entsteht eine Sogwirkung, wenn die Warmluft aus den oberen Räumen ins Freie entweicht und die kühlere Luft von unten durch das Haus nachgesaugt wird. Diese natürliche Luftumwälzung hat nicht nur eine kühlende Wirkung, sondern bringt auch angenehme und anregende Gerüche von den Bodenpflanzen und Blumen ins Haus. In einer ähnlichen Anwendung dieses Prinzips könnte ein Raum, der im unteren Geschoß eines Hauses zur Lagerung von Wein gebaut ist, mit Luftschlitzen in der Nähe des Bodens und der Decke gestaltet werden. Die unteren Luftschlitze müßten auf eine zwei bis drei Meter breite Bepflanzung von breitblättrigen Immergrün hinausgehen, sodaß die Sonneneinstrahlung infolge der Dichte dieser Bepflanzung die unteren Luftschlitze nicht erreichen könnte.

Schon seit geraumer Zeit haben sich unsere Architekten zu sehr von den Möglichkeiten der modernen Technik beeindrucken lassen und häufig sterile und reizlose Wohnbereiche geschaffen, weil sie sich streng an die anerkannten Maßstäbe des »richtigen« »Klimatisierens« hielten. Da sie von der Arbeitshypothese ausgingen, daß Menschen nur eine schmale Toleranzbreite für Abweichungen von einer angeblich optimalen Temperatur haben, sind ihnen die grundlegenden Bedürfnisse des Menschen nach variabler Anregung völlig entgangen. In gewissen absurden Einzelfällen sind Wohnungen und insbesondere Bürogebäude in gemäßigten Klimazonen überhaupt ohne Fenster oder mit Fenstern konstruiert worden, die sich nicht öffnen lassen, damit die Lufttemperaturen leichter auf einem einheitlichen und »angemessenen« Niveau gehalten werden können. Die Insassen können sich nicht hinausbeugen und haben auch nicht die Chance, eine frische Brise zu spüren, und sie können auch die Temperatur in einem bestimmten Bereich des Gebäudes nicht um mehr als ein paar Grad verändern. Infolgedessen frieren viele mehr sitzend beschäftigte Personen nach ein oder zwei Stunden in einer derartigen Umwelt, und Personen, die ins Gebäude kommen oder es verlassen, sind unangenehm großen Temperaturschwankungen ausgesetzt. Und wenn, wie es durchaus geschehen kann, die Klimaanlage gestört ist, wird das gesamte Gebäude zu einer unerträglichen Falle voller abgestandener und warmer Luft. Bestimmt verbirgt sich hinter alledem ein gelinder Wahnsinn.

Kapitel 10
Die Stadtwohnung

Man stelle sich einmal vor, man fahre mit jemand zusammen langsam übers Land. Es ist ein schöner Tag im Frühherbst, der Himmel ist ganz blau, und die Luft ist klar und etwas erfrischend. Einige Bäume fangen gerade an, ihr rotes und goldenes Prachtkleid anzulegen. Nehmen wir einmal an, daß ihre Begleitperson aus Atlanta, Philadelphia oder New York City kommt. Sie hat eine gute, aber anspruchsvolle Arbeit und zahlt zwischen dreihundert und fünfhundert Dollar monatlich Miete für eine Wohnung mit zwei Schlafzimmern in einem neuen Hochhaus mit Bewachung. Während man so die gerade, aber schmale Straße entlangfährt, kommt man gelegentlich an einem kleinen einfachen Haus vorbei, das fünfzehn Meter oder weniger von der Straße abliegt. »Bei so einem herrlichen Wald!« ruft ihre Freundin verärgert aus. »Warum setzen die Leute ihr Haus so dicht an die Straße, wenn sie es hinten zwischen diesen herrlichen

Bäumen bauen könnten?« Wenn ihr dieser ganze Wald gehören würde, würde sie ihr Haus mittemang bauen, und nicht so dicht an der Straße, wo man praktisch auf der Türschwelle überfahren werden kann!

Aus einer derart typischen Bemerkung eines Städters können wir viel entnehmen. Stadtbewohner stellen sich eine Umwelt in der freien Natur selten als eine potentiell widerwärtige oder rauhe, sondern als eine angenehme, reizarme Umgebung vor, in der man sich entspannen und Ferien machen kann. Die hypothetische Begleitperson hat unter Umständen nie Schnee geschaufelt, und wäre mit Recht äußerst bestürzt, wenn sie plötzlich über eine Entfernung von etwa fünfhundert Metern durch drei bis vier Meter hohe Schneeverwehungen von der Straße abgeschnitten wäre. Für die meisten Leute in Stadtwohnungen ist der Schnee etwas, um das sich der Hausmeister zu kümmern hat, oder etwas matschiges, aber nicht etwas, was einen belagern oder sogar umbringen kann.

Wichtiger noch ist, daß viele Stadtbewohner einen großen Teil ihrer Zeit in extrem reizüberfluteten Umgebungen verbringen, die bisweilen sehr unlustbetont sind. Häufig gibt es heftige berufliche und sogar soziale Konkurrenz, und gewöhnlich eine Menge Verkehrslärm. Straßen, Untergrundbahnen und Einkaufszentren sind äußerst überfüllt, besonders mittags und während der Stoßzeit. Es gibt unter Umständen ernüchternde Kontraste, wenn man zum Beispiel mitten im Winter an einem alten Mann vorbeikommt, der barfuß auf einem Treppenabsatz unter einer Zeitung schläft, wobei seine Zehen vor lauter Frostbeulen schon halb abgefallen sind – wenn man z.B. gerade auf dem Weg zum Mittagessen etwa im Rosensaal des Hotels Algonquin ist. Und dann gibt es Verbrechen und asoziales Verhalten, oder die Angst davor, die unweigerlich durch extrem dichte, komplexe, unvorhersagbare und unlustbetonte Umwelten erzeugt wird. Menschen, die in derart reizüberfluteten und unlustbetonten Umwelten wohnen müssen, suchen und schätzen die Zurückgezogenheit und die damit zusammenhängende Verheißung von gedämpfter Erregung und verstärkter Lust. Aus diesem Grund war ihre Begleiterin etwas entsetzt, daß die ländlichen Hausbesitzer sich dafür entschieden hatten, ihr Haus direkt an der Landstraße anstatt entfernt davon zu bauen. Sie konnte nicht verstehen, daß für sie ein gelegentliches Auto oder ein vorbeikommender Nachbar einen lustbetonten und mäßig erregenden Reiz in einer ansonsten reizarmen Umwelt bedeuten konnte. Die Reizarmut einer ländlichen Umgebung erklärt, warum die Landbevölkerung in vielen Teilen der Welt traditionell gastfreundlicher ist als die Stadtbewohner. Für sie stellen Besucher oder Fremde willkommene und sogar gesuchte Steigerungen des Erregungsniveaus dar. Im Gegensatz dazu ist für den hocherregten Stadtbewohner ein um Auskunft bittender Tourist, ein im Rinnstein liegender Mensch oder ein Freund, der im falschen Augenblick zu Besuch kommt, ein unerträglicher Streßfaktor, der im allgemeinen gemieden wird.

Das heftige und bisweilen gnadenlose Streben nach Zurückgezogenheit und verringerter Erregung auf seiten der Bewohner städtischer Wohnsilos – von denen ein großer Teil alleinstehend ist – führt jedoch in eine Zwickmühle von fast tragischen Dimensionen. Es kann sein, daß die wohlhabenderen, begabteren oder gesellschaftlich kompetenteren Stadtbewohner bekommen, was sie wollen, das heißt, sie sind im Konkurrenzkampf um abgeschiedenere und reizärmere Wohnräume erfolgreich. Außer den hohen Mieten, die sie zahlen müssen, können auch die psychologischen Kosten – häufige Langeweile und Einsamkeit oder sogar Entfremdung – ebenfalls äußerst hoch sein.

Stadtbewohner wachsen heute nicht mehr in der Nähe ihrer Eltern und Großeltern auf. Um sie herum gibt es kein gewachsenes Geflecht von Freunden, Verwandten, Leben und allgemein vertrauten Umgebungen mehr, die von einer Generation zur anderen Kontinuität gewährleisten. Stattdessen sind Familien und Einzelpersonen mobil, auf der Suche nach Chancen, die sie bisweilen an entfernte und gänzlich andere Orte bringen. Jedesmal, wenn ein Mensch an einen neuen Ort umzieht, muß er neue Freunde finden und wieder soziale Bindungen anknüpfen. Die Gestaltung der Wohnumwelt spielt eine Schlüsselrolle in diesem Prozeß der Schaffung eines neuen sozialen Umfelds für den mobilen Bewohner und kann seine Suche nach Gesellschaft fördern oder hemmen.

Wohnungen, die so gestaltet sind, daß sie maximale Abgeschiedenheit, Sicherheit und Reizarmut (gute Geräuschisolierung, keine Kinder, Haustiere, Musiker, laute Parties oder Vertreter) gewährleisten, erschweren es dem Menschen sehr, andere Mieter zu treffen oder allgemein ihr Erregungsniveau zu heben, was früher oder später erforderlich wird.

Die Frage, wie man für Menschen Wohnungen schaffen kann, mit denen ein annehmbares Gleichgewicht zwischen der erforderlichen Abgeschlossenheit und Erregungsdämpfung einerseits, und nötigen sozialen Interaktionen und Anregungen andererseits erreicht wird, ist das entscheidende Gestaltungsproblem, vor dem Architekten, Innenarchitekten und Sozialwissenschaftler stehen.

Dem paradoxen Gegensatz zwischen abgeschiedenem Privatleben und sozialer Interaktion liegt das Phänomen des Territoriumsdenkens zugrunde. Wie wir gesehen haben, geht das heftige Streben nach Privatatmosphäre auf eine reizüberflutete städtische Umwelt zurück, zu der Menschenmengen, Lärm, Umweltverschmutzung und ein allgemein hektisches Lebenstempo gehören. Aus Untersuchungen zur Überfüllung von Räumen sowohl mit Menschen als auch mit Tieren geht hervor, daß die Überfüllung zu Territorialverhalten führt, das sich in der Tat erregungsdämpfend auswirkt. Die stärkeren oder sozial mächtigeren Mitglieder einer beengten sozialen Gruppe behaupten größere territoriale Bereiche und verteidigen sie gegen das Eindringen anderer, womit sie das hohe Reizvolumen einer beengten und desorganisierten Sozialsphäre für sich selber reduzieren.

Viele gesellig lebende Tiere, insbesondere aggressive Arten, stecken Territorien für die Paarung oder Nahrungssuche ab, die sie gegen alle anderen Mitglieder ihrer Art mit Ausnahme ihres Partners und ihrer Nachkommen verteidigen. Gewöhnlich tut dies das Männchen, aber nicht immer. Je stärker und mächtiger (in einigen Fällen schlauer) das Einzeltier, desto größer und vielseitiger ist sein Territorium. Wenn zwei Tiere vergleichbarer Stärke miteinander kämpfen, gewinnt wahrscheinlich der, in dessen Territorium der Kampf stattfindet. Tiere mit Territorialinstinkten neigen dazu, sich im Zentrum ihres Territoriums niederzulassen oder zu nisten. Je weiter sie sich vom Zentrum ihres Territoriums entfernen, desto schwächer oder schüchterner treten sie gegenüber Herausforderern auf. Tatsächlich dürften sich die Grenzen des Territoriums eines bestimmten Tiers als die maximale Entfernung definieren lassen, auf die es sich auf einen Eindringling stürzen und ihn vertreiben kann, ohne die zusätzliche Aggressivität oder moralische Rückenstärkung einzubüßen, die ihm das eigene Territorium bietet. Jüngere und schwächere Tiere können nur ein Territorium mit kleinerem Radius als dem des Territoriums von kräftigeren Tieren verteidigen oder angreifen.

Bisweilen kann man beobachten, wie das Territorialprinzip bei Haustieren funktioniert. Wenn man auf dem Gehweg in einem Vorort spaziert, kann einen ein lächerliches Hündchen über den Rasen hinweg angreifen, wobei es wütend bellt und schnappt. Wenn man den Rasen betritt und sich auf sein Territorium begibt und dabei dem »Nest« oder Haus immer näher kommt, ist die Wahrscheinlichkeit hoch, daß das Hündchen irrsinnig und blindwütig kläfft. Doch ist es genauso wahrscheinlich, daß man sich zurückzieht, wobei man sich sagt: »Was hab' ich auf diesem fremden Rasen zu suchen?«

Es gibt jeden Grund für die Annahme, daß auch für Menschen etwas sehr ähnliches wie das Territorialprinzip gilt. So zum Beispiel enthüllte eine Untersuchung der Sitzordnung in 4 000 Klassen der Grund- und Hauptschule in den USA, daß die Kinder mit chronischen Infektionen und Ernährungsstörungen in den dunkelsten Ecken dieser Klassenzimmer versammelt waren. Aus dem einen oder anderen Grund steckten die Kinder Räume ab, die sich mit dem Niveau ihres körperlichen Wohlbefindens (ihrer Stärke) deckten, das in vielen Fällen mit ihrem sozialen Status innerhalb der gleichaltrigen Gruppe korrelierte. Außer wenn die Zustände elementar und primitiv werden, neigen Erwachsene dazu, Territorien aufgrund wirtschaftlicher Macht und ihres sozialen Status und nicht nach ihrer Körperkraft abzustecken. Sie sind in der Lage, größere und erstrebenswertere Territorien zu beanspruchen (zu bezahlen), deren Zugang sorgfältig bewacht wird und aus denen unerwünschte Umweltreize – Lärm, Verschmutzung oder Sonstiges – beseitigt sind. Wenn sie sozial mächtig sind, können sie das Reizvolumen ihrer Umwelt dadurch verringern, daß sie die körperliche Wachsamkeit und Stärke anderer in Gestalt von Hausmeistern, privaten Hausbewachern, Polizisten, Leibwächtern und in manchen Fällen von Einheiten der nationalen Streitkräfte aufbieten. Alle aber haben wir das Gefühl, daß es ein psychologischer Vorteil ist, wenn wir uns auf unserem eigenen »Boden« befinden, oder zumindestens nicht auf dem anderen, vor allem wenn es um die Wurst geht, wie zum Beispiel bei einem Geschäftsabschluß. Daher ziehen wir es vor, Menschen an unserem eigenen Ort zu treffen – in unserem Zuhause, Büro oder auch in einem Lieblingslokal und nicht an ihrem Ort. Personen, die sich in einer relativ großen Machtposition befinden, sind in der Lage, diese Macht dadurch auszudrücken und zu verstärken, daß sie darauf bestehen, daß wir ihnen auf ihr eigenes Territorium entgegenkommen.

Das Territorialprinzip ist bei Leuten besonders ausgeprägt, die in einer extrem reizüberfluteten Umgebung arbeiten müssen, wie in einer beengten oder konkurrenzbetonten. Daher dürfte eine verstädterte Person durch ein Verhalten verblüfft werden, das irgendwie im Widerspruch zu unausgesprochenen Territorialprinzipien zu stehen scheint, wenn zum Beispiel ein Haus näher an der Grenze eines Grundstücks gebaut wird, anstatt in seinem Mittelpunkt. Die menschliche Umwelt ist jedoch nicht überbesetzt oder sozial erregend. Man kann ziemlich sicher sein, daß für den Fall, daß diese kleinen Häuser an der Straße, die der Städter auf Besuch so verblüffend und beunruhigend fand, plötzlich mit einer Reihe Supermärkte, Kegelbahnen, Freizeitzentren, Bars und Hochhäusern konfrontiert würden, und ihre Besitzer das ökonomische Beharrungsvermögen hätten, den Spekulanten und Steuereintreibern zu widerstehen, selber ihre neuen Häuser näher an geographischen und territorialen Mittelpunkt ihres Grundstücks bauen und die alten vermieten würden.

Eine Abart des Territorialprinzips können wir sogar in dem Auswuchern von Telefondiensten und Telefonbeantwortern sehen, mit denen Anrufe mechanisch beantwortet und aufgezeichnet werden können. Die Telefondienste entwickelten sich zunächst, um die Bedürfnisse einer kleinen Anzahl von freiberuflich Tätigen zu decken, die zu allen Tages- und Nachtzeiten erreichbar, aber gegenüber störenden und nicht dringenden Anrufen abgeschirmt sein wollten. Heute nehmen viele Menschen diese Telefondienste oder ihre mechanischen Äquivalente in Anspruch. Das allgemeine Niveau des Umwelt- Reizvolumens scheint sich so drastisch erhöht zu haben, daß eine zunehmende Anzahl von Menschen das Telefon nicht als Kommunikationsmittel, sondern als Eindringling in ihre Umwelt betrachten – als eine Quelle der Überreizung und nicht als eine willkommene Anregung. Sie kaufen sich solche Geräte, um sich ihr Privatleben, geringere Erregung und erhöhte Dominanz zu sichern. (Dominanz in dem Sinne, daß es einem frei steht, abzuheben oder nicht und zurückzurufen oder nicht.) Aber auch hier nehmen die psychologischen Kosten zu. Nehmen wir einmal an, jemand sitzt in seiner Luxuswohnung herum, gelangweilt, einsam und deprimiert. Sein Erregungsniveau ist so niedrig, daß er nicht einmal die Kraft zum Abheben aufbringt, wenn das Telefon klingelt, oder wenigtens nicht während der ersten fünf oder sechs Male, bevor sich das Antwortgerät einschaltet. Er denkt eine Weile darüber nach und stellt sich dann vor, daß es die und die war, vielleicht könnten sie einen Abstecher ins Bijou machen. Sein Erregungs- und Lustniveau geht genügend hoch, daß er sich aufrafft und seinen Telefondienst anruft. Ja, es war die und die. Dann ruft er sie an, und hat ihren Telefondienst am Apparat. Sie hat in der Zwischenzeit beschlossen, ins Bett zu gehen oder fernzusehen und will nicht mehr gestört werden. Diese beiden Leute haben es sich sehr viel schwerer gemacht, mit ihren Freunden Kontakt aufzunehmen, und die Einbuße kann im Vergleich zum Nutzen sehr viel höher sein.

Das Territorialprinzip bestimmt auch subtil die Nachfrage nach verschiedenen Wohnungen im selben Gebäude und damit auch deren Kosten. Wohnungen in den oberen Stockwerken eines Gebäudes sind gefragter, weil ihre gehobene Lage auf Dominanz schließen läßt, das Gefühl, über allem zu stehen, oder wenigstens mehr Leute unter sich als über sich zu haben. Diese höher gelegenen Wohnungen sind lustbetonter, weil sie weiter vom Straßenlärm weg sind und reizvollere Aussichten oder Rundblicke bieten. Wenn zwei Wohnungen auf demselben Stockwerk liegen, wird die mit der besseren Aussicht teurer sein, und zwar genau deswegen, weil sie mehr lustbetonte und anregende Umweltmerkmale aufweist.

Stadtbewohner, die in der sozialen Skala niedriger stehen und sich nicht leisten können, sich in abgeschiedene, aber schließlich langweilige oder sogar deprimierende Wohnungen einzukaufen, müssen mit ganz anderen Problemen fertig werden. In Gebieten mit hoher Bevölkerungsdichte wie Manhattan, wo die Bauland-, Arbeits- und Materialkosten astronomisch hoch sind, dürften Bauherren eine Architektur bevorzugen, die maximale Anzahl von Wohneinheiten bei minimalen Ausgaben für die Erfüllung der Sicherheitsbestimmungen und zur Rechtfertigung der später zu fordernden Mieten bietet. Architekten und Innenarchitekten müssen sich in gewissem Umfang an die Erwartungen ihrer Auftraggeber halten, und wenn ihnen tatsächlich einmal etwas freiere Hand gewährt wird, müssen sie gegen ihre eigene Ausbildung ankämpfen, die sie stark in Versuchung bringt, alles für eine gut aussehende Fassade und eine phantastische Eingangshalle auszugeben.[10] In Gebieten mit hoher Bevölkerungsdichte sind Wohnungen aller Wahrscheinlichkeit nach hoffnungslos klein. Wenn ein

10 Wir haben einmal eine lange Liste von Adjektiven analysiert, die Architekten und Innenarchitekten zur Beschreibung von Gebäuden und Wohnräumen benutzen. Es überwogen Begriffe, die sich auf die optischen Eigenschaften von Umgebungen beziehen. Begriffe, die mit anderen Quellen von Sinnesreizung zu tun haben, wie akustischen, taktilen und Bewegungsreizen, oder Begriffe, die sich auf soziale und psychologische Bedürfnisse bezogen, fehlten entweder oder waren unterrepräsentiert.

Wohnungsmieter seine Ein- oder Zweizimmerwohnung einfallsreich und phantasievoll ausstattet, spricht alles dafür, daß er damit nicht die entspannende, sehr reizarme Umgebung hat, die er vermutlich bei vielen Gelegenheiten braucht. Wenn er es aber auf reizarme Art macht, wird er dort kaum Gäste unterhalten können und schließlich auch sein eigenes Erregungsniveau bis zur Langeweile, Einsamkeit oder Depression senken.

Was läßt sich also dagegen tun? Der Wohnungsmieter (oder sein Innenarchitekt, wenn er sich einen leisten kann) sollte jede Anstrengung im Rahmen der Sorgfalt, der Technik und seines Geldbeutels machen, seine Umwelt so flexibel wie irgendmöglich zu gestalten. Für Geselligkeit ungeeignete Möbel wie Sofas sollten vermieden werden, es sei denn natürlich, es handelt sich um eine Einzimmerwohnung und das Bett muß eine Doppelfunktion erfüllen. Das alles sollte beweglich sein, man sollte Möbel vermeiden, die ein Monopol auf die größten und besten Flächen beanspruchen – wie ein großer Viktorianischer Schrank oder ein vergoldeter Sekretär, der nirgendwo anders als an die einzige durchgehende Wand hinpaßt. Ein flexibles Beleuchtungssystem wäre unbedingt erforderlich, mit Lichtstärkereglern an jedem Schalter und vielen unabhängigen Lichtquellen – alles von Kerzen bis zu kleinen Spotlights oder kleinen farbigen Flackerlichtern. Eine gute Musikanlage wäre auch unverzichtbar – die Extraausgabe für Quadrophonie würde sich unter Umständen lohnen. Farbzusammenstellungen sollten mehr nach ihrer Lustbetontheit als nach ihren Erregungseigenschaften ausgesucht werden. Auch Pflanzen sollten wegen ihrer Gefälligkeit und ihrer Assoziation mit draußen großzügig eingesetzt werden.

Bei Verwendung derartiger Parameter kann der stark erregte Wohnungsmieter durchaus nach einem fürchterlichen Tag im Büro und einer noch fürchterlicheren Fahrt mit der Untergrundbahn nach Hause kommen und sich seine heimische Umwelt so manipulieren, daß er sich einen sehr lustbetonten und reizarmen Rahmen schafft. Er könnte zum Beispiel die Beleuchtung abdämpfen oder nur den Bereich um seinen Lieblingssessel herum in ein sanftes Licht tauchen, er könnte etwas beruhigende und angenehme Musik auflegen. Eine Stunde und ein paar Martinis mit Wodka später könnte er das Reizvolumen der Umwelt dadurch erhöhen, daß er die Lichter heller schaltet, lautere und schnellere Musik spielt, und sogar die Einrichtung ein wenig verändert – indem er ein Bild, einen Stuhl, einen Tisch, einen Teppich oder sonst etwas irgendwo anders hinstellt oder hinhängt. Wenn Freunde vorbeikämen, würden Licht und Musik noch intensiver gestellt. Wenn eine richtige Party anfinge, könnte er seine Wohnung frei nach Wahl abdunkeln oder beleuchten, die Spotlights auf erregende Gegenstände richten – auch ein farbiges Mobile oder ein sehr phantasievolles Stück von Op-Art – und die weniger erregenden Einrichtungsgegenstände optisch in den Hintergrund rücken. Er könnte auch seine farbigen Flakkerlichter einschalten und seine wildeste (neuartigste und komplexeste) Musik auflegen – elektronisches Zeug oder heißen Rock. Damit ginge er umweltspezifisch gesprochen »auf volle Pulle«.

Was aber, wenn dieser Mensch in dieser Stadt erst kürzlich zugezogen ist? Wenn wir einmal annehmen, daß er noch kein Geflecht stabiler sozialer Beziehungen geknüpft hat? Wenn ihm sein Bauherr und Architekt ein Gebäude von fünfzehn bis fünfzig Stockwerken angeboten haben, das im Grunde ein Silo ist, in dem die Aufzüge auf enge und schmale Flure hinausgehen, an denen Reihen von Türen liegen, ist es unwahrscheinlich, daß er mit irgendjemand in diesem Gebäude Bekanntschaft schließt, nicht einmal mit den Leuten in den Wohnungen nebenan. Die Chancen, andere Mieter zu treffen, sind begrenzt, und die Flure, die gewöhnlich trostlos und reizarm sind, begünstigen keine Geselligkeit, selbst wenn sich eine solche Gelegenheit bieten sollte. In derartigen Mietshäusern lernen sich die Leute gewöhnlich nur dann kennen und mögen, wenn sie im Aufzug zwischen zwei Stockwerken stecken bleiben, oder wenn sie sich persönlich über den Lärm nebenan beschweren und dann beschließen, lieber an der Party teilzunehmen, als sich darüber zu ärgern.

Bauherren und Architekten müssen zugängliche Geselligkeitsbereiche vorsehen, in denen die Menschen Anlaß und Gelegenheit haben, einander zu begegnen. Nötigenfalls können sie den Waschmaschinenraum aus dem Keller in die mittleren Stockwerke des Gebäudes, in eine lustbetonte und anregende Umgebung verlegen. Es sollten bequeme Stühle herumstehen, so daß die Leute, die ein Gespräch über Waschmittel oder Briefkastenwerbung anfangen, es auch fortsetzen können, wenn sie wollen. In kleineren älteren Mietshäusern, besonders denen, die um einen Hof oder Umgang gebaut sind, haben die meisten Wohnungen offene Flure. Die Leute, die in solchen Wohnungen leben, können manchmal etwas Abgeschiedenheit opfern und die Vorhänge aufgezogen lassen, wenn sie nach Hause kommen. Dies wirkt sich so aus, daß die Wahrscheinlichkeit der sozialen Interaktion zunimmt. Die Leute, die auf dem Weg zu ihrer eigenen Wohnung vorbeikommen, sehen hinein, erblicken dasselbe Gesicht und fühlen sich damit vertraut. Dies führt dazu, daß sie sich grüßen und in geeigneten Augenblicken ein Gespräch anknüpfen. Manche Leute lassen auch ihre Wohnungstür offen. Doch ist dies eher wirksamer als Mittel, die eigene Erregung zu erhöhen, als neue Freunde zu finden – es ist den meisten Menschen unangenehm, in eine fremde Wohnung zu blicken, sie meiden es, sie zu betreten und huschen unter Umständen sogar vorbei, damit sie nicht bei ihrer Neugier erwischt werden.

Aber es müßte an sich möglich sein, sogar riesige Hochhäuser um kleine, farbenfroh ausgestaltete und gut beleuchtete innere »Höfe« oder Eingangshallen herumzubauen, die die Fahrstühle aufnehmen und viele Pflanzen, bequeme Stühle und Tische und Sitzgruppen enthalten. Die Wohnungen, die um diesen Kernbereich herum angeordnet sind, sollten Innenfenster haben, die darauf hinausgehen und damit den Bewohnern etwas geben, was sie sich ansehen können. Außerdem sollten sich mindestens einige Wohnungen gegenüberliegen, was ein äußerst wichtiger Faktor dafür ist, ob die Menschen Freundschaften schließen oder nicht. In einer Untersuchung über eine Vorortgemeinde waren zum Beispiel einige der Häuser so gebaut, daß sie sich gegenüber lagen, und andere gingen auf die Straße hinaus. Die Menschen, die in den abgewandten Häusern wohnten, hatten sehr viel weniger Freundschaften (4 Prozent) mit anderen Leuten im Wohngebiet als diejenigen, deren Häuser gegenüber lagen (75 %).

In ähnlicher Weise werden häufig gewisse Wohnungen zum gemeinsamen Treffpunkt für andere Bewohner. Dies ist teilweise der Persönlichkeitsstruktur der betreffenden Personen zuzuschreiben, doch spielen auch die räumlichen Merkmale der Umgebung eine wichtige Rolle dabei. So zum Beispiel kann die Wohnung an einem größeren Kreuzungspunkt mehrerer Wege im Haus liegen. Der stärkere Fußgängerverkehr schafft eine gute Gelegenheit für die Bewohner, häufig Kontakt miteinander aufzunehmen. Auf diese Art und Weise könnte sich eine lebhafte und gesellige Person, deren Wohnung zufällig an einem dieser Kreuzungspunkte liegt, sich dies zunutze machen, um daraus einen besonders katalytischen Rahmen für Begegnungen zu machen.

Bei der Vorstellung von Innenfenstern in einer städtischen Hochhauswohnung könnten manchen Leuten Bedenken wegen der Sicherheit kommen. Die meisten Polizeibeamten werden Ihnen sagen, daß es kaum so etwas wie ein völlig gesichertes Gebäude gibt. Jeder Berufseinbrecher oder sogar ein intelligenter Amateur, der Böses im Sinn hat, kann die Außensicherungen mit Leichtigkeit überwinden, und wenn er erst einmal im Haus ist, befindet er sich in der idealen Umgebung für Einbruch, Vergewaltigung, oder dergleichen. Niemand kann ihn sehen, niemand kann ihn hören, und niemand weiß, ob er hineingehört oder nicht. Gute Schlösser helfen natürlich, doch besteht die beste Abwehr dagegen, ausgeraubt zu werden, in wachsamen Leuten, die ein gemeinsames Verantwortungsgefühl für ihr Stockwerk oder ihre Minigemeinschaft haben und genügend über die Gewohnheiten und Freunde ihrer Nachbarn wissen, um bei ungewöhnlichen Vorgängen aufmerksam zu werden. So wie es heute in vielen Mietshäusern aussieht, unterrichten die Mieter nur den Geschäftsführer oder den Portier davon, daß sie zwei Wochen wegbleiben werden. Es würde ihnen nicht im Traume einfallen, dies den Leuten zu sagen, die in der angrenzenden Wohnung leben. Statt dessen lassen sie das Radio an und kommen dann zurück in eine Wohnung, die bis auf das Radio, das immer noch spielt, restlos ausgeräumt ist.

Die Bauherren von Hochhäusern mit geschlossenem Sicherheitssystem wären gut beraten, wenn sie ihre Fernsehkameras und elektronischen Garagentore vergessen und statt dessen die Decken der zwei oder drei mittleren (oder oberen)

Stockwerke herausreißen und ein Schwimmbad, eine Turnhalle, bequeme Aufenthaltsräume, Spielzimmer, einen Handballplatz und sogar eine voll bewirtschaftete Bar einrichten würden. Dann hätten ihre Mieter eine echte Sicherheit, die sich aus einem Geflecht von sozialen Beziehungen und Personen ergibt, die ein Gefühl psychologischen Wohlbefindens miteinander gemeinsam haben.

In Gebieten, die jetzt erst bebaut werden, stellen die Bauherren Wohnungskomplexe hin, die tatsächlich gemeinsame Geselligkeitsbereiche wie Schwimmbäder, Turnhallen, Tennisplätze und sogar einen Maître de Plaisir haben, der Aktivitäten und Parties organisiert. Diese Komplexe haben sich in der Hauptsache als finanziell erfolgreich erwiesen, besonders dann, wenn sie sich um junge und alleinstehende Mieter bemühten. Infolge unserer Überbetonung der Individualität fühlen sich manche Leute – insbesondere die Empfindlichen, Scheuen und Einsamen, die eine Umwelt, welche soziale Interaktion fördert, äußerst nötig hätten – bemüßigt, derartige Wohnorte abzulehnen, weil »eine aufgezwungene Freundlichkeit zutiefst falsch ist« oder weil »nur Gestörte dort wohnen, die es nicht allein schaffen«. Auch gilt leider, daß solche Komplexe dort gebaut werden, wo sie am wenigsten nötig sind, nämlich in einer Gegend, die tatsächlich oder praktisch immer noch vorstädtisch und daher weit weniger reizüberflutet ist als die meisten städtischen oder Innenstadtgebiete. Außerdem handelt es sich dabei gern um riesige ausgedehnte Bauten mit zwei oder drei Stockwerken, und obwohl sich der Kernbereich für Geselligkeit im Zentrum befindet, liegen viele Wohnungen ziemlich abseits, und ihre Mieter müssen ziemlich weit durch endlose und trübe Flure laufen, um dorthin zu gelangen.

Dennoch stellen derartige Wohnungskomplexe einen Schritt in die richtige Richtung dar – eine Richtung, die gefeierte, bewunderte und gefragtere Architekten nicht einzuschlagen scheinen. Hierbei denke ich zum Beispiel an die Nutzung dessen, was vermutlich eine vorherrschende Architekturform werden wird – die in Massenfertigung hergestellten, vorfabrizierten Elemente. Der japanische Architekt Noriaki Kurokawa und der israelische Architekt Moishe Safdi habe beide solche Elemente verwandt und sie scheinbar zufällig zu spielerischen Anordnungen von Würfeln aufgehäuft. Doch sind die Würfel nicht zufällig übereinander gestellt, ganz im Gegenteil sind sie so angeordnet, daß Abgeschiedenheit maximiert und zwischenmenschlicher Kontakt minimiert wird. Kurokawas Wohngebäude in Nagakin wurden speziell für Geschäftsleute als reizarme Ruheorte entworfen, wo sie sich ungestört während der Geschäftsstunden entspannen konnten. Safdis *Habitat* in Montreal jedoch scheint nicht mit einer solch begrenzten Absicht konstruiert worden zu sein, und wir können aus mit einiger Beunruhigung fragen, wie solche Strukturen als Allzweckwohnräume funktionieren werden. Eine gute städtische Architektur sollte dem Bewohner private Abgeschiedenheit bieten, wenn er sie braucht, und ihm gleichzeitig ungehinderten Zugang zu anderen Menschen und erregenden Tätigkeiten gewähren, wenn er das braucht. In einem à la Kurokawa oder Safdi aufgeschichteten Würfelhaufen werden abwechslungsreiche Anreize der privaten Zurückgezogenheit völlig geopfert. Ein Mensch, der in einem dieser Würfel wohnt, wird so viel private Abgeschiedenheit haben, wie er will, einschließlich der ganzen Langeweile, sozialen Isolierung und des Wahrnehmungsentzugs, die er maximal aushalten kann.

Wenn aber schon wohlhabende und gesellschaftlich aktive Wohnungsmieter in einer schwierigen Situation sind, sind diejenigen Staatsbürger, für die öffentlicher Wohnraum beschafft wird, noch schlechter dran. Wie wir im folgenden Kapitel sehen werden, werden sie gezwungen, umweltmäßig zwischen dem Regen und der Traufe zu wählen.

Kapitel 11
Öffentliche Wohnraumbeschaffung

Das Gleichnis der Talente (Matthäus 26, Vers 14–30) enthält eines der scharfsichtigsten Urteile überhaupt im Neuen Testament: »Wer da hat, dem wird gegeben werden, und er wird im Überfluß sein, doch dem, der da nicht hat, wird genommen werden, was er hat.« Als Bemerkung, die auf viele Bereiche anwendbar ist – auf den biologischen, den finanziellen, den sozialen, den geistigen, den psychologischen –, trifft das den Nagel auf den Kopf.

Was die Armen in Bezug auf Wohnraum hatten, waren extrem reizüberflutete und unlustbetonte Wohnungen, mit dem wichtigen Ausgleich jedoch, daß in einer stabilen Gemeinschaft zahlreiche Gelegenheiten für sozialen Umgang gegeben waren. Beziehungen entwickelten sich über lange Zeiträume hinweg. Es gab umfangreiche Familienbande, langdauernde Freundschaften und eine allgemeine Vertrautheit in den Einrichtungen, dem Charakter und den Menschen der Nachbarschaft.

In den Gettos alten Stils waren die Wohnblöcke gewöhnlich vier- oder fünfstöckige Gebäude, die sich an einer Straße gegenüberlagen. Die Straße, die Gehwege und die großen Vortreppen gaben einen reizvollen und verhältnismäßig lustbetonten Geselligkeitsbereich ab (insbesondere an warmen Sommerabenden, wenn die Häßlichkeit der Straße durch das Dämmerlicht etwas abgemildert und die Luft etwas kühler und frischer als in den schwülen und schlecht gelüfteten Räumen war). Die Leute pflegten sich dort zu treffen, um zu klatschen, ein Bier miteinander zu trinken oder zusammen zu rauchen, in vielen

Fällen konnten sie auch auf ihre Nachbarn aufpassen und damit einem kriminellen oder asozialen Verhalten wie Handtaschenraub, Vergewaltigung, Volltrunkenheit oder freizügigem Drogenkonsum vorbeugen. Es gab einander überschneidende, sehr leistungsfähige Gerüchteketten oder zwanglose Kommunikationsnetze, die dafür sorgten, daß die Leute darüber informiert waren, was im ganzen Block vor sich ging. In Notfällen konnte rasch ein Freund oder Verwandter herbeigerufen werden. So zum Beispiel konnten die Mütter in den zur Straße gelegenen Wohnungen gewöhnlich ihre Kinder im Auge behalten oder mit ihnen kommunizieren, indem sie einfach aus dem Fenster hinaussahen oder hinunterschrien. Wenn ein Kind verletzt wurde, pflegten die Leute von der Straße heraufzurufen, und die Mutter oder ein sonstiger zuständiger Erwachsener konnte sofort zur Stelle sein. In den Wohnungen nach hinten hinaus konnte die Mutter Botschaften durch ihre Nachbarin in der Vorderwohnung weitergeben oder erhalten, und wenn ihrem Kind etwas geschehen war, wußte immer jemand, wo sie rasch zu finden war.

Die meisten Verfahren bei der öffentlichen Wohnraumbeschaffung laufen ungefähr wie folgt ab: Beamte vom Bund oder Einzelstaaten sehen sich eine Anzahl umfangreicher, privat finanzierter Mietshäuser für Leute mit niedrigem Einkommen an und suchen das aus, das die größte Anzahl Wohneinheiten mit dem geringsten Raumaufwand zu den niedrigsten Quadratmeterkosten erreicht. Der Vertrag geht an den niedrigsten, aber nicht unbedingt an den kostengünstigsten oder leistungsfähigsten Bieter. Sowie das Gebäude bewohnt ist, berichten die Mieter, daß sie sich entwurzelt, unglücklich, deprimiert und einsam fühlen. Korridore, Fahrstühle und Vorhallen werden rasch verunstaltet, gewöhnlich mit Wandinschriften der einen oder anderen Art. Dann treten schwerwiegendere Arten des Vandalismus auf – eingeschlagene Scheiben, aufgebrochene Briefkästen, ruinierte Waschmaschinen, zerstörte Flurbeleuchtungen. Die Kurve der Straftaten zieht steil nach oben. Die Mieter ziehen aus, da ihnen so etwas wie ihr alter Slum lieber ist als dieser neue.

Dieses restlose Versagen der öffentlichen Wohnraumbeschaffung können wir in Anbetracht des höheren Reizvolumens der Neubauten verstehen, das auf ihre ungewisse, mobile und unvorhersagbare Sozialstruktur im Vergleich zu der natürlich gewachsenen Struktur der Slum-Nachbarschaft zurückzuführen ist. Das stabile Geflecht sozialer Beziehungen in den älteren Slums fehlt den Leuten, die aus verschiedenen Gebieten herausgerissen und in einem einzigen Wohnkomplex zusammengewürfelt wurden. Trotz ihrer ähnlichen Herkunft haben diese Familien keine sozialen Bindungen oder kein Gemeinsamkeitsgefühl. Und wie wir noch sehen werden, hemmt die neue räumliche Umgebung gewöhnlich die Entwicklung von zwischenmenschlichen oder gemeinschaftlichen Beziehungen. So zum Beispiel können Mütter, die in Hochhäusern wohnen, nicht übersehen, wo sich ihre Kinder aufhalten und auch nicht rasch gerufen werden, entweder weil die Entfernung zu groß ist, oder weil niemand weiß, wessen Kinder das sind. Selten wird ein Versuch gemacht, gemeinsame Begegnungsstätten zu schaffen, mit Ausnahme vielleicht eines unzulänglichen Waschraums im Keller. Wenn diese Komplexe aus mehreren riesigen voneinander getrennten Wohnsilos bestehen, sind sie selten um eine zentrale Grünfläche herumgruppiert, welche, wenn sie mit Bänken, Wegen und Spielplätzen ausgestattet wäre, als eine Art Marktplatz oder Treffpunkt der Gemeinde dienen könnte. Anders gesagt, sind diese Komplexe unlustbetont und sehen sehr wenig für soziale Interaktion vor. Als Umgebungen sind sie attraktiv für Kriminelle; die langen dunklen Flure und die soziale Entfremdung der Bewohner bieten einen noch besseren Rahmen für Körperverletzung und Handtaschenraub als die sprichwörtlichen engen und dunklen Gassen. Feuerleitern, die gesetzlich vorgeschrieben sind, geben außerdem gute Fluchtwege für Kriminelle ab. Die Angst, die dies unter den Mietern erzeugt, und die fehlende Privatsphäre, die auf die Bauweise zurückzuführen ist (die manchmal so schludrig ist, daß ein in der einen Wohnung produziertes Geräusch von 90 Dezibel in den beiden Wohnungen nebenan mit 85 gemessen werden kann), wirken häufig dahingehend zusammen, daß die meisten Bereiche des Komplexes stark erregend wirken.

Slum-Wohnungen, seien sie nun in der ungeplanten oder der geplanten Spielart der öffentlichen Wohnraumbeschaffung, sind häufig extrem reizüberflutet und unlustbetont. Sie sind überfüllt, wobei manchmal bis zu einem dutzend Personen in einem oder zwei kleinen Räumen wohnen, werden häufig von Fremden oder Vertretern betreten, sind übelriechend, wobei Kochgerüche an den Wänden hängen, ungezieferverseucht, erstickend im Sommer und eiskalt im Winter, und lärmerfüllt, wobei die Stimmen, Wortwechsel und Wasserspülungsgeräusche aus den Wohnungen darüber, darunter und daneben kaum gedämpft werden. Daher fällt es dem stark erregten Slumbewohner schwer, Schlaf oder Entspannung zu finden. Er ist daher nicht in der Lage, seinen überarbeiteten und häufig unterernährten Körper richtig zu pflegen, mit dem Ergebnis, daß Überforderungssymptome einschließlich des Magengeschwürs äußerst häufig sind. Es kann nicht verwundern, daß ein ziemlich großer Anteil der Slumbewohner Zuflucht zu umfangreichem Konsum von erregungsdämpfenden Mitteln wie Alkohol, Barbituraten, Marihuana oder Heroin nimmt. All' diese Probleme werden in den geplanten Slums noch verschärft, weil das soziale Reizvolumen in dieser Umwelt noch viel höher ist.

Unter derartigen streßbetonten Bedingungen nimmt das Territorialverhalten zu. Teenager-Banden, die ihr Gebiet abstecken und sich bisweilen totprügeln, um es zu verteidigen, sind nur ein Ausdruck davon. Ebenso die allgemeine und deutliche Feindseligkeit gegenüber Außenseitern, besonders wenn sich diese ethnisch oder rassisch von der Mehrheitsgruppe unterscheiden. Dies kann das allgemeine im Gegensatz zum erworbenen Ressentiment erklären, das Polizisten in Getto-Gebieten entgegengebracht wird.[11] Polizisten reagieren ohne Rücksicht darauf, wie gut geschult, erfahren oder abgehärtet sie sind, defensiv auf eine derart allgemeine Feindseligkeit und zeigen innerhalb der Getto-Umwelt ein beträchtliches Meidungsverhalten. Sie drücken nicht nur häufiger als sonst ein Auge zu, sondern gewähren auch auf vielerlei Weise den Getto-Bewohnern, welche viel häufiger die Opfer von Gewalt werden als irgendwer sonst, nur unzureichenden Schutz.

Extrem streßbetonte Umstände führen zu Fehlverhalten. Es gibt eine Anzahl klassischer Experimente mit Überfüllung bei Ratten. Selbst wenn für alle genug Futter und Wasser vorhanden war, wiesen die Ratten bei starker Überfüllung ein hohes Maß von sozialer Desorganisiertheit und pathologischen Erscheinungsformen auf. Das Werbe- und Paarungsverhalten wurde völlig gestört. Manche männliche Ratten wurden infantil oder extrem unterwürfig, andere wiederum wurden wahnsinnig aggressiv und bissen alles, was ihnen unter die Zähne kam, einschließlich ihres eigenen Schwanzes. Die Muttertiere vernachlässigten ihre Jungen. In einer Untersuchung, bei der mehrere Käfige angeboten wurden, übernahm ein einziges dominantes Männchen einen davon. Er ließ ein paar Weibchen ein, bewachte den Käfig aber erfolgreich gegen das Eindringen anderer Männchen. Obwohl die soziale Welt der meisten Ratten draußen in die Brüche ging, gab es innerhalb dieses Käfigs keine Störung der normalen sozialen Organisation und Beziehungen. Das Männchen, das mit Erfolg einen dieser Käfige für sich abgesteckt hatte, konnte ihn nicht nur wegen seiner größeren Stärke verteidigen, sondern auch wegen seines Zustands psychischen Wohlbefindens.

Es ist schwierig, von solchen Experimenten nicht auf unsere eigene soziale Umwelt zu verallgemeinern. Leider könnten wir uns mit einer derartigen Verallgemeinerung auf ziemlich sicherem Boden bewegen. John Calhouns Experimente mit Ratten wurden alptraumhaft durch eine ähnliche Versuchsreihe mit Menschen in den Konzentrationslagern der Nazis vorweggenommen. Und ob-

11 Etwas Ähnliches spielte sich während des Vietnam-Kriegs ab, wo eine ungewöhnlich hohe Zahl von Offizieren das Opfer von Mordanschlägen durch die Frontsoldaten wurde, die sie kommandierten. In Lagern der *Green Berets* jedoch hatte jeder Soldat sein eigenes zwangloses und privates Territorium. Diesen Bereich durfte niemand betreten, einschließlich der Offiziere, und jeder Kamerad, der dort störte, wurde mit Gewalt hinausgeworfen. Diese Territorien gestatteten es den Soldaten, Augenblicke von Abgeschlossenheit, Privatsphäre und etwas niedrigerer Erregung während besonders streßbetonter Zeiten zu genießen. Diese disziplinwidrige Praxis wurde klugerweise von den Stäben toleriert, die sie als Mittel zur Aufrechterhaltung des psychologischen Wohlbefindens erkannt hatten. Es ist möglich, daß zumindest ein Teil der Schießereien bei regulären Armeeinheiten deswegen auftrat, weil den Frontsoldaten ein derartiges Ventil nicht gewährt wurde.

wohl für das menschliche Verhalten in diesen Extremsituationen bisweilen Heldentum, Selbstaufopferung oder Freundschaftlichkeit typisch war, galt dies die meiste Zeit nicht. Viele Überlebende berichten über die Art Fehlverhalten – und extremes Territorialverhalten, wo das möglich war –, das Calhoun in seinen Experimenten mit Tieren nachvollzog.[12]

Ähnliche Probleme wurden in den modernen Hochhäuser-Slums festgestellt. Aus Untersuchungen ging hervor, daß Personen, die in Einzelfamilienhäusern wohnen, beträchtlich weniger neurotisch sind als Leute in dicht bevölkerten Hochhäusern. In einem Experiment zum Beispiel wurden britischen Soldaten und ihren Familien Hochhäuser oder Einzelhäuser als Wohnraum zugewiesen. Die Familien in Hochhäusern hatten 57 Prozent mehr Neurosen. Außerdem waren diejenigen, die die oberen Wohnungen von Hochhäusern bewohnten, neurotischer, weniger zufrieden und hatten weniger Freunde. Die Leute, die in Einzelhäusern wohnten, hatten doppelt so viel Freunde und fühlten sich weitaus weniger unzufrieden und entfremdet. Diesen Familien wurde ihr Wohnraum vollständig nach dem Zufall zugewiesen, was die Möglichkeit von Faktoren der Selbstselektion ausschließt – also daß sich zum Beispiel Neurotiker für Hochhäuser entschieden hätten. Stattdessen müssen wir folgern, daß das typische Hochhaus als Wohnumwelt eine katastrophale Auswirkung auf das Wohlbefinden seiner Bewohner hat.

Das Gefühl sozialer Entfremdung, das in Hochhäusern vorherrscht, ist in den niedrigeren, zwei- und dreistöckigen Gebäuden nicht in diesem Umfang verbreitet. Bei diesen bietet ein Hof, der einen Spielplatz für die Kinder, Bänke und schattige Bereiche enthält, einen zentralen Treffpunkt, der die Bewohner zusammenbringt und ihre Chancen zum sozialen Umgang erhöht. Derartige Ein-

12 Obwohl die Statistiken von einigen Autoren in Frage gestellt werden, hat es den Anschein, daß die Anzahl der erfaßten Verbrechen im letzten Vierteljahrhundert beträchtlich rascher zugenommen hat als die Bevölkerung. Ich habe außerdem den nicht belegbaren Eindruck, daß äußerst pathologische Gewaltverbrechen – die blutrünstige Verstümmelung und Ermordung zufällig ausgewählter Opfer – in den letzten fünfzehn Jahren häufiger geworden sind. Die unverhältnismäßig größeren Verbrechensziffern in den Armutsvierteln größerer städtischer Ballungsgebiete lassen darauf schließen, daß Umweltstreß (Unlust und Reizvolumen) zu höheren Verbrechensziffern beiträgt, und implizieren, daß der allgemeinere Trend der Verbrechensziffern zum Teil Ausdruck von stärkerem Umweltstreß im ganzen Land ist. Dies bedeutet, daß viele von uns in den kommenden Jahrzehnten, wenn dieser Trend anhält, etwas ähnliches wie das hohe Erregungsniveau und die Unlustbetontheit erwarten können, die traditionell für städtische Armenviertel typisch waren. Wenn sich dies als richtig erweist, dürfte es für uns gesellschaftlich selbstmörderisch sein, zu versuchen, diesen reizüberfluteten, unlustbetonten Umweltbedingungen mit Maßnahmen zu begegnen, die der heutigen öffentlichen Wohnraumbeschaffung auch nur im Entferntesten ähnlich sind.

richtungen können sogar noch wirksamer sein, wenn die Eingänge zu den Wohnungen auf den Hof hinausgehen, so daß die Mieter auch durch den Hof müssen, bevor sie in ihre Wohnung gelangen, wodurch die Kontaktmöglichkeiten vermehrt werden. Durch Beobachtungen ist außerdem nachgewiesen worden, daß die Gehwege in gettoartigen Umgebungen sich wie diese Höfe dahingehend auswirken, daß sie ein Gemeinschaftsgefühl schaffen. Derartige Gehwege werden durch die Anwohner und ihre Kinder zu sozialen Kontakten genutzt. Wenn sie ihr Privatleben haben wollen, gehen sie in ihre Häuser zurück. Unter dem Gesichtspunkt der Ästhetik oder Brauchbarkeit hält der breite Gehweg keinen Vergleich mit Erholungsmöglichkeiten oder parkähnlichen Innenhöfen aus. Er stellt jedoch einen sehr wichtigen gemeinsamen Boden dar, auf dem die Leute ihre Zeit zubringen, einander begegnen und Freundschaften schließen können.

Was die zukünftigen Trends angeht, werden wir trotz der Vorteile der kleineren und auf mehrere Gebäude verteilten öffentlichen Wohnungen im guten wie im bösen mit sehr dichten und in Hochhäusern untergebrachten Lebensräumen auskommen müssen. Gegenwärtig gehören Hochhäuser – trotz der phantastischen Mieten, die in manchen Luxushochhäusern verlangt werden – zu den unerwünschtesten Wohnumwelten, und es liegt klar auf der Hand, daß

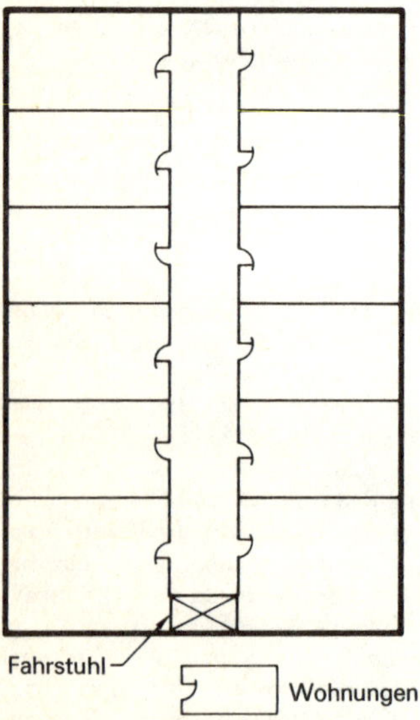

Abbildung 7

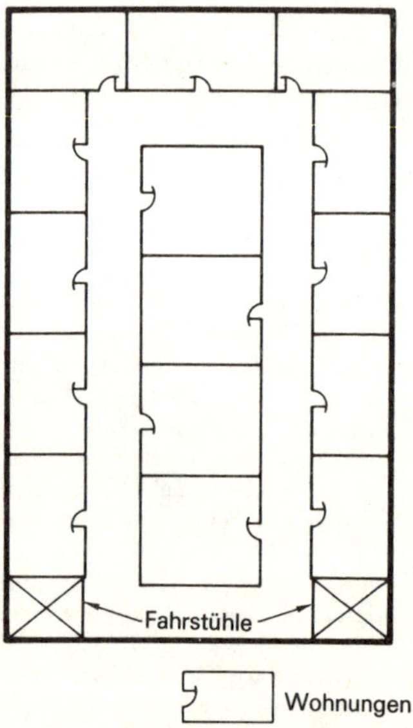

Abbildung 8

die Armen nicht die bevorzugtesten bekommen werden. Doch kann viel getan werden, um die Wohnumwelt aller Hochhäuser zu verbessern, einschließlich derer, die für die am wenigsten mächtigen, am wenigsten durchsetzungsfähigen oder einfach am wenigsten vom Glück begünstigten Mitglieder der Gesellschaft zur Verfügung gestellt werden. Weil die meisten Hochhauskomplexe der öffentlichen Wohnraumbeschaffung lediglich billigere und kostengünstigere Kopien von Mietshäusern für die Mittelschicht sind, legen ihre Grundrisse Wert auf Privatsphäre und sehen ungefähr wie folgt aus:
Da gibt es endlose Flure mit gegenüberliegenden, identischen Türen, die in identische Räume führen. Natürlich gibt es bisweilen auch noch ein paar »Zugaben«, wie Fahrstühle, die nur in jedem zweiten Stockwerk halten, so daß manche Mieter einen Umweg über zwei Absätze einer meist völlig kahlen Feuertreppe machen müssen. Die Flure sind gewöhnlich nicht mit Teppichen ausgelegt und häufig in einem verdächtig militärischen Grauton gestrichen. Um die Monotonie und den daraus folgenden Mangel an persönlicher Identität auszugleichen, wenden die Bewohner in diesen Gebäuden die einfachsten Verfahren an, um sie irgendwie zu personalisieren. Sie beschmieren sie mit Kreide und Farbe, um ihnen einen Charakter zu geben, nach dem sie sie von anderen Stellen unterscheiden können. Selbst neue Gebäude werden rasch verunstaltet. Zum Beispiel wurde Eero Saarinens New Yorker CBS-Gebäude – ein Mustergebäude für moderne, kalte Architektur – verunstaltet und erhielt ein ungeordnetes und vollgestopftes Erscheinungsbild durch die Angestellten, die vermutlich versuchten, ihre Arbeitsräume individueller zu gestalten.

Anscheinend unendliche Reihen ähnlicher Wohnungen vermitteln ein Gefühl der Anonymität. Wenn die Bewohner eine Chance haben sollen, das Gefühl zu entwickeln, daß ihr Wohnhaus irgendwie etwas Besonderes ist und stolz darauf sein sollen, müssen ihre Wohnräume gut abgegrenzt sein und dürfen nicht aus einer endlosen Aneinanderreihung identischer Wohneinheiten bestehen.

In Untersuchungen ist nachgewiesen worden, daß sich drastische Veränderungen im Bewohnerverhalten ergeben, wenn die Anzahl der Wohnungen an einem Flur auf sechs beschränkt wird. Der Flur wird plötzlich zu einem Gemeinschaftsraum, den die Bewohner als zum Teil zu ihrem Bereich gehörig identifizieren können, und für den sie durchaus eine gewisse Verantwortung übernehmen wollen. Sie werden freundlicher zu den anderen Personen oder Familien auf dem Flur und fangen auch an, gegenseitig auf ihr Eigentum zu achten. Infolgedessen gehen die Verbrechensziffern in Gebäuden, die nur sechs Wohnungen an einem Flur haben, drastisch zurück. Nun könnten uns doch die Architekten viele einfallsreiche Hochhausentwürfe anbieten, bei denen die Konzeption der sechs Wohneinheiten integriert ist – wobei der gesamte Flur auf jedem Stockwerk des Gebäudes in Abschnitte von jeweils sechs Einheiten unterteilt ist, die sich nach Form, Anordnung, Farbgebung usw. unterscheiden.

Die Flure brauchen nicht mit Gobelins behängt zu werden, damit sie anregend und lustbetont wirken, es genügt auch eine gute Tapete oder ein schöner Anstrich, und auch ein paar Pflanzen. Solche Flure würden nicht verunstaltet. Ganz im Gegenteil würden sich vermutlich die Familien oder Bewohner ins Mittel legen und sie auch dann in Schuß halten, wenn kein Hausmeister zur Verfügung steht. Ja, die Bewohner sollten sogar ermuntert werden, sie zusätzlich auszuschmücken – mit Drucken, Plakaten, oder einem gemeinsamen Anschlagbrett.

Außer der Beachtung, die der Verstärkung des Persönlichkeitsgefühls geschenkt werden muß, muß bei der Gestaltung Rücksicht darauf genommen werden, daß eine Sozialstruktur gefördert werden soll. In einer anderen Versuchsreihe ist gezeigt worden, wie dies erreicht werden kann. In einem Studentenheim einer amerikanischen Universität wurde festgestellt, daß Paare, die in der Nähe des Eingangs des Gebäudes wohnten, mehr Freunde hatten als diejenigen, die in abgelegenen Bereichen wohnten. Der stärkere Personenverkehr am Eingang bot den Bewohnern in seiner Nähe mehr Gelegenheiten, andere Bewohner des Gebäudes zu sehen, zu grüßen und sich mit ihnen zu unterhalten. Dadurch wurde es ihnen leichter, neue Freunde zu gewinnen.

In dem durchschnittlichen Hochhauskomplex bleiben zufällige Begegnungen zwischen den Bewohnern gewöhnlich auf den Fahrstuhl begrenzt. Zwar können sich die Leute auch auf den Fluren begegnen, doch sind solche Begegnungen nur zwischen Leuten vom selben Flur möglich. Außerdem stellen die dunklen und abweisenden Flure keine lustbetonte Umgebung für Geselligkeit dar. Ihre unsichere Atmosphäre könnte die Bewohner sogar zwingen, so schnell wie möglich in ihr eigenes Quartier zu huschen. Erforderlich sind also mehr offene Bereiche mit Betätigungsmöglichkeiten, so daß Leute dort hingezogen werden und auch gerne dableiben.

Da in vielen Gebieten mit dichter Bebauung die absolute Gebäudehöhe kein großes Problem ist, könnten zwei oder drei Stockwerke in der Mitte für Geselligkeitsbereiche vorgesehen werden: Turnhallen, Basketball-Flächen, Partyräume, einen Kindergarten oder Hort, eine Bar mit Grill, ein kleines Kino, usw. Bei größeren Gebäuden könnte man einen Dachgarten bereitstellen. Je mehr Geselligkeitsbereiche es gibt, desto mehr Menschen im Gebäude können einander treffen und miteinander vertraut werden, und zwar in einem lustbetonten anstatt in einem unlustbetonten Rahmen. Dies allein schon dürfte sie dazu bringen, daß sie sich mit ein bißchen Sympathie begegnen, auch wenn sie sich nicht viel genauer kennenlernen. Diese Beziehung zwischen Vertrautheit und Sympathie ist in Versuchen nachgewiesen worden, in denen man den Versuchspersonen die Fotografien von Fremden zeigte, die so angeordnet waren, daß bestimmte Gesichter häufiger als andere zu sehen waren. Wenn die Versuchspersonen danach gebeten werden, anzugeben, wie ihnen die verschiedenen Gesichter gefielen, konnte festgestellt werden, daß sie mehr Sympathie für die Gesichter hatten, die ihnen öfter gezeigt worden waren.

Die Tatsache, daß gesteigerte Kontakte zu mehr Sympathie führen, läßt sich dafür einsetzen, Rassenvorurteile abzubauen. Es ist durchgängig nachgewiesen, daß der zunehmende Sichtkontakt zum Abbau von Vorurteilen führt, wenn Menschen verschiedener Rassenzugehörigkeit nahe beieinander untergebracht werden. Ein mit Vorurteilen behafteter Mensch zieht über einen völlig Fremden Schlußfolgerungen aufgrund weniger hervorstechender Auslöser wie Hautfarbe, Sprache oder Verhalten. Wenn er häufiger mit diesen Auslösern konfrontiert wird, schenkt der vorurteilsbehaftete Mensch den anderen zwischenmenschlichen Auslösern mehr Aufmerksamkeit und nimmt daher zunehmend komplexe Informationsmengen auf, die sich immer weniger mit seinem Vorurteil decken. Dies jedoch tritt nur in lustbezogenen Umgebungen ein, die auch so erregend sind, daß sich die Menschen gesellig verhalten. Und genau hier liegt der Punkt, wo die rassisch oder ethnisch integrierte Wohnumwelt bei hoher Bewohnerdichte, niedrigem Einkommen oder öffentlicher Wohnraumbeschaffung einen totalen Mißerfolg zu verzeichnen hat.

Außer daß er ein Gefühl für Identität und Gemeinschaft entwickeln soll, muß der öffentliche Wohnungsbau auch Privatsphäre bieten, die mit schalldichten Wänden anfängt, so daß die Bewohner nicht mehr jeweils das Fernsehgerät, die Telefone, das Liebesleben, die Türklingel, das Kindergeplärr oder den häuslichen Streit der anderen mitbekommen. So waren zum Beispiel die Wohnzimmer oder Schlafzimmer von zwei aneinandergrenzenden Wohnungen jeweils nur durch eine Wand getrennt. Infolgedessen konnten die Familien nur sehr schwierig ihre Privatsphäre im Wohnzimmer oder im Schlafzimmer genießen; sie hörten das Fernsehgerät der anderen, fühlten sich im Schlafzimmer gehemmt und rochen sogar die Kochdünste von nebenan. Im allgemeinen fiel es schwer, Tätigkeiten oder Vorgänge im eigenen Haushalt von denen nebenan zu unterscheiden. Die Nachbarn verhielten sich kalt und unpersönlich zueinander und es entstanden Gefühle der Abneigung. Manche Nachbarn hatten das Gefühl, daß man sie bespitzle oder über sie klatsche, und dies zog sogar ihre eigenen Familienbeziehungen in Mitleidenschaft.

Andere Wohnungen für Familien mit niedrigem Einkommen hatten einen gemeinsamen Hausgarten, wobei niedrige Büsche die Grenzen bezeichneten. Diese Grenzen wurden kaum respektiert, die Nachbarn spazierten, unterhielten sich, spielten oder grillten auf den Grundstücken der anderen. Auch konnte man durch die auf den Garten hinausgehenden Fenster in die Häuser hineinsehen, was zu viel Klatsch führte. Obwohl man eine Privatsphäre dadurch erreichen konnte, daß man die Vorhänge zum Garten zuzog, war das Gefühl der Einschränkung störend.

Andererseits entwickelten sich freundschaftliche Beziehungen zwischen den

Nachbarn, sofern die Umwelt genügend Privatsphäre gestattete. Als zum Beispiel die Gärten der Häuser voneinander durch hohe Zäune getrennt wurden, kamen zwischen den Nachbarn von selbst herzliche Gespräche durch die Zäune in Gang.[13]

Daher kann das Bedürfnis nach Privatsphäre nicht hoch genug veranschlagt werden. Irgendwie sind Chancen sowohl zum privaten Rückzug als auch zum sozialen Kontakt für das Wohlfühlen wichtig. Dies liegt daran, daß Menschen ohne Rückzugsmöglichkeiten einem anhaltend hohen Erregungsniveau ausgesetzt sind, das von häufigen und unkontrollierbaren zwischenmenschlichen Reizen ausgeht. Wenn sie die Möglichkeit haben, sich nach ihrem eigenen Wunsch und zeitweilig von diesen Reizen abzusondern, können die Bewohner ein erträglicheres Erregungsniveau erreichen und schätzen ihre Nachbarn mehr.

Der jüngste Trend in Richtung auf Einfamilienhäuser für niedrige Einkommen erwächst aus einer Erkenntnis dieses Bedürfnisses nach Privatsphäre, läßt jedoch städteplanerische Probleme völlig außer acht. Finanziell gesehen wären Einfamilienhäuser eine legitime Alternative zu Hochhäusern des öffentlichen Wohnungsbaus, wenn wir unsere Städte unbeschränkt nach allen Richtungen ausdehnen könnten. Es ist vorstellbar, daß wir billige, aber qualitativ gute Einfamilienhäuser herstellen könnten, die in den Kosten pro Wohneinheit mit Wohnungen in Hochhäusern vergleichbar wären. Dies würde jedoch das Problem des Ausuferns der Vorstädte nur vergrößern und das Auto als Transportmittel würde dadurch noch unverzichtbarer. Außer daß sie die Luft verpesten, erzeugen Autos auch großen Lärm, beanspruchen riesige Flächen unserer Stadtgebiete und treiben zunehmend und indirekt die Wohnkosten hoch – für Einpendler aus den Vorstädten sind Benzinkosten und Abschreibungskosten fürs Auto sehr viel höher. Früher oder später werden die Städte zentralisierter und besser geplant werden müssen. Langfristig ist es also sinnvoller, Forschungen zu finanzieren, die auf die Entwicklung dichtbesiedelter Wohngebiete zielen, welche die sozialen, psychologischen und ökonomischen Bedürfnisse nicht nur der Armen, sondern der Allgemeinbevölkerung zufriedenstellend erfüllen.

13 Diese Beispiele über Wohnungen für Familien mit niedrigem Einkommen in Großbritannien sind vielleicht nicht repräsentativ, aber darum geht es hier nicht. Uns geht es hier um die Prinzipien, nach denen die Privatsphäre oder ihr Fehlen in Wohnungen mit den sozialen Beziehungen zwischen Nachbarn verknüpft ist – Prinzipien, die auf jedes Land und auf jede sozio-ökonomische Schicht angewendet werden können.

Teil 4 Öffentliche Umwelten

Kapitel 12 Büros

In dem alten Film *The Millionaire*, in dem ein Multimillionär sein Vermögen an Leute wegschenkt, die er beliebig aus dem Telefonbuch ausgesucht hat, gibt es eine überwältigende Büroszene. Ein Buchhalter, der von Charles Laughton gespielt wird, sitzt an seinem Schreibtisch in einem riesigen trostlosen Raum, in dem reihenweise gleichaussehende Schreibtische stehen. Er bekommt einen Brief. Er macht ihn auf und findet einen Scheck über eine Million Dollar darin. Er sieht ihn sich kurz an, steht auf und trottet den freien Gang zwischen seinen Kollegen entlang, die sich alle tief über ihre Arbeit beugen. Die Kamera folgt ihm, wie er eine Tür nach der anderen öffnet, von denen jede ein größeres Namensschild als die vorige hat, bis er schließlich zu der Tür mit dem Schild »Direktor« kommt. Er reißt sie auf, steckt den Kopf hinein, streckt die Zunge heraus und gibt ein ungeheures, schmatzendes und geräuschvolles pflääähh . . . von sich.

Abgesehen davon, daß sie den Urtyp der Träume des kleinen Mannes verkörpert, enthält diese Szene mindestens ein kommentierungswürdiges Element – die Darstellung der Hierarchie. Nur wenige Bürogebäude sind für ein bestimmtes Unternehmen und seine besonderen Bedürfnisse geplant. Stattdessen gibt es eine mehr oder weniger standardisierte Reihe von Grundrissen, die davon ausgehen, daß das Unternehmen, ob es nun vierzig Angestellte hat oder viertausend, pyramidenförmig organisiert ist, wobei die Mehrzahl der Angestellten die Basis und nur eine Handvoll die Spitze bildet. Um diese Hierarchie richtig auszudrücken, stellen die Grundrisse häufig bezogen auf Rauminhalt und Gestaltung eine umgekehrte Pyramide dar, indem sie den meisten Raum und die angenehmsten Orte der kleinsten Zahl der Angestellten zuweisen. In kleinen zweistöckigen Bürogebäuden in den Vorstädten zum Beispiel kann es

Grundrisse geben, die Büros für zweiunddreißig Angestellte im Erdgeschoß und Büros für drei Direktoren und ihre Sekretärinnen im ersten Stock vorsehen. Bürogebäude in Form von Hochhäusern, in denen nur ein Unternehmen untergebracht werden soll, reservieren unweigerlich die obersten Stockwerke den Führungskadern, wobei häufig der Direktor oder Aufsichtsratvorsitzende und ein paar entscheidende Direktionsassistenten im obersten Stockwerk oder im Penthouse thronen.

In geräumigen älteren Gebäuden kommt ihr hierarchischer Charakter häufig schon in einzelnen Stockwerken zum Ausdruck. Die Eckbüros sind den Direktoren oder Abteilungsleitern vorbehalten, weil sie mehr Fenster haben. Der mächtigste oder dominante Direktor hat das größte Büro mit den meisten Fenstern. Büros mit einem Fenster sind mit altgedienten mittlerem Leitungspersonal besetzt, jüngere und subalterne Arbeitskräfte sitzen in einem inneren Komplex von fensterlosen und häufig auch türlosen Nischen oder unterteilten Kabinen. Angestellte der untersten Ränge – Sekretärinnen, Buchhalter usw. – werden in einem geräumigen, offenen Großraumbüro zusammengefaßt. Selbst innerhalb eines derartigen Grundrisses gibt es komplizierte, ausdrückliche und unausgesprochene Statusstrukturen. Die Nähe eines Schreibtischs oder einer Nische eines Sachbearbeiters zum Machtzentrum ist gewöhnlich ein Anzeichen seiner Bedeutung oder Macht. Außerdem sind Büros mit höherem Status allgemein weniger leicht zugänglich. Das Büro des Direktors ist das am wenigsten zugängliche, es kann sein, daß man bis zu drei Türen, eine Empfangsdame und eine Sekretärin hinter sich bringen muß, bevor man zu seinem Insassen vorstoßen kann. Derartige Grundrisse bekunden und bewahren mehr Starrheit, Formalismus und bürokratische Pedanterie, als aufgeklärte Manager heutzutage für wünschenswert halten. Trotzdem bieten solche altertümlichen Gestaltungsprinzipien bei all ihrem offenkundigen und naiven Bemühen, eine hierarchische Ordnung auszudrücken, bisweilen dennoch Umweltmerkmale, die fast per Zufall mit Erfolg die erforderlichen Erregungs- und Lustniveaus vermitteln – etwa das zentrale offene Großraumbüro.

Die Angestellten mit niedrigem Status, die ins Großraumbüro gesetzt werden, erledigen subalterne Arbeiten – Tippen, Ablegen, einfache Buchungen oder anderen täglichen Papierkram. Obwohl derartige Arbeiten unter Umständen komplexer als gewisse Tätigkeiten am Fließband sind, sind sie immer noch repetitiv, mechanisch oder monoton. Um derartige Aufgaben effizient erledigen zu können, muß man eine mäßig reizbetonte Umwelt haben. Wenn dieses Großraumbüro nicht von einem völligen Pedanten regiert wird, entwickelt sich gewöhnlich ein solches Klima – Schreibmaschinen klappern, Telefone klingeln, und das Erregendste ist, daß Leute hin und herlaufen und reden. Die Menschen können ohne weiteres durch Wort oder Gesten miteinander kommunizieren, bei einem Witz kann sich ein Lachen durch den ganzen Saal fortpflanzen, ein

Streit wirkt elektrisierend und niemand tut so, als höre er nicht hin, jemand Neues ist sehr interessant, und dennoch wird Er oder Sie rasch akzeptiert und freundschaftlich behandelt. Im Großraumbüro entwickeln sich mehr Bürolieben, erklärte oder geheime, als sonstwo, mit Ausnahme vielleicht zwischen den obersten Direktoren und ihren Sekretärinnen.

In einem lobenswerten Versuch, den Angestellten mehr Privatsphäre zu geben, haben manche Architekten und Manager den Versuch gemacht, das Großraumbüro vollständig zu eliminieren und stattdessen ein Labyrinth von Kabinen eingerichtet. Bisweilen gehen die Kabinenwände bis zur Decke, in anderen Fällen etwa bis in Brusthöhe. Dahinter steckt, besonders bei den halbabgeteilten Kabinen, die Theorie, daß dann die nötige Privatsphäre wohl da ist, der Mitteilungsfluß im Büro jedoch nicht behindert wird. Arbeitsbezogene Mitteilungen sind jedoch nicht die einzigen; den Menschen, die reizarme Tätigkeiten verrichten, tut häufiger ein einfacher Augenkontakt, ein Lächeln oder ein Blinzeln gut. Der Ruf »Gehen wir zum Mittagessen in Ernies Kneipe« über drei Schreibtische hinweg, die Antwort »Ernie hat letzte Woche dicht gemacht« über sechs Schreibtische hinweg und der Vorschlag »Aber da ist doch diese neue Kneipe, bei Jake, eine Ecke weiter, der hat gute Lasagne« von irgendwoanders her dürfte die Arbeit, wenn überhaupt, nur unwesentlich unterbrechen, sondern im Gegenteil einen nützlichen, wirksamen und lustbetonten Austausch darstellen, der die Erregung hebt.

Doch selbst der offizielle Mitteilungsfluß im Büro leidet bisweilen unter der neuen Rastergestaltung. Im Großraumbüro kann man sehen, ob jemand, mit dem man reden muß, an seinem Schreibtisch sitzt, telefoniert oder einen Besucher hat. Bei der Kabinenlösung kann man das häufig nicht, man muß aufstehen und nachsehen. Da die meisten Leute nicht gern in die Intimität, die eine Kabine vermittelt, einbrechen, ist es unwahrscheinlich, daß sie den Kopf über die Trennwand stecken oder etwas über eine dazwischen liegende Kabine hinwegschreien. Dies bedeutet in gewissen Fällen, daß ein Sachbearbeiter aufstehen, seine Kabine verlassen und vielleicht zwanzig oder dreißig Schritte laufen muß, nur um festzustellen, daß ein Kollege abwesend ist, telefoniert oder mit einem Besucher spricht. Wenn es nicht äußerst dringend ist, wenn er den Besucher nicht kennt oder wenn ihm sein Kollege nicht zu verstehen gibt, daß das Telefongespräch nicht so wichtig ist und ihn hereinwinkt, geht er wahrscheinlich in seine eigene Kabine zurück. Das Problem ist immer noch ungelöst, und die Zeit ist vertan. Wenn dies oft genug eintritt, nimmt die Nettomenge des Informationsflusses im Büro ab, was sich unter Umständen abträglich auf die Qualität oder Quantität der geleisteten Arbeit auswirkt.

Allgemein gilt, daß für optimale Leistung bei einer Arbeit ein um so reizintensiverer Rahmen erforderlich ist, je geringer ihr eigenes Reizvolumen ist. Das ist der Grund dafür, warum für reizarme Arbeiten die zusätzliche Anregung und

Lust günstig ist, die ein locker beaufsichtigter Saal bieten kann. Manchen recht komplexen, aber vertrauten Tätigkeiten, deren Reizvolumen mäßig oder sogar niedrig ist, kann jedoch die Anregung und der rasche Informationsausfluß, der für die Anordnung im Großraumbüro typisch ist, ebenfalls sehr zugute kommen. Mehrere meiner Freunde machten zu Beginn ihrer Berufslaufbahn Erfahrungen mit dem Großraumbüro, und sie erinnern sich spontan liebevoll an diese Arbeitsumwelt. Einer dieser Freunde arbeitete als Redakteur für einen Versandhauskatalog. Er erinnert sich an einen geräumigen, fensterlosen, kahlen und schiefergrauen Saal, in dem er und ein Dutzend andere saßen und Prospekte über alles Mögliche schrieben, vom Büstenhalter bis zum Rasensamen. Zusätzlich kamen alle möglichen Leute heraus und herein – Einkäufer, Reprographen, Korrektoren, usw. Dies war eine ziemlich reizstarke und nach außen hin etwas unbequeme Arbeitsumwelt. Dennoch ermöglichte die offene und zwanglose Raumaufteilung den Leuten, nicht nur zu witzeln und zu murren, wenn sie sich danach fühlten, sondern auch Einfälle aneinander zu testen und ihr Sprachvermögen in einer freundschaftlichen, aber wetteifernden Atmosphäre zu schulen. Es bildeten sich dabei sogar Freundschaften heraus – darunter einige ganz unwahrscheinliche –, die alle beruflichen Wechselfälle überdauerten und jahrzehntelang hielten. Die Raumaufteilung dieses Großraumbüros ermöglichte ein hohes Maß an zwischenmenschlichen Kontakten und die Anregung und Lust, die sich darüber herstellte, machte die Unzulänglichkeiten der Umwelt mehr als wett.

Unternehmensberater sind häufig fassungslos darüber, wie wenig viele Chefs über ziemlich wichtige Büroangelegenheiten wissen. Sekretärinnen kommen viel häufiger zum Meinungsaustausch zusammen als ihre Chefs und haben häufig ein umfassenderes und detaillierteres Bild des gesamten Vorgangs. Bruchstücke dieser Informationen wiederum finden ihren Weg in die Gerüchteküche und landen schließlich in einem Großraumbüro zehn Stockwerke tiefer, mit dem Ergebnis, daß jemand im Schreibmaschinensaal oder im Kopierraum weiß, daß zwei leitende Direktoren eine große Auseinandersetzung gehabt haben und jeder die Bemühungen des anderen auf subtile Weise hintertreibt, während das übrige Management völlig ahnungslos ist.

Wenn auch die wirklich gravierenden Probleme, die niemand auf einer unteren Ebene lösen kann oder will, im allgemeinen auf dem Schreibtisch des Direktors landen, haben Direktoren doch nicht immer mit heißen Sachen zu tun. Es gibt viele Augenblicke, wo sie Berichte lesen, alle möglichen langweiligen Vorschläge aussortieren, oder sich überlegen, was sie einer Hausfrau schreiben sollen, die eine tote Spinne in dem Katzenfutter gefunden hat, das von irgendeiner Niederlassung hergestellt wird. Dabei ist ein riesiges isoliertes Büro, das in schwarzem Leder und Beige eingerichtet ist, nicht gerade der anregendste Rahmen.

Schließlich gibt es an der Spitze auch sehr viel mehr Einsamkeit, als nötig wäre. Manche Direktoren versuchen, dies dadurch zu überwinden, daß sie gelegentlich Gänge durch ihre Herrschaftsbereiche in den tiefergelegenen Stockwerken unternehmen. Häufig jedoch stellen sie fest, daß sie sich so isoliert haben, daß untergeordnete Mitarbeiter verstummen, unruhig werden und das Gefühl haben, beobachtet und beurteilt zu werden. Und Spitzenangestellte werden mit großer Wahrscheinlichkeit durch den Status und die repräsentative Umgebung ihrer eigenen Kollegen so beeindruckt, daß sie sehr zurückhaltend im Hinblick darauf sind, freundschaftlichen, zwanglosen und regelmäßigen Kontakt mit ihnen aufzunehmen.

Zugängliche Mitteilungskanäle und Kontaktmöglichkeiten sind also für das leitende Personal ebenso eine Notwendigkeit wie Kommunikationswege zwischen ihm und den unteren Ebenen. Sowohl die Büros der leitenden als auch der mittleren Ebene sollten mit genügend Möglichkeiten dafür ausgestattet werden, den Arbeitsrahmen in Richtung eines niedrigeren oder höheren Reizvolumens zu verändern. Dieses sollte natürlich immer lustbetont sein, da die lustbetonte Umwelt unweigerlich Annäherungsverhalten auslöst. Wo immer das möglich ist, sollte man Statussymbole scheuen, und sei es nur aus dem Grund, daß sich Personen mit rascher Auffassungsgabe oder entsprechenden Kenntnissen fragen werden, warum ein bestimmter Direktor sich dafür entschieden hat, seinen dominanten Status zu Lasten seiner eigenen Bequemlichkeit und einer offeneren, entspannteren oder freundlicheren Umgebung zu betonen. Die Antwort könnte in manchen Fällen lauten, daß dies an einem Gefühl von Unsicherheit liegt, die auf reale oder eingebildete Inkompetenz zurückgeht. Eine interessante Lösung dieses Problems, die ich in einem kleinen Unternehmen beobachten konnte, liegt darin, daß keine der Türen geschlossen ist. Die Mitarbeiter in diesem Unternehmen können hereinkommen oder hinausgehen, Gedanken oder Meinungen austauschen, oder sogar miteinander streiten. Niemand schließt seine Tür, es sei denn, »es brennt« – das heißt, es liegt eine Ausnahmesituation vor, weil ein Termin eingehalten werden muß. Auch das Chefzimmer steht offen. Dieser hat sogar eine große Ablage in seinem Büro, so daß andere in sein Büro kommen, wenn sie bestimmte Broschüren oder andere Informationsquellen nicht finden können. Diese zwanglose Atmosphäre ist beliebt, und wird zum Teil dadurch ermöglicht, daß ein gutes Sicherheitssystem Besucher von außerhalb der Firma überprüft.

Da Angestellte der unteren Ebene, denen Büros zugewiesen sind, Privatsphäre und einen reizarmen Rahmen in Fällen brauchen, wo sie reizintensive Arbeiten ausführen müssen, sollten derartige Büros Türen haben. Türlose Kabinen bieten keinen Schutz vor äußeren Umweltreizen – Leuten, die vorbeigehen, einem Gespräch weiter unten im Gang usw. –, isolieren aber andererseits leicht die Mitarbeiter voneinander. Andererseits kann sich ein Mitarbeiter in einem Büro mit Tür absondern, und wenn nötig, mehr Anreize von außen, dadurch bekommen, daß er seine Tür offen läßt. Die Mitarbeiter auf allen Ebenen sollten Schreibtischradios haben, da diese eines der wenigen Mittel darstellen, mit denen das Erregungs- und Lustniveau im Rahmen des Büros geregelt werden kann. Und natürlich sollte es den Angestellten auch gestattet werden, ihre Arbeitsräume entsprechend ihren individuellen Unterschieden persönlich zu gestalten. Dieses letzte Argument scheint sich von selbst zu verstehen, doch ließ vor nicht allzu vielen Jahren ein Großunternehmen seine Hauptniederlassung von einem der großen modernen Architekten entwerfen. Das Gebäude wurde nach dessen Tod fertiggestellt, und der Innenarchitekt kam mit allen möglichen starren Vorschriften zur Reglementierung des Personals – ob die Angestellten auf ihren Schreibtischen gerahmte Photographien ihrer Familie oder Freundin stehen haben dürften, oder ob das Farbmuster eines bestimmten Büros für rote und nicht für gelbe Blumen gedacht war. Daß das heller Wahnsinn war, wurde schließlich erkannt, aber erst nachdem im Büro mit Recht Ressentiments entstanden und Auseinandersetzungen darüber geführt worden waren. Den Angestellten sollte entschieden gestattet sein, Drucke, Bilder, Plakate, Pflanzen und Geräte als Mittel einzubringen, ihren Arbeitsraum so bequem, lustvoll und reizbetont zu gestalten, wie sie selber wollen.

In diesem Sinne sollte ein Mitarbeiter auch die Tür seines Büros offen lassen können, wenn er das möchte. Wenn die Leute anspruchsvolle (reizstarke und leicht unlustbetonte) Arbeit verrichten, halten sie gern ihre Tür geschlossen und bemühen sich, eine lärm- und störungsfreie Atmosphäre zu bewahren. Wenn sie jedoch lustbetonte und komplexe, aber vertraute Arbeiten erledigen (die durch ihre Vertrautheit relativ reizarm werden), können die Mitarbeiter wieder mit anderen zusammen sein und über etwas reden. Auf diese Weise könnten sie produktiver sein.

Da ein gesteigerter Sichtkontakt mit anderen leicht Sympathie verstärkt und häufig zu inhaltlicheren zwischenmenschlichen Beziehungen führt, ist es ein guter Gedanke, in allen Bürogebäuden einen gemeinsamen Aufenthaltsraum zur Verfügung zu stellen, in dem die Leute in Pausen zusammenkommen oder sich zum Mittagessen treffen können. Ein derartiger Kommunikationsbereich hätte mitten in einem Kranz von Büros die größte Wirkung. Die Mitarbeiter könnten aus ihren Büros herauskommen, wenn sie eine Abwechslung gegenüber zu großer Abgeschlossenheit oder ein Gespräch mit Kollegen brauchen. Viele Büros sind sehr klein und haben kaum genug Platz, daß zwei oder drei Leute darin stehen können. Obwohl die meisten Bürogebäude Konferenzzimmer haben, sind diese häufig sehr unnahbar und liegen mitten im Bereich der Direktion.

Ich erinnere mich an einen einzelnen Aufenthaltsraum, der im Direktionsanbau eines kleinen Unternehmens lag und von den Büros der Direktoren umgeben war. Er wurde aus zwei Gründen nie benutzt. Erstens lag er nicht auf neutralem Boden; die Angestellten mußten sich aufraffen, dorthin zu gehen und hatten verständlicherweise Hemmungen, bei Entspannung und Geselligkeit von Vorgesetzten gesehen zu werden, die nicht dasselbe taten und keine Ahnung hatten, ob die Angestellten Pause hatten oder sich bloß drückten. Zweitens war der Raum wie ein steifes Wohnzimmer eingerichtet – ein langes Sofa, ein paar Sessel – was die soziale Interaktion nicht gerade förderte. Stattdessen diente er als Wartezimmer für die Besucher der verschiedenen Direktoren. Alle Angestellten einschließlich der Direktoren kamen im Mittagsraum zusammen, der als neutraler Boden betrachtet wurde, da er vom ganzen Unternehmen benutzt wurde. Dieser Raum hatte Verkaufsautomaten, Plakate an der Wand, viele bewegliche kleine Tische und Stühle und eine Aussicht auf den Rasen. Zunächst hatte es den Anschein, als ob dieser Mittagsraum vom leitenden Personal nicht benutzt werden würde, weil ihm alle Statussymbole fehlten – Plastikstühle, ziemlich schäbige Plakate statt Ölgemälden, Getränke- und Suppenautomaten, usf. Wegen seines zwanglosen Charakters jedoch förderte dieses Mittagszimmer einen Umgang miteinander ohne Rücksicht auf den Status, der gewöhnlich anregender ist, und war daher der beliebteste Ort im Gebäude.

Ein leicht erreichbarer und geeignet eingerichteter gemeinsamer Aufenthaltsraum ist ein besonderer Pluspunkt in Universitäts- oder anderen Bürogebäuden, die irgendein anderes Unternehmen beherbergen, dessen Grundlage in erster Linie Informationen sind. Es ist äußerst wichtig, daß Professoren und Verwaltungsleute die Möglichkeit haben, Ideen auszutauschen und einander herauszufordern und anzuregen. Die meisten der wirklich interessanten Durchbrüche in der Welt des Denkens wurden erzielt, wenn die Ergebnisse der einzelnen Disziplinen miteinander verglichen wurden. Leider geht die Tendenz nicht nur dahin, jeden Fachbereich getrennt unterzubringen, sondern sie auch auf dem Universitätsgelände weit auseinander zu legen und keine gemeinsamen Kommunikationsbereiche vorzusehen. Selbst innerhalb der Fachbereiche gibt es einen gewissen Trend zu geringerem zwischenmenschlichen Kontakt. In den finanziell weniger üppigen Zeiten einer Fakultät zum Beispiel hatte das gesamte Personal zusammen ein dreistöckiges Gebäude und die Leute liefen sich häufig über den Weg. Nun sind sie über ein achtstöckiges Bürogebäude mit Standardgrundriß verteilt. Und dies wirkt sich drastisch auf die Sozialstruktur der Fakultät aus, die sehr viel zusammenhangloser geworden ist. Die wenigen Möglichkeiten für zwanglose oder ausführliche Diskussion entstehen bei zufälligen Begegnungen von Professoren, wenn sie ihre Post in einem kleinen und vollgestellten Postzimmer abholen.

Bürogebäude, in denen eine Anzahl verschiedener Unternehmen untergebracht sind, könnten auch von der gegenseitigen Befruchtung profitieren, die durch einen zentralen Kommunikationsbereich gefördert werden könnte, der allen Beschäftigten im Gebäude zur Verfügung steht. Dieser Bereich dürfte nicht im herkömmlichen Cafeteriastil gestaltet werden. Stattdessen dürfte es dort nur zwei oder drei Sitznischen für Gespräche geben. Die begrenzte Anzahl abgetrennter Bereiche und freier Stühle würde Fremde in denselben Gesprächsnischen zusammenbringen. Ein Gebäude, in dem Anwaltsbüros, ein Verlag, eine Datenverarbeitungsfirma, eine Finanzierungsgesellschaft, ein Architekt, ein Theateragent, ein Importeur und die Büros einer Firma untergebracht wären, die Drachenflieger oder Bretter zum Wellenreiten herstellt, könnte der effektivste Rahmen für einen aufregenden, unterhaltsamen und vielleicht sogar geschäftlich nutzbringenden Ideenaustausch sein, sofern die verschiedenen Angestellten Gelegenheit hätten, einander zu treffen und miteinander zu reden. Selbst wenn keine neuen Geschäfte geschlossen und niemand auch nur eine verwendbare Idee oder Information bekäme, würde ein derartiger zentraler Geselligkeitsbereich immer noch viel dazu beitragen, die unpersönliche, entfremdete und sterile Atmosphäre vieler Bürogebäude bereichern.

Der kalte, abweisende und unnahbare Funktionalismus ultramoderner hochtechnisierter Bürogebäude bringt Probleme für Freiberufliche mit sich, insbesondere für junge Ärzte und Anwälte, die sich eine Praxis aufbauen wollen. Wenn wir einmal annehmen, daß wirtschaftliche Überlegungen nicht ins Gewicht fallen, kann sich der junge Arzt für ein nagelneues Ärztehochhaus entscheiden, das eine gediegene professionelle Atmosphäre von Prestige, Status, Wohlstand und Persönlichkeit ausstrahlt. Er kann aber auch ein kleineres, älteres Gebäude auswählen, sogar vielleicht ein großes Privathaus, das bequemer und zwangloser ist. Dieses kleinere Gebäude liegt vielleicht in einer wenig verkehrsüberlasteten und angenehmen vorstädtischen Umgebung, die für Patienten leichter mit dem Auto erreichbar ist. Nehmen wir einmal an, daß unser junger Arzt ein hartnäckiges, aber ziemlich typisches Imageproblem hat – er sieht aus wie ein 23jähriger. Er hat es mit einem Schnurrbart und einem Bart versucht, aber damit sieht er aus wie ein 19jähriger, und er weiß genau, daß er noch mindestens zehn Jahre lang die Reaktion »Sind Sie der Doktor?« erleben wird. Für einen derart jungen Arzt könnte das Prestige und der Status, die mit einem hochtechnisierten Hochhaus zusammenhängen, nützlich sein. Er könnte sein Büro statusorientiert einrichten, was die Unterlegenheitsgefühle seiner Patienten verstärken würde – ein großer Schreibtisch, der zwischen ihm und dem Patienten steht, eine ziemlich dunkle oder gedeckte Farbgebung, hochragende Bücherregale, usw. Wenn er Erfahrung, Selbstvertrauen, einen guten Ruf und eine lukrative Praxis erworben hat, könnte er sich dann leisten, in eine weniger steife und freundlichere Umwelt umzuziehen, die entspannte, offene und vertrauensvolle Beziehungen zu seinen Patienten begünstigt.

Natürlich spielen sich die Dinge gewöhnlich umgekehrt ab. Aus wirtschaftlichen Gründen fängt der junge Arzt gewöhnlich in einem preiswerteren, freundlicheren und zwangloseren Praxisrahmen an, und zieht dann in das kalte, prestigeträchtige Hochhaus, wenn er sich das finanziell leisten kann, es aber psychologisch nicht mehr braucht. Nicht selten werden so Patienten, mit denen er eine Beziehung in der entspannten, gemütlichen und persönlichen Praxis aufgebaut hat, von den Menschenmengen, dem Lärm und den Parkproblemen der Stadtgebiete abgeschreckt, in dem Bürohochhäuser häufig stehen, und von der kälteren, weniger lustbetonten und stärker dominanten Atmosphäre der neuen Praxis. Sie fangen an zu maulen »Ich sage Ihnen, Doktor Sowieso fängt an, sich in eine regelrechte Fabrik zu verwandeln, er hat kaum noch eine Minute Zeit für einen. So langsam wird das so richtig ein Massenbetrieb nach dem Motto ›Strecken Sie die Zunge 'raus und zahlen sie beim Hinausgehen.‹« In Wirklichkeit empfängt Doktor Sowieso keine nennenswert größere Zahl von Patienten und wendet auch nicht weniger Zeit für sie auf. Es scheint nur so, weil die Umgebung offiziell und gläsern geworden ist. Und natürlich hören einige dieser Patienten etwas über einen netten jungen Arzt – »Wirklich ein sehr freundlicher junger Mann, nichts von dieser ärztlichen Geheimnistuerei, wissen Sie, er kann noch richtig zuhören« – und beschließen, statt dessen ihn einmal auszuprobieren. In Wirklichkeit versuchen sie jedoch, wieder einen gemütlichen Rahmen zu finden, in dem sie sich weniger beunruhigt fühlen und die Diskrepanz zwischen ihrem eigenen Status und dem des Arztes weniger spürbar ist.

Da das Wartezimmer eines Arztes der Ort ist, wo die Patienten einen großen Teil ihrer Besuchszeit verbringen, kann auch die Gestaltung dieser Räume entscheidend sein. Die meisten Wartezimmer, haben Sitzmöbel, an den Wänden stehen, die um ein paar Rauchtischchen gruppiert sind, auf denen eine Auswahl von Zeitschriften liegt. Häufig ist der Raum in einem klinischen Weiß anstatt in gefälligeren Farben gestrichen und hell erleuchtet. In einer derartigen Situation sollte die Beleuchtung hell, jedoch nicht übermäßig sein, aber ausreichend, daß sie nicht die Atmosphäre einer Bar oder eines Cafés erzeugt, sondern eine professionellere. Die Zeitschriften können eine nützliche Zerstreuung sein und dem Patienten dabei helfen, seine sorgenvollen Gedanken einen Augenblick lang zu vergessen. In Forschungen ist jedoch nachgewiesen worden, daß unter Streß stehende Menschen eine eindeutige Vorliebe dafür haben, mit anderen gesellig zu verkehren. Geselliges Verhalten unter solchen Bedingungen verringert Angst und Unruhe, da es in die Dimension der Lust gehört und auf diese Weise dazu beiträgt, daß die Menschen das hohe Erregungsniveau aushalten können, das häufig mit einem Arztbesuch zusammenhängt. Die üblichen Wartezimmer jedoch ermuntern die Menschen genau wie viele quasi-vornehme Wohnzimmer nicht zur Interaktion.

Wenn Wartezimmer so möbliert wären, daß sich bequeme Sessel um zwei, drei runde Rauchtischchen gruppieren, wären die Möglichkeiten für Gespräche und andere Formen der Interaktion sehr viel größer. In Untersuchungen wurde nachgewiesen, daß sich bei drei derartigen Sitzgruppen und drei Patienten im Wartezimmer jeder der Wartenden vermutlich an einem anderen Tisch niederlassen würde. Wenn jedoch mehr als drei Personen anwesend sind, würde diese Einrichtung erfordern, daß mindestens zwei oder mehr Leute am selben Tisch sitzen. Wenn eine schöne Aussicht, ein interessantes Kunstwerk oder andere Gesprächsauslöser geboten (und besonders die Zeitschriften weggenommen) würden, ist die Wahrscheinlichkeit hoch, daß ein Gespräch begonnen wird. Menschen, die in streßbetonten Wartesituationen in Interaktion mit Fremden treten, gehen mit größerer Sympathie füreinander fort und wichtiger noch, mit größerer Sympathie für die Umwelt, in der die lustbetonte Interaktion stattgefunden hat.

Häufig führen Wartezimmer in älteren und kleineren Bürogebäuden eher eine lustbetonte soziale Interaktion herbei, insbesondere wenn das Gebäude ursprünglich nicht für eine Arztpraxis gedacht war, wie dies bisweilen vorkommt. Derartige Wartezimmer haben eine gemütliche Atmosphäre, häufig gibt es mehr Sessel als lange Sofas, die Lichtquellen sind gewöhnlich Steh- oder Tischlampen und nicht Leuchtkörper an der Decke, die auch zur gemütlicheren und heimischeren Atmosphäre beitragen. Wenn der Doktor tatsächlich gerade erst seine Praxis aufbaut, mag er sich gesagt haben: »Nun ja, elegant kann ich es nicht machen, aber wenigstens gemütlich.« Vielleicht hat er ein paar Pflanzen hineingestellt, ein paar eigene Drucke aufgehängt, eins von seinen eigenen Möbeln aufgestellt und sein Wartezimmer in der Tat so eingerichtet, als wäre es Teil seiner eigenen Wohnung. Ein kleiner Schreibtisch in seinem Sprechzimmer, der an der Wand steht, so daß er seinen Patienten unmittelbar gegenübertreten kann, anstatt sie über einen breiten und offiziell aussehenden Schreibtisch hinweg anzublicken, könnte eine ähnlich zwanglose und gemütliche Atmosphäre vermitteln.

Kapitel 13
Schulen

Wenn man fragt, welchen Sinn große Institutionen für die Gesellschaft haben, ist das fast so, als ob man fragt, wozu ein Gedicht oder ein Vers gut ist. Dennoch würden die meisten Leute meiner Ansicht nach zunächst der Aussage zustimmen, daß öffentliche Schulen zum Teil dazu da sind, bestimmte Verhaltensweisen zu formen. Je nach Sichtweise ist dies eine präzise oder modische Umschreibung der Tatsache, daß Schulen dazu da sind, jungen Menschenwesen die

Kenntnisse und Fertigkeiten beizubringen, die die Gesellschaft insgesamt für wesentlich oder belohnungswürdig hält. Es ist viel darüber gestritten worden, wie diese wesentlichen Kenntnisse und Fertigkeiten beschaffen sind oder sein sollten. Wie die Familienserien im Fernsehen, sind die Streitereien um Lehrpläne ein Spiegelbild der Gesellschaft, die sie produziert. In den letzten fünfzehn Jahren sind aggressive Forderungen nach Bildungsprogrammen vorgebracht worden, die eine Berufsausbildung oder Sensitivity-Training anbieten, den Kleinen Lesen, Schreiben, Rechnen und Grundwissen beibringen, ihnen linguistische, mathematische und andere kognitive Fähigkeiten vermitteln, mit denen sie Daten gliedern und interpretieren und Fakten bewerten können, ihnen Patriotismus und den Glauben an das freie Unternehmertum, an traditionelle amerikanische Werte, einen übernatürlichen Ursprung der Menschheit einimpfen (um damit das Gebet wieder in die Schule hinein und die Sexualaufklärung wieder hinauszubringen), oder sie zu einem verantwortlichen Bürger erziehen, indem man ihnen schon vom Kindergarten an freien Zugang zu den besten und neuesten Ergebnissen der Volkswirtschaftslehre, Anthropologie, amerikanischen Geschichte, Mathematik, Soziologie, politischen Wissenschaften und Psychologie gewährt.

Ich möchte mich nicht in diese Diskussion einschalten, sondern viel lieber darüber reden, was getan werden kann, um Grund- und Oberschulen zu bevorzugten Umwelten zu machen – zu Orten, die sich positiv auf die Fähigkeit eines Menschen auswirken, Arbeit zu leisten, und auf seinen Wunsch, zu verweilen, sie zu erkunden und mit anderen in Interaktion zu treten. Mir scheint, daß diejenigen, die für das öffentliche Schulsystem verantwortlich sind – Gesetzgeber, Kultusminister, Ministerialräte, Schulräte, Schuldirektoren, Lehrer, Eltern und Schüler – nichts Ernsthaftes gegen bessere Leistung, Kontaktsuche, und den Wunsch weiterzulernen, als umfassende und systemimmanente Ziele haben können. Eltern, Pädagogen, Verwaltungsleute und andere, die etwas gegen Bemühungen haben, Bildung unterhaltsam oder inhaltsvoll zu gestalten und statt dessen verlangen, daß Schulen straff diszipliniert und klar gegliedert betrieben werden sollen, können die notwendige Unterscheidung zwischen der Schulumwelt und den Vermittlungsaufgaben der Schule nicht treffen. Gewiß weisen Schulfächer oder Wissensstrukturen zahlreiche eingebaute Regeln und Disziplinen auf, und können nicht aufgenommen oder begriffen werden, wenn man sie den Kindern auf schlampige oder unsystematische Art und Weise vorsetzt. Ein streng geordneter und stark gegliederter Stoff, der unter Umständen bedrohlich, langweilig oder unlustbetont ist, wird jedoch keineswegs am besten in einer Umwelt gelehrt oder gelernt, die Meidungsverhalten auslöst. Es gilt sogar das Gegenteil: Aufgaben, die an sich schon Meidungsverhalten auslösen, müssen in einer bevorzugten Umgebung gelöst werden oder sie werden mit Abneigung, schlecht oder überhaupt nicht gemacht.

Es kann als selbstverständlich vorausgesetzt werden, daß jedes System, das die Menschen zwingt, Arbeit in einer Umwelt zu verrichten, die sie ablehnen, ausgeprägte autoritäre Merkmale haben wird. Das Hervorstechendste dieser Merkmale liegt darin, daß eine kleine Anzahl von Personen Positionen einnimmt, in denen sie über Mittel verfügen, mit denen sie stark belohnen oder streng bestrafen können.

Hinter den Worten Schüler, Lehrer und Erziehung verbirgt sich eine interessante ethymologische Metapher: Ein Lehrer ist jemand, der anleitet oder den Weg zeigt, ein Schüler ist jemand, der eifrig oder fleißig ist und Erziehung bedeutet etwas herauslocken, ans Licht bringen. Es ließe sich durchaus die Behauptung aufstellen, daß das heutige Bildungswesen in seinen Grundzügen unmittelbar unter der Oberfläche mit Wächtern, Gefangenen und Zwangsarbeit zu tun hat. Eine der häufigsten Klagen von Lehrern lautet, daß sie die meiste Zeit damit verbringen müssen, die Ordnung im Klassenzimmer zu wahren, und daher relativ wenig Zeit für den Unterricht selbst haben. Wenn man sie fragt, warum das so ist, geben einige Lehrer den Kindern oder den Eltern die Schuld, andere dem gesamten System oder einem seiner Merkmale, wie den Lehrinhalten, den Noten, der Betonung des Kognitiven, oder der Schulverwaltung. Einige geben auch sich selbst die Schuld. Aber sehr selten sagt jemand: »Es ist die Umwelt.«

Auf den Universitäten gibt es diese Betonung von Disziplin und autoritären Maßnahmen so gut wie gar nicht, zum Teil deswegen, weil traditionelle akademische Lernverstärker wie Noten immer noch sehr wirksam sind. Die meisten Studenten reagieren auf diese Verstärker aufgrund einer bewußten Entscheidung, bei der ihnen klar ist, daß das, was sie betreiben, im Wesentlichen ihre Berufsausbildung ist. Wichtiger jedoch ist, daß die meisten Universitäten als Umwelten viel beliebter sind als öffentliche Grund- und Oberschulen. Diese Umwelten sind insofern erregend und lustbetont, als die Studenten gewöhnlich im Laufe eines einzigen Tages eine große Vielfalt von Umgebungen und körperlichen Betätigungen erleben – über das Universitätsgelände zu verschiedenen Vorlesungen gehen, in verschiedenen Hörsälen mit anderen Leuten sitzen, eine Vielzahl von Lehrenden erleben oder während der Pausen Freunde treffen. Ordinarien sprechen selbst Erstsemester häufig ziemlich höflich an, bei den Studenten wird erlaubt und vorausgesetzt, daß sie ihre Zeit und ihre Arbeit mit nur wenig unmittelbarer Aufsicht einteilen, usw. Unter normalen Umständen verringert die lustbetontere und anregendere Universitätsumwelt den Bedarf nach den offensichtlichen Formen autoritärer Machtausübung. Es gibt wenig von den totalitären Lächerlichkeiten, die in manchen öffentlichen Grund- und Oberschulen vorkommen, in denen die Schüler zum Beispiel einen schriftlichen Passierschein zur Toilette brauchen oder den Erstkläßlern erlaubt wird, zum Mittagessen nachhause zu gehen, aber den Zwölftkläßlern nicht.

Wie wichtig eine lustbetonte und reizintensive Umwelt ist, läßt sich am Bericht eines Falls veranschaulichen, der sich in einer Bibliothek einer mittelgroßen Grundschule abgespielt hat. Diese Bibliothek tat sich durch einen besonders hohen Anteil nicht gerade stark motivierter Schüler hervor. Die Bibliothekarin, die jung und eifrig war und die Unterstützung ihres Rektors genoß, kaufte eine Menge populärer Taschenbücher voller Gewalt und Spannung in der Hoffnung, daß die Kinder, wenn sie etwas fänden, was sie gerne lesen, schließlich zu besseren Sachen übergehen würden. Dies funktionierte bei ein paar Schülern, jedoch nur bei einer Handvoll. Ihre Ausbildung als Bibliothekarin bewirkte, daß sie die Bibliotheksumwelt gar nicht mehr wahrnahm, die trostlos war und ziemlich genau wie ein großes Klassenzimmer aussah, mit Ausnahme der Bücher entlang der Wände, den Katalogkarten und den langen Tischen. Dann spendete jemand der Schule einen großen, flauschigen, fellartigen und tiefroten Teppich und eine Anzahl bunter Kissen. Niemand wußte etwas damit anzufangen. Die Bibliothekarin, die am Ende ihres Lateins war, bat um den Teppich und die Kissen und erhielt sie auch, ließ die meisten Tische und Stühle wegräumen, legte den vier mal vier Meter großen Teppich in die Mitte der Bibliothek und verstreute die Kissen darauf. Es kamen soviele Kinder herein, um sich auf den Teppich hinzuflegeln und zu lesen, daß sie zum Schluß den Platz aufteilen mußte.

Was die Bibliothekarin tat, war nach unseren Begriffen, daß sie die einzige erregende und lustbetonte Subumwelt im Schulgebäude schuf. Sie war erregend, weil sie neuartig, farbenfroh war (wobei der rote Teppich besonders auffällig war), sie war lustbetont, weil sie unter anderem auch bequem war, und sie signalisierte außerdem weniger Unterwerfung, weil die Kinder nicht in die unveränderliche räumliche Anordnung von Stühlen und Tischen eingezwängt waren und sich zum Lesen auf den Rücken legen, hinsetzen oder auf den Bauch oder die Seite legen konnten.

Und dann gab es noch eine andere äußerst wichtige Komponente: diese Umwelt ermöglichte den Kindern, sich kennenzulernen, was sich im Sinne einer Verstärkung sowohl der Erregung als auch der Lust auswirkte. Es könnte ketzerisch oder geradezu standeswidrig erscheinen, wenn eine Bibliothekarin ihren Bereich als einen Ort nutzen läßt, an dem Leute in soziale Interaktion treten können. Glücklicherweise beschloß diese Bibliothekarin, die bereits gegen die meisten Regeln verstoßen hatte, sie gänzlich über Bord zu werfen und das Experiment einfach laufen zu lassen. Sie stellte fest, daß sich zunächst viel Gekicher, Geflüster, Rippenstöße, und in einigen Fällen ein paar versuchsweise und freundliche Ringkämpfe abspielten. Es erforderte eine Menge Selbstbeherrschung, das zu dulden und nicht einzuschreiten, doch zahlte sich ihre Zurückhaltung aus. Nach etwa zwanzig Minuten wurden die Kinder ruhig, begannen die Bücher durchzublättern und fingen schließlich zu lesen an. Die einzige Vorschrift lautete, daß man ein Buch in der Hand haben mußte, bevor man auf den Teppich durfte. Auf dem Teppichbereich gab es immer noch eine gewisse Interaktion, doch nahm jeder Rücksicht auf den anderen. Da die Kinder nahe beieinander liegen konnten, konnten sie miteinander flüstern, ohne die anderen groß zu stören. Und da dieses Geflüster erlaubt war, war es nicht ungewöhnlich oder trotzig, und somit nicht ablenkend für die anderen. Die Kinder richteten ihr eigenes Verhalten von selbst auf Rücksichtnahme gegenüber den anderen ein, ohne daß die Bibliothekarin etwas dazu tun mußte.

Bezeichnenderweise war es eine Bibliothekarin, die, nachdem es ihr nicht gelungen war, Schüler anzulocken und sie die Monotonie ihres Arbeitsalltags langweilte, diese Veränderungen willkommen hieß und nicht auf Stillschweigen bestand. Im Gegensatz zu ihr leiden viele Lehrer in Grund- und Oberschulen an Übererregung und kurz bevorstehenden Umschlagsreaktionen nach dem Allgemeinen Anpassungssyndrom. Sie verbringen ihre Arbeitstage in fast ständiger Berührung mit etwa dreißig Kindern, von denen jedes eine individuelle Persönlichkeit, bestimmte Probleme und tägliche Stimmungsschwankungen hat – ganz zu schweigen von den zahlreichen Kombinationsmöglichkeiten von Beziehungen, die sich in einer Gruppe von dreißig Kindern herausbilden können. Mit einer potentiell komplexen und unvorhersagbaren Situation konfrontiert, zwingen die Lehrer und Schulleiter den Schülern eine große Anzahl von starren Regeln auf, um deren Verhalten beständiger, gleichförmiger und vorhersagbarer zu machen – oder kurz gesagt, reizarme Klassenzimmer zu erzielen.

Das Dilemma liegt schon in der Situation, wenn ein Erwachsener den größten Teil seiner Arbeitszeit mit einer Gruppe von dreißig aktiven Kindern zubringen muß. Während der Lehrer für einen von Kindern wimmelnden Raum verantwortlich ist und damit fertig werden muß, ist jedes Kind in erster Linie für sein eigenes Verhalten verantwortlich und stellt gelegentlich eine Beziehung zum Lehrer oder zu ein paar anderen Kindern seiner Wahl her. In Anbetracht der Tatsache, daß die typische Schulumwelt neutral (weder lustbetont noch unlustbetont) oder sogar leicht unlustbetont ist, strebt der Erwachsene zwangsläufig nach einer reizarmen räumlichen Umgebung und versucht außerdem, Vielfalt und Ungewißheit in der Gruppe zu reglementieren und herunterzuschrauben. Die Kinder dürften sich im Gegensatz dazu eingeengt und gelangweilt fühlen, und versuchen schließlich, Erregung und Lust zu erzeugen, indem sie untereinander in Interaktion treten. In dem darauf folgenden Kampf erlassen die stärkeren Mitglieder der Schulgemeinschaft einschränkende Reglementierungen, die es den Kindern sogar schwer machen, sich miteinander zu unterhalten, zu lachen, oder an Schmerzen Anteil zu nehmen, oder gemeinsame Zeit entspannt und nachdenklich zuzubringen. Wenn man sich die nachgewiesenen Bedürfnisse von Kindern und Teenagern nach Interaktion mit Gleichaltrigen vergegenwärtigt, in der sie sich selbst im Bezug auf andere erforschen und definieren können, ist die restriktive Schulumwelt – nicht-Schwätzen, nicht-Lachen, keine-Zettel-weiterreichen, nicht-im-Gang-stehen-bleiben usw. wenig vernünftig.

Zu jeder gangbaren Lösung dieses Dilemmas einschränkender Reglementierungen, ungenügender Erregung bei den Kindern und potentieller Übererregung bei den Erwachsenen gehören zwangsläufig Veränderungen der Umwelt und des Instrumentariums, die die Lehrer von dem intensiven Kontakt mit großen Gruppen freistellen. Dies bedeutet, daß Lernzentren für Einzelschüler oder Kleingruppen (wie sie im nächsten Kapitel erwähnt werden) erforderlich sind. Neben Unterrichtsangeboten, die vom Lehrer ausgehen, könnten die Kinder dann Programme auf Ton- oder Videobändern auswählen, und die Lehrer könnten, anstatt Informationsquellen zu sein, als Berater in Hinblick auf Programmwahl und Lerntempo wirken. Derartige Systeme würden den Lehrern die notwendige Erleichterung bringen und außerdem den Kindern eine reizstärkere, flexiblere und lustbetontere Lernumwelt geben. Drei oder vier Kinder, die sich dasselbe Programm ansehen, können das Band nach Bedarf anhalten und es dann diskutieren oder den Lehrer auf etwas aufmerksam machen, sie könnten es auch einfach anhalten, um eine Pause zu machen, oder ein anderes Programm weiter vorn oder hinten in der Lernsequenz wählen, um etwas zurückzurufen oder vorwegzunehmen, auf das sie neugierig sind. Kindern zu ermöglichen, die gewünschten Programme auszuwählen und ihr Lerntempo selbst zu bestimmen, kann eine außerordentlich effiziente Art und Weise sein, sie auf einem optimalen Erregungsniveau mit einem größeren Gefühl von Kompetenz (Dominanz und Lust) tätig werden zu lassen.

Zunächst ist es nützlich, über die Alternativen zur Anordnung der Innenräume einer Schule nachzudenken. Wie im Falle anderer Kleingemeinschaften können diese Räume so angeordnet werden, daß sie es fördern, daß die Leute einander über den Weg laufen und damit Umgang miteinander pflegen. Gelegenheiten zu zwanglosen sozialen Kontakten unter Schulkindern dürften zu ihrem Erregungs- und Lustniveau beitragen, und werden durch eine Architektur wie die auf der folgenden Seite abgebildete vermehrt.

Der Mittelpunkt dieser Schule ist eine zentrale Bibliothek für Bücher, Videobänder und Filme, die als Medienzentrum bezeichnet ist, mit einem angrenzenden zwanglosen Aufenthaltsraum. Die Randzone besteht aus Klassenzimmern und verschiedenen Verwaltungsbüros und der Zugang zu allen Bereichen erfolgt durch den einzigen kreisförmigen Flur. Eine kreisartige Raumaufteilung trägt stark zu Kontaktmöglichkeiten zwischen Schülern aus verschiedenen Klassen bei und ermöglicht ihnen, neben dem zentral gelegenen Medienzentrum und Aufenthaltsraum zusammen zu lernen oder zwanglos miteinander umzugehen. Die Architekten achteten bei dieser Anordnung besonders auf das

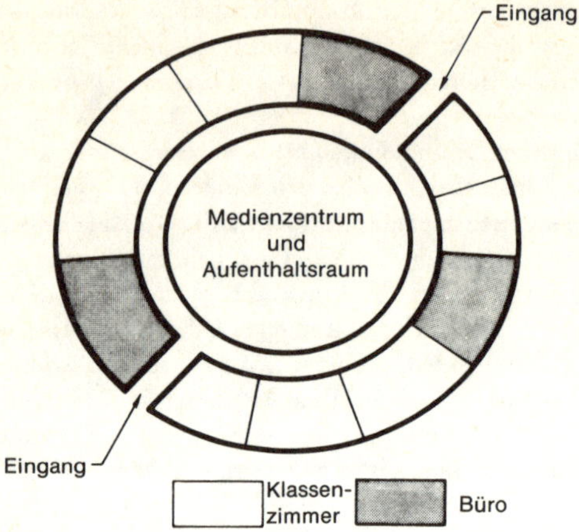

Abbildung 9

Erfordernis einer ausreichenden Schallisolierung. Sie sorgten dafür, daß der Flurlärm von den am Rand gelegenen Klassenzimmern und Büros und die Geräusche des Aufenthaltsraums von den Lernbereichen des Medienzentrums ferngehalten wurden.

Der Erfolg einer derartigen Gestaltung steht und fällt damit, ob die Schulumwelt so lustbetont wie möglich gestaltet wird, weil nur dann von den Lehrern und Verwaltungspersonen höhere Reizvolumen ertragen werden. So besteht der erste Schritt darin, daß das ganze Schulinnere richtig gestrichen wird. Jeder Raum in der Schule – vom Rektorzimmer bis zur Toilette – sollte in lustbetonten Farben gehalten sein.

Als nächstes betrachte man den Lehrplan und stelle fest, welche Fächer reizstark sind (komplex, neuartig oder schwierig im Bezug auf soziale Herkunft und Fähigkeiten der Schüler). Das ist nicht schwer herauszufinden; eine Schreibmaschinenstunde für Anfänger, an der hauptsächlich Mittelstufen- und Oberstufenschüler teilnehmen, deren nächste »Stunde« Fußball, Baseball oder Hundert-Meter-Lauf ist, hat ein anderes Reizvolumen als eine 10-Uhr-Stunde in der Oberprima in Biologie oder Kugelgeometrie. Natürlich können Direktoren oder Lehrer, deren Schulen mit einer Art variablen Schwerpunktstundenplan arbeiten, derartige Daten leichter erfassen als andere, dennoch leistet eine formlose Befragung von Schülern und Lehrern darüber, was sie gerade tun und wie sie sich dabei fühlen, meistens genau dasselbe. Schüler und Lehrer, die reizarme und leicht unlustbetonte Aufgaben erledigen, sollten in reizstarke und sehr lustbetonte Klassenzimmer eingewiesen werden. Abwechslungsreich und heiter gestrichene Innenwände und Einrichtungen, Fenster, die Anregung von draußen bieten, Musik und die Beteiligung der Schüler bei der häufigen Umdekorierung des Klassenzimmers nach Themen aus den Lernstoffen können alle zum Reizvolumen und zur Lustdimension der Umwelt beitragen. Außerdem sollten die Anordnung der Möbel und die verschiedenen Betätigungszentren in einem Klassenzimmer die Kinder dazu ermuntern, hin- und herzugehen, mit verschiedenen Partnern zu arbeiten, auf verschiedenen Stühlen zu sitzen, so daß sie die Klasse oder die Außenwelt von verschiedenen Blickpunkten aus sehen und ihnen ganz allgemein größere Abwechslung bei der Körperbetätigung und Anregung im Klassenzimmer geboten wird. Dies wird unerläßlich, wenn wir berücksichtigen, daß das Stillsitzenmüssen auf demselben Stuhl am selben Ort in einem Zimmer während eines großen Teils des Tages schon für Erwachsene eine fast inhumane Einschränkung darstellt, und erst recht für Kinder, die einen großen Teil ihrer Erregung eher aus körperlicher als aus verstandesmäßiger Betätigung beziehen. Andererseits sollten Schüler und Lehrer zu Tageszeiten, wo sie komplexe und ungewohnte Aufgaben erledigen, in Räume eingewiesen werden, die sehr lustbetont, aber reizarm sind.

Die nächste Aufgabe besteht darin, willkürlich einige Klassenzimmer der Schule auszuwählen, die Kombination von Stühlen und Tischen abzuschaffen, und mit anderen, weniger zwanghaften Möblierungen zu experimentieren – zum Beispiel mit stark strukturierten und hellfarbigen Teppichen und großen Kissen oder Polsterrollen. Wenn ein Lehrer mehr Unterricht nach dem Induktionsprinzip erteilen will, ist es viel besser, wenn er dies in einer flexiblen, gemütlichen Umgebung tut, in der sich die Schüler ohne weiteres in einem Kreis oder einer Reihe konzentrischer Halbkreise um den Lehrer versammeln können. Während der Freistunden sollten die Kinder die Erlaubnis und genug Platz haben, herumzugehen, ihre eigenen sozialen Gruppen zu bilden und miteinander zu reden. Freistunden in einem großen Klassenzimmer mit feststehenden Tischen machen es leichter, festzustellen, wer anwesend ist, aber flexible Sitzgruppen werden dadurch unmöglich.

Viele Formen des Schulunterrichts sind vereinfachende Alles-oder-nichts-Lösungen, die ohne Rücksicht auf die grundlegenden Variablen von Umwelt und Individuum (Gemütsverfassung und Fähigkeiten) durchgesetzt werden. Man sehe sich nur einmal die Kontroverse über strukturierte und unstrukturierte Klassenzimmer und Unterrichtsformen an. Kinder unterscheiden sich in ihrer Fähigkeit, mit zwanglosen, ungegliederten Lernsituationen fertig zu werden, weil sie mit derartigen Situationen zuhause in unterschiedlichem Maße vertraut sind. Manche Wohnungen bieten zwanglose Lernsituationen, in denen Kinder leichten Zugang zu Büchern, Zeitschriften und anderem Bildungsmaterial haben, und in denen häufige Diskussionen und Erklärungen üblich sind. Für diese Kinder ergibt das hohe Reizvolumen des komplexen und ungegliederten

Klassenzimmers in Verbindung mit seiner Vertrautheit mäßige Erregung. Dieselbe Umgebung ist äußerst erregend für ein Kind, in dessen Zuhause es keine Bücher oder geistig anregende Diskussionen gibt.

Es ist nützlich, einen neueren Gedankengang über frühkindliche Erziehung – die Hypothese, daß es wichtig sei, Kleinkinder zuhause und in Kinderhorten zu stimulieren – in diesem Zusammenhang zu erörtern. Obwohl es keine definitiven Forschungsergebnisse gibt, hat die Idee, daß die Stimulierung von Kleinkindern und Kindern in reizstarken Kinderhorten und Schulumgebungen zu ihrer raschen kognitiven Entwicklung beiträgt, weite Verbreitung gefunden. Untersucht wurden (a) das Aufhängen von verschiedenen Mobiles über Säuglingsbetten, (b) die Interaktion zwischen Erwachsenen und Heimkindern, denen im allgemeinen derartige soziale Kontakte fehlen, und (c) Projekte intensiver Stimulierung, die sich über mehrere Jahre erstreckten, besonders das Milwaukee-Projekt. Die Effizienz dieser Verfahren ist dadurch gemessen worden, daß jeweils untersucht wurde: (a) das weitere Interesse der Kleinkinder an den Mobiles, (b) ihre Fähigkeit, andere Erwachsene in Gespräche zu verwikkeln, und (c) ein Fächer von Tests zur allgemeinen kognitiven Entwicklung. Ohne diese Untersuchungen im einzelnen zu erörtern, läßt sich sagen, daß Verfahren mit kombiniert lustbetonter und reizstarker Stimulierung zu einem größeren Interesse an den Reizen führte und die Möglichkeiten des Lernens und die kognitive Entwicklung verstärkte. Im Gegensatz dazu führten Verfahren, bei denen unabsichtlich kombiniert unlustbetonte und intensive Reize (wie häßliche oder furchteinflößende Mobiles) verwandt wurden, dazu, daß die Kleinkinder die Reize mieden.

Die Stimulierung allein kann daher nicht als Allheilmittel angesehen werden. Wenn reizstarkes Spielzeug in den Spielbereich eines Kindes oder sein Bettchen eingebracht wird, ist es wichtig, daß die unlusterzeugenden Auswirkungen dieser Spielzeuge festgestellt werden. Gewiß können vermehrte Kontakte zwischen Heimkindern und verständnisvollen, reaktionsbereiten Erwachsenen die Lust und das Erregungsniveau der Kinder steigern und sie dazu ermuntern, sich anderen Erwachsenen zu nähern. Dennoch ist es auch wichtig, sich daran zu erinnern, daß viele Kinder in unlustbetonten oder bestenfalls lustneutralen Umgebungen wie unordentlichen (reizstarken) Wohnungen oder Kinderhorten an Überreizung leiden. Wenn man das Reizvolumen derartiger Orte dadurch erhöhen würde, daß man mehr Kinder in ein Zimmer packt oder eine größere Auswahl an Spielen und Aufgaben einbringt, würde dies keine Verbesserung darstellen.

Die vorangegangenen Kapitel enthalten genügend Beispiele darüber, wie Umgebungen lustbetonter, wie sie reizstark oder reizarm gestaltet werden können und wie man sie an das Abschirm- und Befähigungsniveau des einzelnen anpassen kann. Das zentrale Problem für den Lehrer, die Schul-Baubehörden oder die Eltern besteht darin, den Widerstand gegen die Gewohnheit zu überwinden, über Klassenzimmer und die Schulumwelt in denselben Kategorien zu denken wie über persönlichere Umwelten zuhause.

Ich habe der Versuchung widerstanden, mich auf Fakten und Verfahrensweisen einzulassen, die dazu dienen könnten, die Lernaufgaben selber erregender, lustbetonter und weniger repressiv zu gestalten. Standardisierte Stoff- und Lehrpläne, Methoden und Verlagsprodukte für fast jeden Themenkomplex sind meilenweit von den Ergebnissen entfernt, die in mehr als einem dreiviertel Jahrhundert psychologischer Forschung erarbeitet worden sind. Die Folgerungen aus der Umweltpsychologie für das Klassenzimmer sind jedoch noch weniger einbezogen worden, und diese stehen für uns hier im Mittelpunkt.

Kapitel 14
Filme und Kinos

Filme sind vielleicht die größte Kunstform des zwanzigsten Jahrhunderts, und die Umweltpsychologen gehen ein derartiges Thema lieber behutsam an.

Filmtheater können riesige, pseudobarocke Paläste mit Sitzreservierung sein; schicke Erstaufführungskinos mittlerer Größe mit Schlangen, die sich zweimal um den Block winden, gemütliche alte Flohkinos, die Westernklassiker oder *Les Règles du Jeu* und *Les Enfants du Paradis* für 1 Dollar 50 zeigen, oder Pornokinos, in denen sich mehr auf dem Balkon und in den Pissoirs abspielt als auf der Leinwand. Manche Kinogänger sind überarbeitete Intellektuelle, die sich in Kriminalfilmen suhlen, Leute, die herausfinden möchten, ob sie beim Anschauen von *Der Exorzist* in Ohnmacht fallen oder sich erbrechen, oder Snobs, die sich *Citizen Kane* zum x-ten Male ansehen, um darüber zu streiten, ob in einer bestimmten Einstellung wirklich Gregg Toland oder Orson Welles zu sehen war. Die Filme selbst reichen von *Fantasia* bis zu *Fritz the Cat*, von den schnulzigen Heimatfilmen der untersten Kategorie, über Rührstücke für Gebildete wie *Casablanca* oder *In Which We Serve* und schwachbrüstige Tendenzfilme wie *The Hellstrom Chronicle* oder *Soylent Green* bis zu ernsthaften Filmen wie *He Who Must Die* oder *Z.*

Wie soll man die unendliche Vielfalt behandeln, die jede vielseitige Kunstform in sich einschließt, besonders wenn es eine wirklich populäre ist, die nicht nur Schichtgrenzen sprengt, sondern auch das Bewußtsein der Menschen sowohl mit der größten als auch mit der geringsten Auffassungsgabe innerhalb einer Kultur anspricht?

Der Leser, der mir bis hierhin gefolgt ist, weiß bereits, daß ich es irgendwie schaffen werde, Dinge wie Erregung, Lust, Dominanz und Reizabschirmung ins Spiel zu bringen, aber zunächst möchte ich etwas über Filme und Träume sagen. Es ist nicht ungewöhnlich, daß Leute innerhalb und außerhalb der Filmindustrie von Hollywood als einem der Zentren der Filmproduktion sagen, daß es eine »Traumfabrik« war oder ist. Wenn man unter »Traum« eine relativ kompakte, komplexe und erregende Wahrnehmungsepisode versteht, in der sich Dinge abspielen, die weit von unserer Alltagserfahrung entfernt, jedoch in Beziehung zu unseren Möglichkeiten und Sehnsüchten stehen, Dinge, die ziemlich rasch auf eine Art und Weise kombiniert werden, die wir einleuchtend oder rätselhaft finden, in welche Probleme gestellt oder Lösungen geboten werden, die irgendwie unsere Alltagsprozesse von Erkenntnis und Wertung umgangen haben, dann ist jede Kunst Traum. Und damit können wir der kleinkarierten und chauvinistischen Vorstellung den Garaus machen, daß Filme traumähnlicher seien als Lyrik, Oper, Wandfresken oder ein guter Spionageroman. Und ich werde nichts gegen die Idee sagen – die gelegentlich von betulichen Spezialisten gegenüber Edmund Spenser oder William Blake geäußert wird –, daß ein Drehbuchautor unser nächster Shakespeare sein wird.

Der erregende Charakter von Filmen und Kinobesuchen ist vielleicht der wichtigste Einzelfaktor für die Betrachtung. Filme, obwohl zu ihnen Phantasie und die Identifizierung mit imaginären Ereignissen und Charakteren gehören, sind eine Möglichkeit, wie man seine eigene Welt bereichern kann. Sie schöpfen die Grenzen menschlicher Erfahrung aus – Ereignisse, Orte und Gefühle, die den meisten von uns in unserem Alltagsleben nicht ohne weiteres zugänglich sind. Indem wir uns mit jemand anders identifizieren, sehen und tun wir dieselben Dinge wie er. Die Filme bringen somit Abwechslung und Neuartigkeit in unser Leben hinein. Diese Eigenschaft ist es – die Erforschung der möglichen Bereiche der menschlichen Erfahrung mit besonderer Hervorhebung stark emotionaler Erlebnisse – welche Filme im recht grundsätzlichen Sinne mit den verschiedenen anderen Kunstformen vergleichbar macht. Sie wird nicht nur dadurch erreicht, daß emotionale Vorgänge verwendet werden, sondern auch durch die Darstellung von Orten und Ereignissen, die entweder von denen des täglichen Lebens äußerst verschieden sind, oder dadurch, daß gewöhnliche Ereignisse des menschlichen Daseins mit so viel Detail und Einfühlungsvermögen vorgeführt werden, daß der Betrachter nicht umhin kann, Aspekte des Lebens zu bemerken, die ihm gewöhnlich entgehen.

Die intensiven und außerordentlich abwechslungsreichen optischen und akustischen Reize von Filmen werden auf einer großen Leinwand vorgeführt. Im abgedunkelten Kino ist die helle Leinwand ein vorrangiger Reiz und schon allein deswegen erregend. Menschen und Gegenstände auf der Leinwand sind sehr groß, besonders bei Totalen, verringern auf diese Weise die wahrgenommene Distanz und steigern die Erregung. Selbst in Einstellungen auf mittlere Kameraentfernung erscheinen die Schauspieler sehr groß. Wir sind uns meistens nicht darüber klar, wieviel größer sie erscheinen, bis wir einem bekannten »massigen« Schauspieler begegnen, der sein Einkaufswägelchen durch den Supermarkt schiebt und unser Erstaunen darüber bemerken, daß er um einen ganzen Kopf kürzer und 40 Pfund leichter ist als wir. Ein Teil dieses Effekts ist natürlich darauf zurückzuführen, daß für den Aufbau der meisten Dekorationen und Kulissen von Film und Fernsehen ein kleinerer Maßstab gewöhnlich sieben Achtel, verwendet wird. Dadurch erscheinen die Schauspieler und Schauspielerinnen durch die niedrigeren Türen, Fenster, Tische oder Stühle größer.[14]

Diese Faktoren – die relative Intensität der Leinwand, die stark übertriebene Größe, die Bewegung der Schauspieler oder der Kamera, die Farbigkeit und die vielen Geräusche – das alles trägt dazu bei, Filme an sich schon erregend zu machen, ganz ungeachtet ihres jeweiligen Inhalts.

Die These McLuhans, daß das Fernsehen ein »heißeres« oder anspruchsvolleres Medium sei als der Film, weil der Fernsehzuschauer im Unterbewußtsein das Bild aus einer Rasterstruktur zusammensetzen oder rekonstruieren muß, mag etwas für sich haben. Daß jedoch Filme an sich schon erregender als Fernsehen sind, geht aus dem ziemlich unterschiedlichen Regiestil der Regisseure von Filmen und Fernsehspielen hervor. In Filmen sind mittlere, entfernte und Panoramaeinstellungen sehr viel häufiger, und die Nahaufnahme wird sehr viel seltener verwendet als beim Fernsehen. Ein Filmregisseur kann es sich leisten, seine Schauspieler beim Gehen, Herumrutschen auf Stühlen oder Getränkeeingießen in einer bestimmten Umwelt in der Totalen zu zeigen. Dies ist deswegen möglich, weil uns auf einer Filmleinwand eine Halbtotale, die zwei Schauspieler zeigt, die sich in einem Salon unterhalten, immer noch Personen zeigt, die mindestens 3 Meter hoch sind. Auf diese Weise erhalten wir in Filmszenen im allgemeinen eine vollständigere Ansicht der Handlung in ihrem räumlichen Kontext – sie sind reizstärker. Im Gegensatz dazu muß ein Fernsehregisseur mittlere oder lange Einstellungen vermeiden, da sonst seine Schauspieler sogar bei einer mittleren Einstellung auf dem Bildschirmobjektiv nur noch zwischen 15 und

14 Obwohl der Ton in Wirklichkeit nicht aus der Leinwand kommt, suchen wir ihn gern vorn. Diese Neigung, die Leinwand zum Ausgangspunkt aller Reize zu machen, ist so stark, daß wir uns, wenn wir einen ausländischen Film mit Untertiteln sehen, häufig einbilden, daß die Schauspieler tatsächlich die Zeilen in den Untertiteln gesprochen haben, besonders wenn wir ihre wirklich gesprochene Sprache nicht gut kennen. Außerdem sind wir uns dann, wenn ein ausländischer Film synchronisiert wird oder wenn die Lippenbewegungen hinterherhinken, des Bruchs deutlich bewußt. Erst dann wird uns klar, daß das Kino von allen Seiten beschallt wird oder der Ton zumindest nicht unmittelbar von der Leinwand kommt.

50 Zentimetern groß erscheinen. Er wird dazu neigen, Nahaufnahmen zu verwenden, so daß das Gesicht eines Schauspielers annähernd lebensgroß ist. Aus diesem Grund gibt es beim Fernsehen sehr viele rasche Schnitte von einem Gesicht zum anderen, und sehr viel mehr Kamerawinkel, als sie in einer vergleichbaren Filmszene vorkämen. Der Fernsehregisseur wird sich gern die mittleren und großen Entfernungen für Action-Aufnahmen oder bewegungserfülltere und erregendere Inhalte aufsparen – eine Jagd, eine Massenszene oder einen Kampf. Man braucht bloß einmal auszählen, wie oft in *Inspector Cannon, Derrick, Bonanza, Der Alte* oder anderen Fernsehfilmen mit viel *action* die Hauptdarsteller, ganz zu schweigen von den Nebenrollen – in Ganzaufnahme zu sehen sind. Selbst bei den sogenannten Orientierungseinstellungen, wie zum Beispiel wenn er zeigen möchte, daß jemand im Flugzeug sitzt, verwendet der Fernsehregisseur gern Archivmaterial, welches zeigt, wie Flugzeugreifen auf der Landebahn aufsetzen. In Filmen ist eine Panoramaeinstellung wahrscheinlicher, welche zeigt, wie das ganze Flugzeug auf einer Landebahn aufsetzt.

Es ist interessant, daß stark erregende Filme, besonders im Kriminal- oder Thrillergenre, gern eine relativ größere Anzahl der schwächer erregenden Regietechniken des Fernsehens einsetzen. Ebenso interessant ist es, daß manche eigens fürs Fernsehen gedrehte Filme, die verhalten, ernsthaft oder dokumentarisch sind, Regietechniken des Films verwenden. Der Fernsehfilm *Die Geschichte der Jane Pittman*, der wegen seiner geruhsamen, geräumigen, unhektischen und dokumentarischen Eigenschaften überall gelobt wurde, verwendete tatsächlich eine relativ große Anzahl von mittleren und Ferneinstellungen. Der Schluß, der um einen thematischen und dramatischen Höhepunkt herum aufgebaut wurde, in dem eine 110 Jahre alte frühere Sklavin aus einem Trinkbrunnen »nur für Weiße« trank, wurde fast gänzlich in mittleren und langen Einstellungen gefilmt. Dies erzeugte sowohl ein Gefühl dokumentarischer Realität – man konnte Leute in Ganzaufnahme mit ihren Füßen auf dem Boden und den Bäumen über ihren Köpfen sehen – als auch eine nachdenkliche Atmosphäre ohne Übertreibung. Eine uralte Frau, so stark sie im Geiste oder im Zorn auch sein mag, ist etwas Kleines und Zerbrechliches, sie braucht Zeit, um dorthin zu kommen, wo sie hin will, und es braucht Zeit, um ihr wieder auf die Ladefläche des Kleinlasters zu helfen. Im Gegensatz zu Nahaufnahmen geben uns Ganzaufnahmen dabei eine sehr viel echtere und letztendlich auch bewegendere Perspektive.

Man überlege auch einmal, in was für verschiedenen Umwelten wir Filme betrachten oder fernsehen. Ein Kino ist ein öffentlicher Ort, und obwohl wir schon mehrmals vorher dort gewesen sind, ist es nicht dasselbe Publikum, sondern jedesmal ein Haufen ganz anderer Leute. Um ins Kino zu gelangen, müssen wir uns fortbewegen, ob dies nun bloß ein langer Spaziergang oder eine weite Autofahrt ist. In jedem Fall stellt ein Besuch im Filmtheater einen Wechsel von einer privaten zu einer öffentlichen Umgebung dar, der gewöhnlich an sich schon erregend ist.

Bisweilen jedoch kann dieser Unterschied der Erregung zuviel sein. Vor einigen Jahren ermittelten die Leute der Filmindustrie zu ihrer großen Überraschung, was die Filmbesucher schon vom bloßen Schlangestehen wußten, daß ein großer Teil der Kinobesucher jünger und gebildeter war als der Durchschnitt. Die Produzenten reagierten darauf, indem sie eine große Anzahl kitschiger, auf die Jugend ausgerichteter Filme machten, aber noch wichtiger war, daß sie die Stadtteil-Kinos aushungerten und stattdessen kleinere Erstaufführungskinos in der Nähe von Universitäten bauten. Das Ergebnis war, daß verheiratete Leute aus der Mittelschicht im mittleren Alter in verkehrsdichte Orte fahren und sich mit irrsinnigen Verkehrs- und Parkproblemen, langen Menschenschlangen usw. herumschlagen müssen. Diese Leute finden womöglich infolgedessen die zum Kinogehen gehörende Umwelt zu erregend, zu hektisch und zu unlustbetont und bleiben lieber weg, wobei sie mehr filmähnliche Unterhaltung von ihrem Fernsehapparat zu Hause erwarten.

Im Verhältnis zu fast jedem Kino ist die Umwelt, in der wir fernsehen, gewöhnlich nicht besonders erregend. Wir befinden uns in einem vertrauten Zimmer, entweder allein oder mit der Familie. Die Gegenwart unserer Ehegatten, Kinder oder Freunde kann die Erregung steigern, da die emotionalen Reaktionen von Menschen sich gern gegenseitig verstärken: Man lacht ein wenig lauter, länger und mit mehr Lust, wenn auch die anderen lachen. Eine derartige Verstärkung ist jedoch in einem Filmtheater mit großem Zuschauerraum weitaus größer.

Während wir fernsehen, können wir uns auf viele andere Elemente in der unmittelbaren Umgebung konzentrieren, besonders dann, wenn das Fernsehen seit frühester Kindheit ein äußerst vertrauter Reiz ist. Im Gegensatz dazu sehen wir kaum jemals von einer Leinwand weg. Dieser Vergleich läßt darauf schließen, daß das Fernsehen für viele Leute keine sehr »heiße« oder überbeanspruchende Sache ist. Sie stellen das Fernsehen an und machen dann dabei ihre Hausaufgaben, oder sie laufen durchs Haus und erledigen Haushaltspflichten, telefonieren, lesen Zeitung oder unterhalten sich mit anderen. Nur wenige Leute empfinden das Fernsehen in solchem Umfang als einen ausschließlichen Reiz, daß sie die Augen nicht davon losreißen oder keine zusammenhängende Unterhaltung am Telefon führen können, während das Fernsehen läuft. Diejenigen, die das nicht können, sind häufig Leute, die aus dem einen oder anderen Grund als Kinder nicht viel ferngesehen und keine jahrelange Praxis darin haben, es wahrnehmungsmäßig abzuschalten.

In unserer Wohnung fühlen wir uns dominanter als im Kino. Unser Verhalten ist zu Hause weniger räumlich und sozial eingeengt, und es ist daher wahrscheinlicher, daß wir Dinge tun, die unsere Aufmerksamkeit vom Fernsehschirm ablenken. Wir können herumgehen, die Füße hochlegen, Sachen essen, die ein klein wenig unhandlicher als Popcorn oder ein Schokoladenriegel sind, Briefe schreiben oder während der Werbeeinblendungen eine Zeitschrift überfliegen. Wir können einfach das Programm wechseln und uns etwas anderes hereinholen. Gewöhnlich können wir das Bild so justieren, daß es zu unseren eigenen Farbpräferenzen paßt, und mit Sicherheit können wir die Lautstärke regeln. Im Kino können wir nur mit den Füßen trampeln, wenn das Bild unscharf ist. Wenn der Ton für unseren Geschmack zu laut ist, sind wir hilflos, und wenn der Film schlecht ist, können wir nur hinausgehen und uns über das verlorene Geld ärgern.

Neben der Tatsache, daß man sich dabei unterworfen fühlt, gehört zu den vielen Faktoren, die zusammenwirken, um das Kino zu einem allgemein erregenderen Erlebnis als das Fernsehen zu machen, die Größe der Leinwand, die Art und Weise, wie die Aufmerksamkeit darauf konzentriert wird, das Vorhandensein einer Menschenmenge von Fremden, die die emotionale Empfänglichkeit und Ausdrucksfähigkeit verstärkt, der abwechslungsreiche und womöglich neue Rahmen, den ein bestimmtes Kino darstellt, die Veränderungen der täglichen Gewohnheiten und Umgebungen einfach dadurch, daß man zum Kino hin muß und wieder nach Hause, und schließlich das Glücksspiel, für etwas im voraus zu bezahlen, das uns vielleicht nicht gefällt.

Der weniger erregende Charakter des Fernsehens ist außerordentlich einleuchtend, wenn man überlegt, daß die Amerikaner mehrere Stunden täglich vor dem Fernseher verbringen. Man stelle sich ein ganzes Land vor, das durch sein liebstes Unterhaltungsmedium in ein Allgemeines Anpassungssyndrom überkippt! Man könnte daher die Vorhersage machen, daß Personen, die ein besonders hektisches Arbeitsprogramm oder reizüberflutete Arbeitsumwelten haben, besonders wenn sie Nichtabschirmer sind, wahrscheinlich nicht oft ins Kino gehen, es sei denn, das Erlebnis wäre außerdem außerordentlich lustbetont.

Und genau die Lustdimension ist es, wo das Fernsehen einen großen Wettbewerbsvorteil hat. Ich spreche hier nicht über den Inhalt von Filmen oder Fernsehprogrammen, sondern von den Umwelten, in denen sie konsumiert werden. Die Leute stellen ihren Fernsehapparat gern in die bequemsten Zimmer im Hause – Wohnzimmer, Familienzimmer oder Schlafzimmer. Die Fernsehzuschauer können daher in einem bequemen Sessel sitzen, sich auf dem Boden ausbreiten oder im Bett ausstrecken. Sie können etwas unternehmen, damit sie sich wohler fühlen: wenn es zu kalt ist, können sie die Heizung aufdrehen, eine Decke oder einen Pullover holen, wenn es zu heiß ist, können sie die Klimaanlage höher stellen, ein Fenster öffnen, oder einige oder sogar alle Kleider ausziehen. Sie können sich eine heiße Suppe oder ein kaltes Getränk holen. Kurzum, sie können zu Hause alles tun, was sie ansonsten zur Luststeigerung unternehmen. In den meisten Kinos ist das nicht möglich. Auf die räumliche Umwelt des Theaters hat man sehr wenig Einfluß, und die Gegenwart der anderen übt einen beträchtlichen Einfluß auf unser Verhalten aus. Viele Leute bleiben lieber mit einem dringenden Bedürfnis sitzen, anstatt mitten im Film aufzustehen und sich über eine Reihe von Leuten hinweg zur Toilette zu tasten. In manchen Kinos ist es fast unmöglich, die Beine auszustrecken oder auch nur genug Fußraum zu haben. Zwischen der Bestuhlung befinden sich häufig Kaugummis, Popcorn-Tüten und anderer Abfall. Man kann nicht Süßigkeiten aus knisternden Packungen auswickeln, reden, rauchen oder ein anderes Verhalten annehmen, mit dem man das eigene Behagen steigern, aber das der anderen mindern würde, besonders wenn sie Fremde sind und ihre Reaktion nicht leicht vorhergesagt werden kann. Die Aussicht auf die Leinwand kann durch einen großgewachsenen Zuschauer in der Reihe davor verstellt werden, man kann plötzlich neben oder vor jemand mit einem tuberkulösen Husten, einer widerwärtigen Lache, einer üblen Ausdünstung oder mit einem anderen unangenehmen Merkmal sitzen.

Lust ist natürlich eine Gefühlsdimension, die sehr viel mit Annäherungsverhalten zu tun hat. Für Filmproduzenten oder Fernsehintendanten bedeutet Annäherungsverhalten verkaufte Karten oder Einschaltquoten und außerdem das Kaufkraftvolumen der Zuschauer – ob es die kaufkraftstarke Gruppe von 18 bis 35 Jahren oder die Leute über 50 sind. Wenn man sich überlegt, daß Leute, die sich lustbetont fühlen, am wahrscheinlichsten ein Annäherungsverhalten zeigen, ist es kein Wunder, daß das Fernsehen sich einen riesigen Teil des Unterhaltungskuchens herausgeschnitten hat.

Fernsehleute testen ihre Serien zu Werbefilmen häufig in einem Kino, das durch Testgeräte, bei denen die Zuschauer ihre Reaktionen durch Drehen von Knöpfen oder Teilnahme an gefilmten und aufgezeichneten Gruppendiskussionen festhalten müssen, sogar noch erregender gemacht wird. Dies führt dazu, daß Fernsehprogramm-Direktoren die Bedürfnisse derjenigen Zuschauer nach Reizvolumen bei Unterhaltung unterschätzen, die dasselbe Programm zu Hause ansehen, und erklärt, warum sie nicht gern extrem erregende oder umstrittene Sendungen bringen. Unsere Theorie geht davon aus, daß die Menschen in einer lustbetonten Umgebung mehr und nicht weniger Erregung aushalten können. Tatsächlich ist eine beträchtliche Zahl erfolgreicher Fernsehprogramme oder Serien gerade deswegen ungeheuer erfolgreich, weil sie im Vergleich zur üblichen Kost ziemlich erregend ist.

Die Filmindustrie wiederum hat auf die Konkurrenz des Fernsehens häufig so reagiert, daß sie stark erregende Filme brachte, die eine Sprache oder ein Ausmaß an Sex und Aggression enthielten, das für das Fernsehen als zu kräftig empfunden wurde. Filme, die ausdrücklich für die ganze Familie gedacht waren, sind gewöhnlich nicht allzu erfolgreich, häufig deswegen, weil sie ungenügend reizstark sind. Ein Kritiker hat auch vorgebracht, daß die Filmregisseure vielleicht zu raffiniert geworden sind, um noch erfolgreiche Familienfilme produzieren zu können. Gewöhnlich waren sie nicht in der Lage, Stories zu produzieren, in denen sympathische, kernige Helden sich einwandfrei mit unsympathischen und kernigen Bösewichtern schlagen und über sie so triumphieren, daß die vertrauten Werte wie Wahrheit, Gerechtigkeit, Ehrlichkeit und Leistungsbelohnung positiv verstärkt werden. Allzu häufig ist der Titelheld oder Hauptdarsteller in einem modernen Film von Gesetzlosigkeit, Brutalität, Geiz oder von anderen unerwünschten Merkmalen angekränkelt und macht auf diese Weise den Film zu komplex und unter Umständen verwirrend für die Kinder, während er den Eltern eine bessere Unterhaltung bietet.

Filme, die im wesentlichen Unterhaltung sein sollen, lassen sich von echten Kunstwerken insofern unterscheiden, als erstere viel konventioneller sind – sie werden mehr von künstlerischen Konventionen regiert, die für ein bestimmtes Genre typisch sind. Horrorfilme, Thriller, Western, Kriminalfilme, Samurai-Filme und lustige Klamotten jeweils ein Genre dar. Sie weisen gern bestimmte standardisierte Elemente, Rahmen oder Charaktere und allgemeine Regeln auf, welche bestimmen, was zulässig ist, und was nicht. Das Publikum eines Genres ist häufig verwöhnt. Bewußt oder unbewußt ist es mit den geltenden Konventionen vertraut und weiß daher einfallsreiche Variationen dieser Konventionen zu schätzen (wird davon be-lustigt und erregt). Gute Genrestücke gehen gern hart an die Grenzen des Erlaubten. So betrank sich zum Beispiel in einer Episode der Fernsehserie *Maude* (wie ihr Vorläufer *All in the Family* und die verwandte Serie *Good Times* im wesentlichen eine Klamotte) der Walter und schlug seiner Frau Maude ins Gesicht. Im Verhältnis zu den Konvention des Lustspiels war dies schockierend genug, um deutliches Schreckens- und Protestgemurmel beim Publikum des Vorführstudios hervorzurufen. Es war insofern ein äußerst erregender Augenblick, als es völlig unerwartet kam. Nun wäre natürlich ein einzelner Schlag in die Fresse nicht besonders erregend oder ungewöhnlich in einer Kriminalserie, in der die Zuschauer mindestens eine Leiche, eine heftige Schießerei und wer weiß was sonst noch erwarten.

Es ließe sich vorbringen, daß es zwei Kardinalregeln für Genrefilme gibt: erstens, daß man interessante Varianten über das Thema eines Genrestücks durchspielen kann, aber nicht restlos gegen die Konvention verstoßen darf, und zweitens, daß eine Szene, ein Wort oder eine Handlung im Verhältnis zu dem vom Film gehaltenen allgemeinen Erregungsniveau ziemlich erregend sein kann, ohne deswegen unbedingt ekelhaft, schrecklich, grotesk oder gewalttätig zu sein. Die Fernseh-Kriminalserie *Columbo* ist zum Beispiel erregend, enthält jedoch selten gewalttätige Szenen. Selbst die Morde, durch die die Figur des Columbo in den Fall eintritt, werden selten brutal oder grotesk geschildert. Filmemacher, die diese Regeln außer acht lassen, schneiden sich letztendlich ins eigene Fleisch, indem sie Genrefilme produzieren, in denen zum Beispiel Polizeibeamte gemeiner, skrupelloser oder unsympathischer sind als die Verbrecher, die sie fangen sollen, oder in denen das durchschnittliche Erregungsniveau so hochgeschraubt ist, daß die Höhepunktsszenen Alpträume des Absurden sein müssen.

Von dieser Verallgemeinerung nehme ich Regisseure wie Sam Peckinpah aus, für den Gewalt an sich nicht lediglich ein Erregungsmittel ist, sondern auch ein thematisches Mittel oder Sujet. Es ist interessant, wenn man feststellt, daß Peckinpahs Filme außerdem auch gewöhnlich stark lustbetont sind. Sie enthalten oft nicht nur eine ganze Menge schöner Landschaftsaufnahmen, sondern auch viele Momente eines hintergründigen oder sogar übermütigen Lustspiels. Und das ist vielleicht die Crux der häufig geäußerten Unzufriedenheit mit vielen zeitgenössischen Filmproduktionen – das Versagen dabei, Lust zu spenden. Stark erregende Filme, die die Lustdimension vernachlässigen, erzeugen äußerste Angst oder Wut, und diese angstbetonten oder wütenden Reaktionen schlagen in Rufe nach dem Zensor um, oder aber haben andere negative soziale Auswirkungen. Es läßt sich sogar vorbringen, daß die Genialität von jemand wie Peckinpah zum Teil darin liegt, daß er bewußt oder unbewußt die bisweilen ungereimten Episoden einsetzt, die angstbefreiend wirken. Zum Beispiel gibt es eine hervorragende kleine Szene in *Straw Dogs*, in der einer der Bösewichte, die Dustin Hoffmanns Haus belagern, sich auf ein Kinderdreirad setzt und vergnügt herumradelt. In einer sehr spannenden Szene in *The Wild Bunch* stößt Ernest Borgnine ein leises Gelächter aus, das sowohl die Anspannung als auch Lust äußert. Ebenso muß festgestellt werden, daß Peckinpah selten gegen die Konvention verstößt. Die »Bösen« verlieren gewöhnlich, die »Guten« gewinnen. Und in *Getaway*, in dem Bankräuber insofern »gewinnen«, daß sie der Arm des Gesetzes nicht erreicht, sind die Protagonisten so sympathisch, daß es uns nichts ausmacht, wenn sie nach Mexiko entrinnen, solange sie nicht in den Vereinigten Staaten bleiben können, dem Ort ihrer Verbrechen. Und trotz der aufregenden Art, wie Steve McQueen tötet – an der manche Kinobesucher wegen der phantastischen Art, wie diese Gewalt gefilmt wird, Vergnügen finden können – tötet er nie einen Polizisten, sondern nur die bösen Dunkelmänner.

Andererseits enthalten genauso gewalttätige Filme wie *Magnum Force* wenig, woran sich das Publikum be-lustigen kann. Infolgedessen wird das äußerst hohe Erregungsniveau, das durch die Gewalttätigkeit erzeugt wird, auch von Gefühlen der Unlust begleitet, die bekanntlich zum Abschalten des Geräts führen oder Abneigung und Abscheu erzeugen können. Die meisten erfolgreichen Horrorfilme, die vermutlich Furcht (oder Erregung, geringe Lust und Unterworfenheit) erzeugen, haben gewöhnlich beschauliche Augenblicke oder enthalten Monster, Phantasiefiguren, Trickaufnahmen und andere wirklichkeitsferne

Mittel oder Episoden. Diese ermöglichen den Menschen, Distanz von den Ereignissen auf dem Bildschirm zu gewinnen und so das Reizniveau zu senken. In jedem Falle ist das Genre so bekannt, daß Menschen, die in einen Horrorfilm gehen, sich gegenüber dem Genre dominant fühlen und häufig am Realismus des Maskenbildners usw. Gefallen finden. Interessant ist auch die Feststellung, daß Leute, die von Horrorfilmen übererregt werden, gewöhnlich wissen, wenn ein besonders grauslicher Augenblick kommt, weil sie durch Veränderungen der Hintergrundmusik gewarnt worden sind. Sie können die Augen bedecken oder durch die Finger sehen und damit die Intensität des von der Leinwand ausgehenden Reizes dämpfen.

Das Problem der Gewalttätigkeit in Filmen und ihrer Auswirkung auf das allgemeine Sozialverhalten ist zu einem Thema geworden, dem sich immer mehr Leute zuwenden. Ich glaube, daß dieses Problem weniger deswegen in den Vordergrund getreten ist, weil die Filme gewalttätiger geworden wären, sondern weil sie gewalttätiger und weniger lustbetont geworden sind, und sich weniger an vertraute Konventionen halten. Wenn diese Konventionen beachtet werden, führt das zu einem geringeren Erregungsniveau, weil sie sich mit kulturellen Erwartungen über »gute« und »böse« Gewalt decken.

Die psychoanalytische Theorie bietet einen Ansatz für die Analyse dieses Problems im Sinne des Begriffs der Katharsis, den sie vom klassischen Erbe entlehnt hat (dem sie, da sie eine literarische Disziplin ist, noch viele andere Begriffe und Metaphern entnommen hat). In den *Poetica* sprach Aristoteles von der Katharsis oder Reinigung durch die Emotionen Furcht und Mitleid. Die frühe Freudsche Theorie verwendete den Begriff Katharsis im Sinne der Äußerung starker Emotionen im Zusammenhang mit einem Problem, und nahm an, daß das Äußern oder Nachvollziehen dieser Emotionen ein wichtiger Schritt in Richtung auf eine gesunde psychologische Anpassung sei. Wenn man seine Mutter haßte und ermuntert wurde, diesen Haß in einer therapeutischen Umwelt massiv zu äußern oder loszuwerden, besagte die Theorie, daß dieser Haß einfach dadurch geläutert oder abgeschwächt würde, daß er herausgelassen und nicht unterdrückt wurde. Außer den Erfahrungen vieler Menschen im Beichtstuhl und außerhalb bestätigen auch viele Daten aus Neurologie und Verhaltensforschung diese Vorstellung. Jedenfalls wurde diese psychoanalytische Vorstellung der Katharsis später wieder auf die schönen Künste angewendet, mit der Annahme, daß die Menschen, die sich Schauspiele oder Filme ansahen, welche starke Emotionen weckten, in ähnlicher Weise von diesen Emotionen gereinigt würden. Sie erlebten sie stellvertretend und hätten daher kein Bedürfnis oder wären nicht versucht, sie im realen Leben nachzuvollziehen.

Die heutige Sorge um gewalttätige Filme geht genau in die entgegengesetzte Richtung. Die Menschen fragen sich, ob die Tatsache, daß man aggressiven Emotionen ausgesetzt ist und sie stellvertretend erlebt, nicht bewirkt, daß die

Betrachter diese Emotion auch außerhalb des Films verspüren. Die Grundfrage ist »Was geschieht, nachdem wir eine Zeitlang bestimmte Gefühle erlebt haben? Ist es mehr oder weniger wahrscheinlich, daß wir danach genauso fühlen?« Während die klassische Katharsis-Hypothese vermutet, daß es weniger wahrscheinlich ist, daß wir danach genauso fühlen, wird bei der heutigen Sorge über die Aggression in den Massenmedien das Gegenteil vermutet. Diese gegensätzlichen Positionen können geklärt werden, wenn wir das anwenden, was wir über emotionale Reaktion auf anhaltend hohe Erregung wissen. Wir wissen, daß eine anhaltende Erregung auf einem hohen Niveau (ob im wirklichen Leben oder in einer künstlichen Umwelt wie dem Kino) vom menschlichen Organismus nicht verkraftet werden kann und zu einer Ermüdungs- und Erschöpfungsreaktion nach dem Allgemeinen Anpassungssyndrom führt. Hieraus ergibt sich, daß anhaltend stark erregende Emotionen nicht durchgehalten werden können – man gelangt zu dem Zustand, den Milton treffend »alle Leidenschaft verausgabt« genannt hat. Daher stellt die Katharsis im neoklassischen Sinne für den Fall anhaltend hoher Erregung eine vernünftige Hypothese dar. Wenn man in einer Schlange vor dem Kino steht und eine frühere Vorstellung aus ist, kann man manchmal hören, wie Leute, die sich die Herauskommenden angesehen haben, sagen: »Das muß ein guter Film sein.« Sie haben beobachtet, daß die Herauskommenden nachdenklich und still sind oder zumindest nicht blödeln und lachen oder anderswie lebhaft sind. Das nachdenkliche oder stille Verhalten der Herauskommenden läßt darauf schließen, daß der Film so intensiv und fesselnd war, daß diese Leute ein Allgemeines Anpassungssyndrom haben oder wenigstens durch das Gefühlserlebnis ermüdet sind.

Andererseits können wir auch intensive und kurze Erregung erleben. Dies könnte bei einem Film von 90 Minuten Spieldauer sein, der einen äußerst aufregenden oder aufgeladenen Schluß hat, der vielleicht 10 Minuten dauert. In diesem Fall sind die beim Publikum hervorgerufenen Emotionen sehr stark, jedoch von kurzer Dauer. Der hohe Erregungszustand wird nicht lange genug durchgehalten, daß Gefühle der Erschöpfung und Ermüdung einsetzen können. Statt dessen verläßt das Publikum das Theater in sehr erregtem Zustand, wobei es vermutlich die Emotionen verspürt, die in den letzten paar Szenen erzeugt worden sind. Wenn der Film äußerstes Hochgefühl und Aufregung erzeugt, dürften diese Gefühle anhalten, wenn die Menschen das Kino verlassen. Wenn der Film andererseits Gefühle von Mißtrauen, Verfolgungswahn und Wut erzeugt, dürfte das Publikum beim Verlassen des Kinos genau solche Gefühle haben. Tatsächlich ist experimentell nachgewiesen worden, daß Menschen, wenn man ihnen kurze und stark erregende Filme vorführt, wahrscheinlich unmittelbar danach ein verstärkt aggressives Verhalten zeigen. Erwachsene, denen ein Kurzfilm über einen Boxkampf vorgeführt wird, verhalten sich danach aggressiver gegenüber denjenigen, die zeitweilig unter ihrer Fuchtel sind. So zum Beispiel versetzen sie Versuchspersonen mehr und stärkere Elektroschocks, von denen sie glauben, daß sie tatsächlich elektrisiert werden, die aber in Wirklichkeit nur so tun, als verspürten sie großen körperlichen Schmerz. Auch Kinder lassen sich auf aggressivere Spiele ein, nachdem sie eine kurze und gewalttätige Episode im Fernsehen oder bei einem Film gesehen haben, wenn sie glauben, daß diese Gewalt, die sie gesehen haben, real war – wobei diese durch den Anschein der Realität zu einem stärkeren Reiz wird.

Wie kurz oder lang man erregenden stellvertretenden Erlebnissen ausgesetzt ist, hat daher sehr viel damit zu tun, ob die dadurch geweckten Emotionen aufs wirkliche Leben übertragen werden. Dies ist besonders bedeutsam in bezug auf das kommerzielle Fernsehen in den USA, bei dem dramatische Sendungen häufig durch Werbesendungen in Abschnitte von 15 Minuten Dauer unterteilt werden. Die Pausen ermöglichen den Zuschauern, die Umgebung zu verlassen, in der sie ferngesehen haben, und sich ein Bier oder etwas zu essen zu holen, oder jedenfalls ihre Aufmerksamkeit vom dramatischen Geschehen abzuwenden. Kurze, stark erregende Fernseh-Episoden, in denen die Darsteller negative Emotionen kundtun, können daher voraussichtlich einen negativen Übertragungseffekt haben. Stark erregende Episoden mit positiver emotionaler Färbung – Äußerungen von Liebe, Vertrauen oder Ehrlichkeit – können in ähnlicher Weise einen positiven Übertragungseffekt bewirken.

Gewissermaßen hat die zunehmende Raffinesse – und sogar die zunehmende Menschlichkeit oder wenigstens gute Beobachtung in neueren Filmen und Fernsehprogrammen – das Problem des negativen Übertragungseffekts verschärft. Es kann sein, daß manche populären Unterhaltungsformen zu ihrem eigenen Besten zu unkonventionell geworden sind. Wir sind nicht enttäuscht oder empört, wenn die Karten in einem Kriminalfilm ungleich verteilt sind, weil wir das erwarten. Wir wissen, wer gewinnen wird, können aber immer noch hohe Erregung und Lust aus dem ungleichen Kampf beziehen. Ein Teil unserer Befriedigung bei diesem ungleichen Verlauf könnte damit zusammenhängen, daß wir uns darüber klar sind, daß im wirklichen Leben die Möglichkeiten der sozialen Gruppe weitaus größer als des kriminellen Außenseiters sind und auch sein müssen.

Es ist nichts Schlimmes daran, wenn ein Film diese Konvention klug ausnutzt oder sogar umstößt. Ich habe jedoch den Eindruck daß derartige Konventionen von stark erregenden Filmen in zunehmendem Maße so manipuliert werden, daß sie beim Publikum genau deswegen ein heftiges Gefühl der Unlust und Zwiespältigkeit in der Dominanzdimension hinterlassen, weil die Polizisten gewonnen haben. Um diese Wirkung zu erreichen, braucht man lediglich einen Kriminellen oder psychopathischen Held im günstigen Licht zu präsentieren, seine Opfer so zu schildern, daß sie verdient haben, was ihnen widerfahren ist, und diejenigen, die ihn fangen sollen, als unangenehme Kreaturen mit niedrigen

Beweggründen zu zeichnen, die eine Miniaturausgabe einer größeren sozialen Gruppe sein sollen, die diese Merkmale – und nur diese – aufweist. Und dann lasse man in den letzten paar Minuten diese unangenehmen »Bullen« den netten »Räuber« auf eine Weise fassen oder ermorden, die jedes Gefühl für Fairness oder Gerechtigkeit zutiefst beleidigt.

Entscheidend ist, daß jede einzelne Kombination von filmischen Techniken oder Mitteln die Kinogänger in einem Zustand hoher Erregung, hoher Unlust und mit schwankenden Gefühlen zwischen Dominanz und Unterwerfung zurücklassen kann. Wenn die Reizpackung oder Unterhaltung so weit geht, auf ein legitimes Ziel für aggressives Verhalten hinzuweisen, schlägt sie sofort in Propaganda um. In dieser Form ist sie ein Mittel des sozialen Wandels und muß nicht nur nach ästhetischen, sondern auch nach sozio-politischen Kriterien bewertet werden.

Kapitel 15
Museen und Galerien

Obwohl uns gern Museen und Galerien in den Sinn kommen, wenn wir an die Kunst denken, hat die Kunst in ihren vielen Spielarten in Wirklichkeit eine alles durchdringende Auswirkung auf die meisten Aspekte unserer Alltagsumwelt. Sie beeinflußt unsere Architektur und Innenarchitektur einschließlich der Gestaltung von Möbeln, Wand- und Bodenbelägen, und sogar Installationen und Gebrauchsgegenstände. Diese Einflüsse der Kunst können wir ermessen, wenn wir verstehen, welche ihrer Formen bevorzugt und Teil unserer Umwelt werden dürften – d.h. indem wir die Kunstwerke selbst in unserem theoretischen Rahmen behandeln. Dann dürfte es möglich sein, die Gefühlswelt eines Volks anhand der Kunstformen zu erörtern, die es hervorbringt, und die daraus resultierende »Kultur«, die seine Wohn- und Arbeitsräume durchdringt.

Alle Kunstwerke einschließlich der Gemälde, Skulpturen und anderer Werke, zu deren Ausstellung die meisten Museen und Galerien gedacht sind, können als experimentelle Formen betrachtet werden. Genauso wie wissenschaftliche Theorien und Experimente dazu geschaffen werden, die Bereiche der tatsächlichen oder möglichen Ereignisse oder Ganzheiten auszudrücken und zu erforschen, gilt dies auch für Kunstwerke. Der Romanschriftsteller, der eine Figur erfindet und sie dann ein Trauma durchmachen läßt, sagt in gewissem Sinne: »Mal sehen, was passiert« oder »Ich glaube, daß diese Figur sich unter ihren Bedingungen so und so verhalten wird.« Wenn der Maler Ölfarben auf

Leinwand bringt, probiert er oder äußert er gewöhnlich damit irgendwelche Hypothesen über alternative Möglichkeiten maltechnischer Kombinationen. Außerdem experimentiert er mit bestimmten wahrgenommenen oder eingebildeten Gegenständen, Farben, Strukturen, räumlichen Beziehungen usw.

Die Endprodukte des wissenschaftlichen und künstlerischen Experimentierens werden hauptsächlich deswegen als zu völlig verschiedenen Dingkategorien zugehörig betrachtet, weil die Gefühlsdimension bei einem Kunstwerk eine beträchtlich größere oder sichtbarere Rolle spielt als in der Wissenschaft. Die wissenschaftliche Arbeit hat jedoch nicht weniger emotionalen Inhalt als jede andere Art Arbeit. Schöpferische Wissenschaftler haben schon immer eine starke emotionale Bindung an ihre Forschung und dürften ihre Ergebnisse und diejenigen anderer Wissenschaftler zumindest zum Teil unter ästhetischen oder emotionalen Gesichtspunkten betrachten. Wissenschaftler können gelegentlich bewußt darauf aus sein, ein Werk zu schaffen, das Gefühle der Bewunderung, des Zorns, der Frustration oder Aufregung auslöst. Selten jedoch schaffen sie Werke, die in der Lage sind, Gefühle von Mitleid, Schrecken, Abscheu, Verlegenheit oder Lust zu erzeugen. Allgemein dürfen wir sagen, daß der Fächer der durch künstlerisches Experimentieren erzeugten Gefühlswirkungen sehr viel breiter ist, besonders insofern, als wissenschaftliches Experimentieren selten verbale oder andere Artefakte ergibt, die negative Gefühle wachrufen.[15]

Ohne sich auf die verschiedenen Kontroversen darüber einzulassen, was Kunst in Wirklichkeit ist, oder was Künstler wirklich leisten wollen, kann man meiner Ansicht nach mit Fug und Recht sagen, daß die Kunst eine umfangreiche Gefühlskomponente hat. Es braucht nicht darüber entschieden zu werden, ob diese Gefühlskomponente das Wesen der Kunst oder lediglich eines ihrer bedeutenderen Nebenprodukte darstellt. In jedem Falle haben wir es unter anderem damit zu tun, daß ein weiter Fächer menschlicher Gefühle ausgedrückt, angesprochen oder erlebt wird, und insoweit können wir unsere Dimensionen von Erregung, Lust und Dominanz auf eine Erörterung der Kunst anwenden. Wir können sogar sagen, daß jeder beliebige Aspekt des menschlichen Gefühls, den die verschiedenen Kombinationen aus diesen drei grundlegenden Dimensionen darstellen, mit Recht wenn nicht den Inhalt, so doch den Kometenschweif einer Kunstform bilden kann.

Wenn wir die Lust in ihrem Verhältnis zur Kunst erörtern, wird deutlich, daß wir in dieser Dimension in den optischen Künsten stets mit Extremen zu tun hatten. Zum Beispiel enthielt die Kunst des Mittelalters ein gerüttelt Maß an

15 Wenn Wissenschaftler bewußt oder unfreiwillig etwas tun, was negative Emotionen hervorruft, wie die Nuklearphysiker, die die riesigen Atompilze in White Sands oder auf dem Eniwetok-Atoll produzieren, bewirkt das bei ihnen gewöhnlich einen großen Schock, umfangreiche Gewissenserforschung und das Gefühl, daß sich die Wissenschaft eigentlich mit solchen Dingen nicht befassen darf.

Blutrünstigkeit und Schrecken – blutige Kreuzigungen, abgehackte Köpfe, in Umhängen einherwandelnde Skelette. Ein modernes Gegenstück häßlicher oder ekelerregender Kunst läßt sich im Werk von Edward Kleinholtz finden. Diese Werke scheinen besonders darum bemüht zu sein, Ekel zu erregen, indem sie einige der weniger appetitlichen Aspekte der heutigen Zivilisation in bildhauerische Form bringen. Ein Beispiel dafür ist eine Skulptur, die eine Frau bei einer Abtreibung darstellt. Kleinholtz verwendet auch Materialien, die an sich schon ein Gefühl von Verfaultheit, Verwesung und Schmutz erzeugen. Tatsächlich sind Formen, die Ekel oder Abscheu erregen, bei modernen Kunstgegenständen ziemlich üblich geworden. Daniel Spoerri, ein bekannter jugoslawischer Künstler, hat sich auf Tischplatten mit Überbleibseln einer Mahlzeit spezialisiert, bei denen die Geräte und Teller mit Essensresten, Saucen oder Speisen bedeckt und Asche und Zigarettenkippen in den Resten ausgedrückt sind. Andere Künstler wie Tetsumi Kudo konzentrieren sich auf bildhauerische Darstellungen von sezierten menschlichen Organen oder von Phantasiegebilden, die menschlichen Eingeweiden ähneln. Diese negativen oder unlustbetonten Kunstformen beschreibe ich nicht, um damit zu sagen, daß sie die schöneren oder gefälligeren Formen ausschließen, sondern lediglich, um festzustellen, daß Kunst ihrem Charakter nach nicht ausschließlich lustbetont ist.

Bei der Beschreibung von Kunst ist es natürlich wichtig, die Erregungsdimension zu betrachten.[16] Im Grunde ist die Dauer der Zeit, während der eine bestimmte Kunstform immer noch eine erregende Wirkung auf ihr Publikum ausüben kann, ein Maß ihrer Lebensdauer. Bei zwei Gemälden wird dasjenige, das farbenfroher, komplexer und für eine größere Anzahl von verschiedenen Interpretationen leicht zugänglich ist, länger erregend bleiben. Wenn wir diese Idee noch etwas erweitern, können wir sagen, daß Kunstformen, die veränderlich und mobil sind und Reize in mehreren Dimensionen enthalten, im Zeitverlauf erregender sein dürften als solche, die unveränderlich, statisch und auf eine einzige Dimension wie zum Beispiel die optische beschränkt sind. Selbst relativ einfache Gegenstände, die von sich aus reizarm sind, können dadurch erregender gemacht werden, daß sie auf eine Art und Weise angeordnet oder verwendet werden, die ihre Wirkung steigert. So zum Beispiel kann eine polierte flache Scheibe so an einer Schnur aufgehängt werden, daß sie sich nach dem Zufall bewegt und das untertags aus verschiedenen Winkeln einfallende Sonnenlicht spiegelt. Andere Beispiele sind Calders Mobiles, verschiedene Anordnungen von farbigen Lichtern, die nach dem Zufall an- und ausgehen, Stücke, die Geräusche erzeugen, wenn man sich ihnen nähert, oder, noch interessanter, ein

16 James Joyces Witzwort darüber, daß seine Bücher ein paar Jahrhunderte lang die Studenten beschäftigen würden, ist eine so schillernde Bemerkung, daß ihre bejahende Relevanz für den Bereich schöpferischer Arbeit – das Problem, dauerhaft Erregung zu bewirken – noch nicht genügend hervorgehoben wird.

Komplex von Spiegeln und reflektierten Laserstrahlen, die so angeordnet sind, daß die Strahlen im Raum verwirrende und veränderliche holografische Strukturen bilden.

Das Reizvolumen verschiedener Kunstformen läßt sich auch nach der Intensität des Ausgangsreizes analysieren. Manche Kunstformen haben bei erster Betrachtung eine äußerst intensive und fast schockierende Wirkung – ein Effekt, der sich rasch verliert, wenn wir vertrauter mit ihnen werden. Dies trifft zum Beispiel für pornographische Werke zu oder Gemälde, die Hinrichtungen zeigen. Andere, subtilere Kunstschöpfungen scheinen stets etwas Neues zu ergeben. Weil derartige Werke gewöhnlich ziemlich komplex sind, sind sie auf den ersten Blick etwas erregend, lohnen aber die weitere Betrachtung. So zum Beispiel gibt es Maurits Cornelius Eschers Radierung, in der Eidechsen aus einer Art Schachbrett herauskommen, über Gegenstände hinauf- und hinunterkriechen und dann wieder ins Schachbrett hineinwandern. Dieser Zyklus von Vorgängen wird erst bei fortgesetzter Betrachtung deutlich. Eschers Werke sind komplex und verzwickt und daher erregend. Sie fesseln die Aufmerksamkeit, zumindest bis man die verborgene Ordnung darin entdeckt hat.

Ein Künstler kann das Reizvolumen seines Werks auch dadurch erhöhen, daß er ungewöhnliche oder unwahrscheinliche Inhalte darin aufnimmt. Bemerkenswerte Beispiele dafür sind die Ideen, die in surrealistischen Werken zu finden sind, wie die fliegenden Gestalten in Marc Chagalls Gemälden, oder die ungewöhnlichen Kombinationen von menschlichen und unbelebten Formen in vielen von Salvador Dalis Gemälden.

Dann gibt es natürlich die Möglichkeit, eine optische Darbietung zu schaffen, die in ihren aufeinanderfolgenden Variationen mit der Musik verwandt ist. Da die Erregung steigt, wenn sich die Beschaffenheit eines Reizes verändert, ergibt sich, daß eine optische Darbietung erregender ist, die den Betrachter im Zeitverlauf von einem Element der Bildfolge zum anderen führt. Ein Beispiel dafür wäre eine Reihe von Fotografien, die irgendeine Folgebeziehung aufweisen. Der Betrachter vollzieht lediglich die Bildfolge in seinem eigenen Tempo nach, geht von einer Fotografie zur nächsten über und geht vielleicht zurück, überspringt dann zwei oder drei Fotografien nach vorn usw. Auf diese Weise regelt und verstärkt er verschiedene Male den erregenden Charakter der gesamten Bildfolge. Eine andere Möglichkeit zur Steigerung der Erregung besteht darin, dieselbe Gestalt in verschiedenen Farben zu proträtieren, (als ob das gleiche Porträt durch verschiedenfarbige Filter gezeigt würde). Dies ergibt auffallende Kontraste bei den Farben von Gesicht und Kleidung des Abgebildeten. Ein dritter Einfall, der in engerer Beziehung zu musikalischen Vorstellungen steht, ist eine Folge von Gemälden mit dratischen Unterschieden in Größe, Farbintensität und Detailliertheit, die so angeordnet ist, daß sich für das Auge, das sich über die Bildfolge bewegt, eine veränderliche Dynamik erzeugt wird.

Es ist eine große Herausforderung für einen Künstler, fixierte optische Kunstformen zu schaffen, die anhaltend die Kraft haben, sein Publikum zu erregen, weil diese im Grunde statischen Formen – ob es nun Gemälde, Skulpturen oder architektonische Strukturen sind – im Zeitverlauf mit zunehmender Vertrautheit reizärmer werden. Dies könnte zum Teil den relativ raschen Aufstieg und Verfall von Schulen und Bewegungen bei den schönen Künsten erklären. Natürlich gibt es auch starke wirtschaftliche Motive. In dem Maße, wie eine Schule in Ungnade fällt, fallen ihre repräsentativen Werke unter ihren Wert und werden durch die fast unvermeidliche Wiederbelebung des Interesses zwei oder drei Schulen später zu interessanten Spekulationsobjekten.

Auch Museen und Galerien lassen sich unter dem Gesichtspunkt ihres Reizvolumens oder Erregungsaspekt betrachten. Trotz der Schätze, die sie unter Umständen enthalten, können viele Museen sehr reizarm sein – jeder Saal sieht mehr oder weniger gleich aus, mit einer einzigen Reihe von Gemälden, die etwa in Augenhöhe um die Wände läuft. Der durchschnittliche Besucher, der sich alles ansehen möchte, ertappt sich häufig dabei, daß es ihm langweilig wird, nachdem er durch mehrere Säle marschiert ist. Dies liegt daran, daß es die Architekten von Museen selten für notwendig halten, den Rahmen erregend zu gestalten, in welchem Kunst ausgestellt wird. Zum Teil befürchten sie mit Recht, daß ein reizstarker Rahmen die Würdigung der Kunst selbst beeinträchtigen könnte. Nichtsdestoweniger gibt es gewisse Methoden, die in dieser Hinsicht keine großen Probleme aufwerfen sollten. Wenn man sich etwas anstrengen würde, Farbtöne auszuwählen, die zu den ausgestellten Gemälden oder Plastiken passen, könnten für die Innenwände dunklere oder sattere Farben verwendet werden, und diese wären erregender als die allgemein benutzten hellen Farben (weiße Töne). Auch sollten Farben und Struktur von Wänden und Teppichböden von einem Raum zu anderen wechseln. In einer Untersuchung wurde festgestellt, daß Museumsbesucher pro Zeiteinheit mehr besichtigten, wenn die Wände dunkelbraun waren, als wenn sie hellbraun waren: die erregendere Farbe machte sie aktiver. Welchen Gefallen die Besucher an den Ausstellungsgegenständen fanden, wurde nicht untersucht, obwohl dies auch danach hätte gemessen werden können, wie lange sie in jedem Ausstellungsbereich verweilten.

Glücklicherweise fangen einige Museen an, mit Multimedia-Ausstellungen zu experimentieren, zu denen optische, akustische, taktile oder sogar olfaktorische Reize gehören. In einer unvergeßlichen Ausstellung über afrikanische Kunst, insbesondere von Masken in München, war der Saal, in dem die Masken ausgestellt wurden, mit acht Tonkanälen ausgestattet. Aus verschiedenen Teilen des Saals kam Musik in Form von Klangbeispielen verschiedener afrikanischer Instrumente. Periodisch wurden Filme über verschiedene Aspekte der afrikanischen Kultur gezeigt, wie zum Beispiel die Feste, bei denen manche dieser Masken verwendet wurden. Eine parallele Ausstellung der modernen Kunst mit deutlichen Familienähnlichkeiten zu einigen Aspekten der afrikanischen Kunst wurden entsprechenden Formen der letzteren gegenübergestellt. Die Ausstellung insgesamt war ein Beispiel für eine sehr gründliche Durchgestaltung einer aufregenden und komplexen Umgebung.

Neben der Tatsache, daß sie im allgemeinen reizarm sind, erwecken die Umwelten von Museen und gelegentlich auch Galerien Unterwerfungsgefühle beim Besucher. In den meisten älteren Museen oder Galerien muß man still sein und sich korrekt und leise verhalten. Die Säle sind häufig riesig und in Architektur und Gestaltung nahezu deprimierend. Ein hervorragendes Beispiel dafür ist der Louvre. Das Gebäude ist riesig und hat viele verwirrend miteinander verbundene Räume. Dadurch wird es schwierig, seinen Weg ringsherum zu finden. Es ist nicht gut ausgeleuchtet, und meist wird geflüstert. In manchen neueren Museen jedoch, vor allem im Louisiana-Museum in Dänemark wird eine gemütliche, lustbetonte, helle und farbige Umwelt für die Besucher geschaffen. Hier schreitet man in erster Linie geradlinig durch die Säle weiter, und in einigen Ausstellungsbereichen im Freien ist natürlich normale Lautstärke gestattet. Wenn ein Museum in dieser Art und Weise zwangloser ist oder vertrauten Umgebungen ähnelt, dürfte sich der Besucher eher dominant oder zumindest nicht unterwürfig fühlen.

Unterwerfungsgefühle bei einem typischen Besucher einer Galerie oder eines Museums können darauf zurückzuführen sein, daß er nicht genügend Verständnis hat oder sich bei der Beurteilung der verschiedenen ausgestellten Kunstformen nicht kompetent fühlt. Es ist natürlich sehr schwierig, sich dominant gegenüber irgendeiner Sache zu fühlen, die völlig unverständlich ist, keinerlei Relevanz für die eigenen Erfahrungen oder Bedürfnisse hat, oder absichtlich versucht, den Betrachter zu schockieren. Auf subtilere Weise ist es ebenso schwierig, sich gegenüber einem Werk dominant zu fühlen, das sich aus dem einen oder anderen Grund der Aufmerksamkeit entzieht oder sie zumindest nicht beansprucht oder lohnt.

Das Gefühl der mangelnden Kompetenz bei der Würdigung von Kunst beschränkt sich nicht auf jene Extremfälle, wo das Werk auch für die Eingeweihten unverständlich ist. Vielmehr ist es ein allgemein verbreitetes Problem, welches daher rührt, daß viele Kunstwerke von reichen Mäzenen (oder reichen Institutionen wie der Kirche) in Auftrag gegeben wurden und immer noch eng mit einer kleinen Minorität von hohem Status assoziiert werden. Viele Besucher von Museen haben wahrscheinlich diese Kunstform nicht als Teil ihrer Alltagskultur oder als vertraute und bisweilen sogar nützliche Elemente einer vertrauten Umwelt erlebt. Entsprechend dürften Galerien, die in Drucken, Lithographien oder Holzschnitten handeln, weniger Unterwerfungsgefühle auslösen als Galerien, die teure Ölgemälde verkaufen. Sehr viel mehr Menschen schmücken ihre Wohnung mit Drucken, und sie kaufen eher etwas, als daß sie sich Dinge ansehen, von denen sie wissen, daß sie sich diese nie leisten können.

Bisweilen erzeugen Gemälde und Plastiken schon aufgrund ihres Themas Gefühle von Unterwerfung und Ehrfurcht. Dies gilt besonders für Werke mit religiösem Inhalt, kann aber auch auf die Schwere und Dauerhaftigkeit des Materials oder auf Großartigkeit, Umfang oder Größe der Arbeit zurückzuführen sein. Michelangelos Moses oder die Decke der Sixtinischen Kapelle können auch bei Menschen Gefühle der Ehrfurcht und Demut wecken, denen religiöse Assoziationen völlig fremd sind. Die Fresken eines José Orozco, David Alfaro Siqueiros und Diego Rivera können selbst auf die einen ähnlichen Effekt haben, denen politische Empfindungen abgehen. Und natürlich können etwas weniger hoch zu veranschlagende Gefühle der Ehrfurcht und Unterwerfung durch die »Unbezahlbarkeit« eines alten Meisters erweckt werden, besonders wenn ein Museum sattsam bekannte drei oder vier Millionen Dollar für seinen Erwerb ausgegeben hat. Andererseits werden Kunstformen, zum Beispiel Porträts, die Gefühle des Mitleids, des Ekels und der Verachtung, oder Gefühle der Entspannung und Selbstzufriedenheit erwecken, vom Betrachter mit einem dominanteren Gefühl assoziiert. Ebenso dürften in Museen mit hohem Status die traditionelleren und bekannteren Werke die beliebtesten Ausstellungsstücke sein, weil der Betrachter sie versteht und sich nicht hilflos vorkommt.

Die Behauptung läßt sich gut untermauern, daß Künstler ebenso wie bestimmte theoretische Wissenschaftler gern auf irgendeine Weise in ihrer Arbeit umfassende kulturelle oder soziale Entwicklungen widerspiegeln oder auf andere Weise antizipieren, bevor diese Entwicklungen ins Bewußtsein der allgemeinen Öffentlichkeit getreten sind. Wie dem auch sei, Künstler schaffen Werke, deren emotionale Komponente eine bestimmte ausgeprägte Kombination von Erregung, Lust und Dominanz darstellt. Wenn eine nennenswerte Anzahl von Künstlern sich für ähnliche Veränderungen in Technik oder Inhalt entscheidet, entsteht eine Schule oder Bewegung, die unter anderem eine bestimmte, charakteristische Gefühlsatmosphäre oder Gefühlswirkung erzeugt. Es ist meiner Ansicht nach möglich, die Popularität von künstlerischen Schulen oder Bewegungen in eine Beziehung zu den Gefühlsbedürfnissen oder dem Gefühlszustand einer bestimmten Kultur in einer bestimmten Zeit zu setzen.

Die gelangweilte Aristokratie vor ein paar hundert Jahren schätzte verständlicherweise das höhere Reizvolumen, das selbst die realistischen, wenn auch detaillierten und in lebhaften Farben gehaltenen Gemälde für ihre geräumigen und spärlich ausgeschmückten Säle und Zimmer abgaben. Dieselbe Aristokratie und die Reichen, die einen ähnlich erregungslosen Lebensstil und ein Bedürfnis nach einem hohen Reizvolumen der Umwelt hatten, nahmen später die impressionistischen Maler Mitte der achtziger Jahre des vorigen Jahrhunderts und die verschiedenen danach zur Blüte gelangenden nichttraditionellen Kunstschulen mit offenen Armen auf und förderten sie. Abweichungen vom Realismus waren neuartig und enthielten unerwartete Farbkombinationen und Formen und ungewöhnliche Themen. Abstrakte Expressionisten wie Oscar Kokoschka betonten mehr die Aufregung als die Logik des Lebens, indem sie starke und groteske Farben verwendeten (zum Beispiel ein grünes Gesicht), schwere, dynamische Pinselstriche und sogar Verzerrungen von Gestalten und Gesichtern, wie zum Beispiel die unverhältnismäßige Vergrößerung eines Auges in einem Gesicht. Diese Künstler betonten die Extreme unserer drei Dimensionen Erregung, Dominanz und Lust.

Die heutigen wohlhabenden Kunst-Mäzene und künstlerisch orientierte Architektur oder Möbelgestaltung sind gewöhnlich in komplexen und stark konkurrenzbetonten Bereichen unserer Gesellschaft stark engagiert. Verständlich ist daher das Vorurteil zugunsten einfacherer, weniger überladener Formen der Kunst, Architektur und Inneneinrichtung. Man beachte zum Beispiel den starken Einfluß der Architektur Mies van der Rohes oder des Stromlinieneffekts der skandinavischen Möbel.[17]

Das wiederbelebte Interesse, auf das die gegenständliche Kunst heute stößt – sowohl neue Sachen als auch amerikanische Primitive, Genrestückchen aus dem neunzehnten Jahrhundert und sogar Werke des neuen Realismus wie die von Frederic Remington oder vom älteren Andrew Wyeth – bietet einfach deswegen Erregung, weil es eine Veränderung darstellt. Gegenständliche Kunst ist eher relativ komplex (und daher etwas erregend), aber nicht so heftig erregend wie »Schrottplastiken«, mit Farbe bedeckte nackte Menschen, die über Leinwand gerollt werden, oder Plastiken, die explodieren oder von ihrem Schöpfer in Stücke geschlagen werden. Natürlich können Menschen an vielen Dingen ihre Lust finden, einschließlich des Akts der Zerstörung. Besondere Lust wird jedoch angesichts der künstlerischen Umsetzung oder sogar praktisch fotografischen Reproduktion von relativ vertrauten Szenen oder Objekten empfunden. Selbst Leute, die das Malen nie probiert haben, können mit Achtung und Vergnügen auf eine Kunst reagieren, die darin besteht, Menschen, Orte oder Gegenstände in erkennbarer Form auf Leinwand zu bringen. Kenner machen sich bisweilen mit ziemlicher Berechtigung über die spießerhafte Reaktion auf einen großen Teil gänzlich abstrakter Kunst lustig (»auch ein Schimpanse hätte das malen können«, oder »Was soll das, ich bin Malergeselle und mein Wischtuch sieht so aus«, »Aber sicher, ich könnte auch Bildhauer ein, wenn ich mein Auto über eine Klippe hinausfahren wollte«). Häufig entgeht ihnen jedoch bei derartigen Reaktionen eine heimliche, wenn nicht gar tiefverwurzelte Achtung vor

17 Interessant ist, daß jemand wie Norman Rockwell, der in den streßbetonten dreißiger und vierziger Jahren äußerst populär war, nun in den gleichermaßen streßbetonten siebziger Jahren auf erneutes Interesse stößt.

dem Künstler als eines außergewöhnlich fähigen Handwerkers, der etwas Besonderes macht, was die meisten Leute nicht können – wie z.B. eine üppige Frau aus hartem Stein herausmeißeln, oder einen Sturm auf dem Meer auf einer Leinwand festhalten, oder auch wunderschöne Tiere an der Rückwand einer Höhle einkratzen und ausmalen.

Die heutige Rückkehr zum Realismus hat eine besonders eigentümliche Neigung – höchste Konzentration auf Details von in natürlicher Größe gezeichneten Sujets. Die Sujets werden über das hinausgehoben, was durch flüchtige Betrachtung der abgebildeten Person oder Sache enthüllt wird. Der Künstler des neuen Realismus erreicht einen mäßigen Erregungseffekt, im Gegensatz zum Karikaturisten, der die Realität überzieht, um seine Pointe zu finden. Der erstere hebt ohne Verzerrung die subtilen Eigenschaften des Ausdrucks, der Kleidung oder Haltung seines Modells hervor. Die Karikatur ist insofern weniger diszipliniert, als sie eines oder mehrere Merkmale auf Kosten der übrigen betont. Erregend ist sie, weil uns die hervorstechenden Merkmale eine neue, gewöhnlich belustigende und dennoch wahrheitsgemäße Ansicht der Person bieten.

Man könnte zum Beispiel meistens meinen, daß die jüngste Bewegung hinweg von stark erregenden Formen der abstrakten oder der Pop-Kunst und in Richtung auf gegenständlichere Werke darauf schließen läßt, daß ein breiteres kulturelles Bedürfnis (welches sogar von der kundigeren Elite der Kunstwelt, wie z.B. den Museumsdirektoren, Galeriebesitzern, Mäzenen und den Künstlern selbst verspürt wird) nach weniger eklatant erregender Kunst mit rasch verfliegenden Effekt und nach mehr maßvoll erregenden und lustbetonten Formen besteht. Eine Campbell-Suppendose besaß, wenn sie als 7 Meter große Plastik ausgestellt wurde, zwei Elemente, die sie recht erregend machten. Zunächst war es außergewöhnlich neuartig, diesen vertrauten Haushaltsgegenstand in Form einer riesigen Plastik im Museum zu erblicken. Zweitens hob die ungeheure Vergrößerung die Einzelheiten der Gestaltung hervor und ermöglichte eine erhöhte optische Diskriminierung. Außerdem sind Campbells-Suppendosen gewöhnlich in tiefem (sattem) Rot gehalten, einer äußerst erregenden Farbe. Dieselben allgemeinen Bemerkungen gelten für riesige Comic-Strips. Die meisten Objekte der Pop-art waren jedoch nicht komplex genug, als daß sich eine nahe und fortgesetzte Betrachtung als Kunstwerk gelohnt hätte, und bleiben somit ziemlich flüchtige Kulturerscheinungen. Obwohl sie ursprünglich erregend waren, waren sie dies in zu geringem Umfang, als daß sie auf Dauer das Reizvolumen hätten haben können, das wir von Kunst erwarten. Etwas Lust (Witz) hing mit ihnen zusammen, aber dahinter lauerte auch eine relativ subtile Enttäuschung.

Ein interessantes Beispiel für die Beziehung zwischen kulturell-emotionalen Bedürfnissen und der Wertschätzung von Kunst ist in Japan zu finden. Die meistgeachtete Form der japanischen Kunst, die traditionell beim Adel, den religiösen Institutionen und den Oberschichten beliebt war, wird *Shibui* genannt, und typisch für sie sind Zurückhaltung, Subtilität, Harmonie und friedliche Ruhe. Ja man könnte Werke der *Shibui*-Kunst sogar lediglich nach ihrer gemeinsamen Gefühlswirkung definieren – sie lösen Lust und geringe Erregung aus. Zum Beispiel fällt der friedliche Charakter der Shinto-Tempel auf, selbst im Vergleich zu ihrem friedlichen westlichen Gegenstück, zu bestimmten Mönchsklöstern. Derartige Tempel liegen meistens in schönen ruhigen Gärten mit Teichen voller Karpfen und Goldfische. Sorgfältige Aufmerksamkeit wird der Auswahl der Bäume geschenkt, die herrliche Blüten treiben, und dem ästhetischen Charakter der Anordnung, Größe und Form der Steine in den Spazierwegen, Brücken und Bereichen um die Teiche. Stil und Maßstab der Gebäude sind so entworfen, daß sie zur Vegetation und zu den Bäume im Tempelbereich passen. In den Tempeln selbst gibt es gewöhnlich keine ornamentale Dekoration, sie bestehen häufig aus sehr einfachen Steingärten, die hinter einem aus drei einfachen Balken bestehenden Torbogen liegen, von dem weiße Fahnen herabhängen.

Die Teegärten, eine weitere äußerst wichtige japanische Institution, haben wiederum dieselbe Gefühls-Atmosphäre von Schönheit, Subtilität und Friedlichkeit, wie sie durch sorgfältig gepflegte Naturansichten vermittelt wird. Die Teezeremonie selbst ist ein stark ritualisierter, repetitiver und nahezu hypnotischer Vorgang, der endlos weitergeht. Der Tee wird unter Verwendung von Gesten serviert, die aufs strengste vorgeschrieben sind. Den Europäer beschleicht dabei ein Gefühl von Monotonie, doch für den japanischen Teilnehmer sind Verständnis und Würdigung des Geschicks, mit dem die Bewegungen durchgeführt werden, bedeutsamer als Langeweile.

Demnach weist die *Shibui*-Kunst keine starken Kontraste oder zeitlichen Variationen bei irgendeiner Form der Sinneswahrnehmung auf. Tatsächlich werden nach traditionellen japanischen Auffassungen von Kultur und Ästhetik schreiende oder extreme Farbkombinationen oder eine laute Stimme (was beides äußerst erregend sein kann) als Zeichen für schlechten Geschmack und schlechte Erziehung angesehen. Die Kunstformen des *Shibui* werden mehr wegen ihrer Subtilität geschätzt als wegen eines plötzlichen Erregungswerts, wie er mit westlicher Kunst einhergeht. Nebenbei gehört die Würdigung dieser Subtilität traditionell zu der Verfeinerung, die nur den wohlhabenderen Gruppen offensteht. Infolgedessen sind einige der wichtigsten Aspekte der Kultur mit hohem Status – zum Beispiel der Architektur des Hauses oder des Gartens, die gepflegten Besitztümer – für die ärmeren Massen nicht ohne weiteres zugänglich gewesen. So scheinen bei den Wohnungen der Japaner und ihrer Möblierung nicht die Diskrepanzen im zur Schau gestellten Konsum vorzuliegen, wie sie häufig für die Unterschiede zwischen den Wohnungen der Reichen und der Armen in westlichen Kulturen typisch sind. Diese Unterschiede haben sich dort allerdings gern in anderen, häufig brutalen Formen Geltung verschafft.

Viele andere Aspekte des traditionellen japanischen Geschmacks lassen sich als stark von der *Shibui*-Kunst beeinflußt erkennen. Das verbreitetste Haustier in Japan ist zum Beispiel der Karpfen, und nicht der Hund oder die Katze, wie im Westen. Die anmutigen, schwebenden und friedlichen Bewegungen des Karpfens sind sehr viel eher für ein Gefühl geringer Erregung und Lust geeignet als die heftigeren und lärmenderen Bewegungen mancher Haustiere im Westen. Die traditionelle japanische Kleidung ist eher ziemlich einförmig und bietet daher wenig Abwechslung im Schnitt oder in der Farbe. Selbst die Stoffrollen, aus denen die Kimonos oder Yukatas geschneidert werden, sind gleich breit, und beide Kleidungsstücke werden hergestellt, ohne die Stoffbreite zu verändern – ohne sie vor dem Nähen des Kleidungsstücks schmaler zuzuschneiden. Sandalen pflegten nur in einer Größe für Männer und in einer zweiten für Frauen hergestellt zu werden. Selbst heute dürfte man noch eher Schwierigkeiten haben, in den kleineren Städten Japans Slipper in verschiedenen Größen zu finden. Die Gewohnheiten der Japaner in Bezug auf ihre Umwelt und in Bezug auf Reisen betonen eher geringe Erregung. Ihre Wohnungen sind sehr einfach, ohne komplizierte Abwechslungen in Farbe und Gestalt; dennoch liegt eine Andeutung subtiler Eleganz in dem traditionellen *Ikebana*-Gesteck, das in einer Ecke des Wohnzimmers steht.

Alle diese Facetten der japanischen Kunst und allgemeinen ästhetischen Haltung verweisen auf eine Betonung lustbetonter und niedriger Reizvolumen bei ihren Kunstformen und verwandten Aspekten ihres Lebens. Ein Weg zum Verständnis dieser entschiedenen Vorliebe führt über die physiologische Beschaffenheit der Japaner, die eher Nichtabschirmer sind. Und Japan ist natürlich ein äußerst konkurrenzbetontes und überbevölkertes Land. Das hohe Reizvolumen von Menschenmengen und die häufig unangenehmen Konsequenzen extremer Konkurrenz tragen in Verbindung mit dem nationalen Trend in Richtung auf Nichtabschirmung zur Erklärung der allgemeinen Vorliebe für ein geringes Reizvolumen der Umwelt und der Verehrung von Kunstformen bei, deren Reizvolumen niedrig (friedlich, entspannend) und deren Lustdimension hoch ist.

Nebenbei unterscheiden sich die Chinesen, obwohl sie in ähnlich überbevölkerten Umgebungen leben, beträchtlich von den Japanern in Bezug auf ihre Reizabschirmung. Die Japaner weisen eine sehr viel gespanntere Haltung und einen sehr viel höheren Muskeltonus auf, der eindeutig eine im Vergleich zu den Chinesen höhere Erregung anzeigt. Die Chinesen haben eine freiere, lockere Haltung, mit vielen fließenderen oder entspannteren Gesten. Man vergleiche zum Beispiel Tschu-En-Lais lockere, anmutige Gesten und häufig etwas gebeugtere Haltung, wenn er mit einem der führenden Japaner zusammensaß, etwa mit dem etwas verwestlichten und überschwenglichen Tanaka. Die Chinesen haben auch zufällig im Vergleich zu den Japanern einen allgemein kooperativeren und weniger konkurrenzbetonten Komplex sozialer Traditionen. Dies und ihr eher höheres Abschirmungsniveau erklärt, warum die Chinesen keinem dauernden Druck zur Reduzierung des Reizvolumens der Umwelt ausgesetzt sind. Die traditionellen chinesischen Kunstformen stützen sich nicht unbedingt auf die extrem subtilen ruhigen und friedlichen Eigenschaften, die in Japan so typisch sind. Auf einem verwandten Gebiet sind für die chinesischen Festlichkeiten häufig beträchtliche Lautheit, Buntheit und Bewegung typisch, wie auch für viele ihrer weniger öffentlichen sozialen Anlässe, zu denen häufig das Glücksspiel in Gruppen gehört. Bei den Festessen, die bei Hochzeiten, Geburtstagen und anderen besonderen Anlässen abgehalten werden, wird im allgemeinen ein Glücksspiel betrieben, das zu einem noch höheren Erregungsniveau beiträgt. Jeder Festtag, wie Neujahr oder das Mondfest, ist von einer besonderen Form des Glücksspiels begleitet. Das Glücksspiel ist bisweilen eine Familienbetätigung, an der sich die Kinder mit ihren Eltern beteiligen. Beim Mondfest zum Beispiel spielt die ganze Familie ein Würfelspiel, um festzustellen, wer die meisten Mondkuchen gewinnt.

Abgesehen von der Zugehörigkeit einer Person zu einer bestimmten Kultur kann auch ihr Anspruchsniveau die Präferenzen für ein bestimmtes Reizvolumen in der Kunst beeinflussen. Kunststudenten dürften eher eine Vorliebe für komplexere oder weniger vorhersagbare Stücke zeigen. Derartige Personen erfahren infolge ihrer Vertrautheit mit einem breiten Fächer von Kunstgegenständen von einem sehr komplexen Kunstwerk ein geringeres Reizvolumen als ungeschulte oder gelegentliche Besucher von Kunstausstellungen. Daher muß der Künstler, wenn er die Kunstkenner erregen will, nach einem Ausmaß von Neuartigkeit und Komplexität in seinem Werk streben, das für die Uneingeweihten ein zu hohes Reizvolumen enthalten könnte. Andererseits muß der Künstler, wenn er seine Massenwirkung erhöhen will, vertraute Themen oder Sujets benutzen und sie in Kombinationen anordnen, die äußerst lustbetont, aber reizarm (einfach und vertraut) sind. Es versteht sich von selbst, daß populäre Kunstformen, die sowohl beim intellektuellen als auch beim normalen Publikum Anklang finden, geniale Kompromisse geschlossen haben, mit denen es gelingt, beide Gruppen zufriedenzustellen oder zu erfreuen – bzw. ein Annäherungsverhalten auszulösen. Ein Kunstwerk, das im Zeitablauf nur für den naiven Betrachter Lust und Erregung bedeutet, kann sich nicht halten, da die naiven Betrachter meistens nicht die Kuratoren und Kulturwahrer im elitären Sinne sind. Sie haben dringendere Überlebensbedürfnisse, die mit Recht nach Erfüllung verlangen, und wenn dies bedeutet, aus einem Gemälde El Greco ein Zelt oder einen Poncho zu machen, so muß das halt sein. Aber alle kulturell verfeinerten Menschen haben naive emotionale Bedürfnisse – und erkennen dies auch. Wenn sie ein Kunstwerk nicht erregen kann, wird es auch ignoriert oder für etwas Besseres oder Befriedigenderes verwendet, oder es fällt der Mißachtung anheim.

Eine der ältesten Auseinandersetzungen unter ernsthaften Kunstliebhabern geht darüber, ob kunsthandwerkliche Gegenstände als legitime Kunstform betrachtet werden können. Um dieses Problem erörtern zu können, müssen wir auf den Begriff der Kunst als eines Versuchs zurückgreifen, der einen weiten Fächer menschlichen Gefühlslebens und Gefühlsausdrucks zu erforschen sucht oder sich dahingehend auswirkt. Das Kunsthandwerk erfordert wie eine nichthandwerkliche oder theoretische Wissenschaft eine Beschränkung im Gefühlsbereich und erlegt daher dem künstlerischen Ausdruck Beschränkungen auf. Wenn zum Beispiel ein schöpferischer Künstler einen Stuhl entwirft, will er sicher nicht, daß er unbequem (unlustbetont und außerdem äußerst erregend) ist. Er darf zum Beispiel nicht aus harten Vorsprüngen und nagelähnlichen Objekten bestehen, die den Körper in höchstem Maße erregen und außerdem Unwohlsein und ein Gefühl der Unlust verursachen würden. In dieser Form wäre es nicht ein Stuhl im üblichen Sinne, sondern etwas anderes – ein ausgefallenes Folterinstrument. Daher müssen sich kunsthandwerkliche Stücke, die unter Umständen von hervorragenden Handwerkern entworfen und hergestellt sind, deren Fähigkeiten sich mit denen der besten Künstler vergleichen lassen, zwangsläufig an bestimmte Beschränkungen halten. Gewöhnlich kann das Erregungsniveau, das durch kunsthandwerkliche Gegenstände hervorgerufen wird, nicht allzu hoch sein; sie müssen also ein Gefühl der Dominanz (man kann sie für etwas gebrauchen) und ein Gefühl der Lust auslösen. Kunsthandwerkliche Gegenstände, die ästhetisch ansprechend sind, besitzen häufig keine reale Funktion mehr, wie Duellpistolen aus dem neunzehnten Jahrhundert oder sogar starke und ästhetisch befriedigende Sportwagen, die nach denselben Regeln zum Supermarkt gefahren werden müssen wie eine verbeulte alte Familienkutsche.

Eine weitere Streitfrage bei der Definition von Kunstformen ist die Frage der Dauerhaftigkeit. Dürfen Strandburgen den Anspruch erheben, als Kunst betrachtet zu werden, wo wir doch wissen, daß ihre Lebensdauer zwangsläufig auf einen Tag beschränkt ist? Und was ist mit Gemälden, die aufs Pflaster oder auf die Außenwände von Gebäuden gemalt sind, wo das Darüberlaufen und die Witterung ihre Lebensdauer verkürzen? In gewissem Sinne ist die Dauerhaftigkeit einer Kunstform irrelevant dafür, ob es sich um Kunst handelt oder nicht. Mangelnde Dauerhaftigkeit bedeutet keine Einschränkung der emotionalen Vielfalt und Wirkung, die durch Kunst erzielt werden kann. Der flüchtige Charakter eines ästhetischen Erlebnisses könnte sogar ein Element sein, das zu seiner Ungewißheit und infolgedessen zu seiner Wirkung beiträgt. Er nämlich ist einer der Faktoren, der einen Sonnenuntergang oder auch die Figuren einer

Kunstflugstaffel der Marine zu einem profunden ästhetischen Erlebnis werden lassen. Der Zuschauer dürfte stärker erregt sein und das Schauspiel besser würdigen, weil er weiß, daß es nicht lange dauern wird und es ungewiß ist, ob er es jemals wiedererlebt. In ähnlicher Weise kann eine Strandburg oder ein Feuerwerk, das zwangsläufig zu einem raschen Ende kommen muß, unter Umständen anfangs einen größeren Eindruck machen als ein im Museum ausgestelltes Kunstwerk, das tausend Jahre überdauert hat und noch ein Weilchen halten wird.

Andererseits haben wir Menschen gern Achtung vor der Zeit, und sei es nur deswegen, weil jeder von uns so wenig davon hat. Wir erstarren in Ehrfurcht vor Dingen, die lange Zeit überdauert haben, oder behandeln sie zumindest eher vorsichtig. Menschliche Artefakte haben meistens deswegen überdauert, weil jemand um ihre Erhaltung bemüht war. Ob das Motiv für dieses Bemühen nun Geldgier, Feindseligkeit, Liebe oder Achtung waren, ist langfristig nicht wirklich von Bedeutung. Eines von Oscar Wildes *aperçus* lautet ungefähr so: Eine Sache ist nicht unbedingt wahr, weil ein Mensch dafür stirbt. Eine derartige Behauptung ist an sich schockierend, weil letztlich viele Menschen dumpf und vielleicht zu Recht das Gegenteil für richtig halten: Eine Idee oder ein Artefakt, die wie ein stolzes oder widerspenstiges Erbmerkmal der Familie auf uns überkommen sind, erwerben tatsächlich einen gewissen Rang oder einen irgendwie unverhältnismäßig hohen Wert. Und so dürfte eine Strandburg, die durch Fleiß, Liebe, Aberglaube oder Verehrung seit dem Jahre 500 v. Chr. erhalten geblieben ist, weit höher geschätzt werden als eine Strandburg, die wir heute bauen und energisch gegen die heutige Flut schützen, jedoch ohne Bedauern der morgigen ausliefern.

Kapitel 16
Das Zuhause unterwegs – Reisen

Unser Alltagsleben weist bei der Arbeit und zuhause viele eingefahrene schematische Handlungen auf, die einen dichtstrukturierten, aber fast unsichtbaren Hintergrund für unsere täglichen Tätigkeiten bilden. Diese schematischen Handlungen sind so vertraut, daß die meisten von ihnen zu Gewohnheiten geworden sind, denen wir wenig bewußte Aufmerksamkeit schenken. Wir bemerken sie nur unfreiwillig, wie zum Beispiel dann, wenn wir an einem arbeitsfreien Tag mitten in der Woche um zehn Uhr morgens aufwachen und entsetzt aus dem Bett springen – das Schlafzimmer ist zu hell, wir kommen zur Arbeit zu spät! Leute, die ihre Autos hauptsächlich für die Fahrt zur Arbeit benutzen, stellen bisweilen fest, daß sie, wenn sie beispielsweise die Kinder am frühen Samstagmorgen zum Zahnarzt bringen wollen, aus der Ausfahrt links herum in Richtung auf das Büro, statt rechts herum zum Zahnarzt fahren. Diejenigen, die aus dem Hause hasten und ohne es zu wissen eines ihrer halbbewußten morgendlichen Handlungsschemata überspringen – ein paar Schlucke Kaffee, ein Blick auf die Schlagzeilen, das Bett machen, die Tür abschließen – haben häufig ein bohrendes Gefühl, daß sie irgendetwas vergessen haben. Dieses Gefühl kann so stark sein, daß sie sogar an den Straßenrand fahren und nachsehen, ob sie ihre Brieftasche oder ihren Geldbeutel, ihr Scheckbuch oder ihre Aktentasche zu Hause gelassen haben.

Wenn wir während unseres Urlaubs zuhause bleiben, sind wir weiterhin in den Handlungsschemata gefangen, die untrennbar zu unserem Alltag gehören. Diese Handlungsschemata haben starke Assoziationen, und lösen häufig Gedanken über Arbeit und alle Aufgaben aus, die wir erledigen müssen, um einen Haushalt in Schluß zu halten. Wir ertappen uns häufig dabei, daß wir sagen »Das sollte ich jetzt aber wirklich erledigen.« Und da die Dinge, die erledigt werden müssen, vor unserer Nase liegen, packen wir sie entweder endlich an, oder haben ein ungutes Gefühl, wenn wir das nicht tun. Besonders für Ehemänner kann es ein leicht erregendes Erlebnis sein, wenn sie tagsüber zuhause sind. Die Neuartigkeit verfliegt jedoch rasch und führt häufig zu einer reduzierten Erregung, die an Langeweile grenzt. Wenn die Ehefrau nicht berufstätig ist, kann der Urlaub ihres Mannes für sie einen stark herbeigesehnten Wechsel der Umwelt bedeuten, und wenn man während dieser Zeit nicht woanders hinfährt, kann dies große Enttäuschung und Bitterkeit verursachen.

Das Reisen spricht uns zum Teil deswegen an, weil es uns plötzlich und fast magisch ermöglicht, viele unserer vertrauten schematischen Handlungen des Alltags abzulegen. Wenn wir auf der Straße unterwegs sind oder von Stadt zu Stadt fliegen, gibt es häufig keine feststehenden Orte zum Essen, Schlafen, Waschen, Duschen, sich unterhalten oder sich mit Leuten zu treffen. Ganz gleich, wo wir so etwas tun, ist das meist ein neuer, ungewöhnlicher oder unvertrauter Rahmen. Viele Dinge fehlen, die wir in unserem Alltagsleben für selbstverständlich halten. Infolgedessen haben wir keine bestimmten Erwartungen darüber, was als Nächstes geschehen wird. Wir haben nicht das Stammlokal um die Ecke, wir können nicht mit unseren Freunden telefonieren, wir haben nicht unser Zuhause mit den Assoziationen, die dieses bei uns auslöst. Daher kann die mit Reisen verbundene Neuartigkeit und somit die Erregung außerordentlich hoch sein.

Aber hohe Erregungsniveaus werden nur dann bevorzugt, wenn sie von Lust begleitet sind, und dies erklärt die Entscheidungen, die die meisten Reisenden in Bezug auf Orte und Tätigkeiten treffen. Die Menschen reisen selektiv an lustbetonte Orte, noch wichtiger aber ist, daß sie sich in Bezug auf das, was sie in den besuchten Orten tun, äußerst selektiv verhalten. Im Gegensatz zu den Ortsansässigen in ihren Reiseorten haben Reisende keine großen Pflichten. Sie müssen nicht arbeiten oder das Haus saubermachen und sind mit den Gewohnheitsaufgaben und -pflichten des Alltags nicht belastet. Sie sind berechtigt, das Beste zu genießen, das ein bestimmter Ort zu bieten hat, und streben ständig danach, die lustbetontesten oder interessantesten Dinge und Ereignisse in sich aufzunehmen.

Häufig stellen wir fest, daß wir schon jahrelang in einer berühmten Stadt leben, jedoch kaum jemals eine Chance haben, die meisten ihrer Wahrzeichen oder besonderen Anziehungspunkte zu würdigen. Wir suchen manche von ihnen sogar nur deswegen auf, weil Verwandte oder Freunde in die Stadt kommen und herumgeführt werden wollen. Wenn wir aber reisen, sind besondere Wahrzeichen und Anziehungspunkte unser erstes Ziel. Dies zeigt, daß Reisende besondere Einstellungen und Vorrechte haben, die fast bis zur Berechtigung gehen, das Land zu plündern – das Beste zu sehen, was es zu bieten hat, in den interessantesten Restaurants zu speisen, die besten Konzerte zu besuchen und sich die besten Schauspiele oder Unterhaltungsvorstellungen anzusehen. Die Kombination sehr reizstarker und sehr lustbetonter Umgebungen führt häufig zu Hochgefühl oder zu einem Gefühl der Begeisterung. Das ist es, was das Reisen zu einem beliebten Zeitvertreib macht, der im Begriff ist, zu einem der größten Gewerbezweige der Welt zu werden.

Ein weiteres Element, das beträchtlich zu der Aufregung des Reisens beiträgt, ist die Tatsache, daß die meisten Menschen zu diesem Zweck nur zwei Wochen eines ganzen Jahres zur Verfügung haben. Dadurch werden die Ferien zu einer kurzen Zeit, die mit ungeheuren emotionalen und finanziellen Investitionen belastet ist und im Kontext der Betätigung eines ganzen Jahres unverhältnismäßige Bedeutung erlangt. Häufig wird sehr rasch vorgegangen. Der Reisende oder Tourist stellt womöglich fest, daß er im Laufe eines einzigen Tages fünfmal soviel hinter sich bringt wie gewöhnlich. Die Energie, Neues zu erforschen und auszuprobieren, ist größer als die, mit der die meisten Leute an ihre regelmäßigen schematischen Tätigkeiten herangehen. Dieser anhaltend rasche Rhythmus würde in der Umwelt zuhause gewiß gemieden, wird aber sogar auf Gefahr eines Allgemeinen Anpassungssyndroms am Ende beim Reisen wegen des damit verbundenen Lustgewinns bevorzugt. Der Grund dafür ist, daß wir sehr viel mehr Erregung aushalten können, wenn sie mit Lust und nicht mit Neutralität oder Unlust gepaart ist.

In diesem Kontext intensiver, lustbetonter Tätigkeit wird der Tourist oder Reisende, den keine festgefahrenen Schemata hemmen und auf seine typischen Verhaltensweisen beschränken, ungehemmter oder freier (dominanter). Der größte Teil unseres Verhaltens wird von den Reizen ausgelöst, die uns umgeben, und ist an sie gebunden. Wenn unser vertrauter Reizrahmen fast gänzlich durch neue und unvertraute Orte ersetzt wird, gibt es weit weniger Verhaltensassoziationen, und es entwickelt sich die Einstellung, sich wie die Einheimischen zu verhalten. Es ist viel leichter, ungehemmt und bereit zu sein, sowohl Neuartiges zu erleben als auch etwas ganz anderes zu tun. Man denke einmal an jemand, der zuhause nie Bier trinkt, weil es dick macht oder weil er in bezug auf Alkohol ganz andere eingefahrene Gewohnheiten und Präferenzen hat. Er kann sich dabei ertappen, daß er Bier in einem englischen Pub oder in einer kanadischen Bierstube probiert und ungeheuer genießt. Jemand, dem es nie in den Sinn käme, in seiner Heimatstadt zu einer Striptease-Show zu gehen, kann feststellen, daß er eine in Kopenhagen genießt, wo sie einen der Hauptanziehungspunkte für Touristen bilden.

Die Art der Kleidung, die man trägt, kann auch ein Element ungehemmten Experimentierens sein. So zum Beispiel werden Gäste, die in traditionellen japanischen Gasthäusern absteigen, mit einem Yukata, einem leichten, kimonoartigen baumwollenen Kleidungsstück versorgt. Der Gast soll es tragen, wenn er auf seinem Zimmer ist, wenn er im Garten des Gasthauses spazierengeht, und in kleineren Orten sogar, wenn er einen Bummel durch den Ort macht. Das Erlebnis, ein völlig neuartiges Kleidungsstück zu tragen, kann sehr erregend sein, da man beim Gehen oder Sitzen ungewöhnliche Körperempfindungen hat. Die Menschen tragen unter Umständen auch gern extravagantere Kleidung in auffälligeren Farben und mit schickerem Schnitt, wenn sie auf Reisen sind – Kleidungsstücke, die sie auf heimatlichem Boden nur zögernd anziehen würden.

Ein anderer Aspekt der Reizabwechslung bei Reisen sind natürlich die Menschen. Häufig kann man Menschen treffen und sich mit ihnen anfreunden, die am Heimatort unerreichbar oder unzugänglich wären. Im allgemeinen fühlt man sich ungehemmter dabei, Gespräche mit den Einheimischen oder mit Mitreisenden anzuknüpfen. Da es keine Verpflichtung zu langfristigen Freundschaften oder zum sozialen Umgang gibt, dürfte man eher bereit sein, Gespräche mit anderen anzufangen, die sonst infolge ihres Alters, ihrer ökonomischen Position, ihres Berufs oder ihrer körperlichen Erscheinung nicht in Frage kämen. So zum Beispiel könnte sich ein älteres Ehepaar beim Reisen mit einem jungen anfreunden und diese Gesellschaft unerwartet erfrischend finden. Jemand, dessen Freunde zuhause in erster Linie auf seinem eigenen Gebiet berufstätig sind, könnte den Umgang mit Berufstätigen oder Handwerkern aus verschiedenen Gebieten anregend und vielleicht sogar lohnender finden.

Das Gefühl der Dominanz ist ein wichtiger Faktor bei dem hohen Niveau von Geselligkeit, das bei Reisenden häufig festzustellen ist. Da ganze Wirtschaftszweige, wenn nicht gar Volkswirtschaften auf den Touristen bauen, bemüht man sich sehr, ihm ein Gefühl seiner eigenen Bedeutung zu geben. Er wird gewöhnlich ehrerbietig behandelt, seinen Launen wird nachgegeben, und er wird im allgemeinen von Menschen versorgt, deren Lebensarbeit darin besteht, Gästen wie ihm zu Diensten zu sein. Unsere Forschung hat gezeigt, daß die Dominanz ein Hauptfaktor des Anschlußverhaltens ist. Wenn sich ein Mensch dominant und lustbetont fühlt, dürfte er äußerst gesellig sein, wenn er sich dominant und unlustbetont fühlt, äußerst ungesellig bis zur Grobheit. Wenn die Umwelt von Urlaub und Reise so geartet ist, daß sie gewöhnlich Gefühle von Lust und Dominanz erzeugt, gibt es ein hohes Maß von Geselligkeit. Dies gilt besonders für abgeschlossene Urlaubsgebiete, aus denen potentiell unlustbetonte Reize von vornherein entfernt wurden – zum Beispiel für Schiffe auf Kreuzfahrten oder bestimmte Feriendörfer. Es versteht sich von selbst, daß Menschen, deren Lebensunterhalt von Touristen abhängt, sich besonders bemühen müssen, ein relativ hohes Lustniveau bei ihren Gästen oder Kunden zu bewahren. Der stark erregte und dominante Tourist kann in der Tat zu einem üblen Kunden werden, wenn sein Lustniveau abrupt gesenkt wird.

Ausnahmen von dem bisher beschriebenen verhältnisbedingten Reisestil werden durch die Finanzen, das Temperament und das normale Reizvolumen der Umwelt eines Individuums bestimmt. Wenn zum Beispiel finanzielle Rücksichten den Luxus beim Reisen einschränken und die Möglichkeit von Ärgernissen und Problemen erhöhen, könnten die Reisenden Erlebnisse mit geringem Reizvolumen bevorzugen, und derartige Vorlieben wären bei Nichtabschirmern besonders ausgeprägt. Andererseits dürften die Menschen im allgemeinen, insbesondere die Nichtabschirmer, eine Vorliebe für höhere Erregungsniveaus zeigen, wenn die Finanzen oder sonstige Faktoren ein sorgenfreies Reisen erlauben. Bisweilen jedoch ist es nicht das Lustniveau beim Reisen, das Präferenzen für verschiedene Erregungsniveaus beeinflußt, sondern eher das typische Reizvolumen in der Wohn- und Arbeitsumwelt des Reisenden. Menschen, insbesondere Nichtabschirmer, die sich von einer äußerst gehetzten und hektischen Arbeit erholen, dürften reizarme und lustbetonte (entspannende) Ferien bevorzugen. Im Gegensatz dazu dürften diejenigen, die einen Routinejob und einen seßhaften Lebensstil hinter sich gelassen haben, ein höheres Reizvolumen beim Reisen genießen.

Daß viele Touristen aus einer stark streßbetonten (reizüberfluteten und unlustbetonten) Arbeitsumwelt kommen, trägt zur Erklärung des Erfolgs von Reiseführern, Reisezeitschriften, Reisegesellschaften, Pauschalreisen und der ganzen Vielfalt der Mittel bei, mit denen die Tätigkeiten und der Fahrplan eines Reisenden strukturiert und vertrauter gemacht werden. Selbständig Reisende müssen so viele Entscheidungen fällen: Hotels reservieren, Restaurants aussuchen, Verkehrsmittel, Tagesgestaltung usw. Manche stellen bei sich fest, wenn sie mit den Ungewißheiten und Problemen des Reisens zu tun haben, daß sie verzweifelt versuchen, diese Ungewißheiten und das unerwünscht hohe Erregungsniveau zu senken. Eine mögliche Alternative für den übererregten und beunruhigten Reisenden besteht darin, etwas Vertrautes an dem ansonsten unvertrauten Besuchsort zu finden, etwas Ähnliches wie zuhause, das folglich weniger erregend ist. Deshalb treffen wir Amerikaner in amerikanisierten Cafés in Rom oder beim Steak in Tokio, oder sehen Engländer, wie sie ihre Nachmittage in jugoslawischen Hotels beim Biertrinken in Gesellschaft ihrer Landsleute verbringen. Die zweite Möglichkeit für den potentiell übererregten Reisenden besteht darin, in einer Gruppe zu reisen und auf diese Weise nur ein Minimum von Entscheidungen fällen zu müssen. In diesem Fall wird das Programm von den Gruppenleitern festgelegt, die Reservierungen werden im voraus gebucht und nahezu alle Entscheidungen über tägliche Besichtigungen und andere Tätigkeiten geregelt. Damit gewährleisten Gruppenreisen ein bestimmtes Niveau von Sicherheit und Komfort und verringern gleichzeitig Risiken, Probleme und mögliche unangenehme Dinge auf ein Minimum – sie gestatten dem Reisenden, das jeweils Geplante passiv zu genießen. Kurzum, Gruppenreisen reduzieren Erregung und maximieren Lust.

Natürlich kann ein Reiseweg streng nach Fahrplan manche Leute irritieren. Sie stapfen vielleicht nicht gern durch das xte historische Gebäude und würden lieber in Ruhe in einem Straßencafé einen Pernod trinken oder einen anregenden Bummel durch eine Einkaufsstraße machen. In dem Maße, wie ein Mensch mehr Erfahrung beim Reisen erwirbt, kennt er sich auch besser darin aus, wie er in einer fremden Stadt Verkehrsmittel, Unterkunft, Essen und Unterhaltung finden kann. Für eine derartige Person gehört zum Reisen keine hohe Ungewißheit, sondern es besteht eher aus einem alternativen Komplex ziemlich eingeübter Handlungsschemata. Der Übergang von seinem täglichen Schematismus zu Hause zu einer zweiten Art Schematismus beim Reisen trägt nur in bescheidenem Umfang zu seiner Erregung bei.

Das ist der Grund, warum wir oft jemand sagen hören können, daß nichts mehr der Begeisterung seines ersten Urlaubs in Übersee gleichkommen kann. Junge Menschen, die zum ersten Mal von zu Hause wegkommen, finden die vielen Ungewißheiten, die sie im Ausland erwarten, äußerst erregend und belebend. Nach wiederholten Auslandsreisen werden sie zuversichtlicher und blasierter (dominant) und machen sich nicht weniger Sorgen über auftauchende Probleme, sondern werden auch von den Höhepunkten weniger erregt.

Ähnliche Überlegungen gelten für Leute, die sich dafür entscheiden, während des Urlaubs zu zelten oder in ihrem Sommerhaus zu wohnen. Diese Zeiten sind nicht mit Ungewißheiten und Störungen der Alltagstätigkeit befrachtet, sondern bestehen lediglich aus gut eingeübten alternativen Handlungsschemata, die sich ein bißchen von denen zu Hause unterscheiden. Die Gefühlsatmosphäre derartiger Ferien dürfte niedrige Werte bei Erregung und ziemlich hohe bei Lust und Dominanz aufweisen, und ergibt daher anstatt Aufregung Gefühle von Zufriedenheit und Entspannung.

Unsere Analyse von Reise- und Urlaubsstilen gilt gleichermaßen für die Auswahl vertrauter im Gegensatz zu unvertrauten Verkehrsmitteln und auf mögliche zukünftige Entwicklungen in der Gestaltung der Sitzbereiche, Speiseabteile oder Aufenthaltsräume in Flugzeugen und Zügen. So könnte sich zum Beispiel der ängstliche Luftneuling oder jemand, der einen hektischen Terminplan hinter sich lassen möchte, für ein ruhigeres Abteil, entspannendere Form der Unterhaltung und beruhigende Bedienung entscheiden. Derartige Abteile könnten zum Beispiel in lustbetonten und nichterregenden Farbkombinationen gehalten werden. Andererseits könnte der erfahrene Flugzeugpassagier, der gelangweilt ist und ungeduldig darauf wartet, seinen Bestimmungsort zu erreichen, von einem Abteil profitieren, das so gestaltet ist, daß es soziale Interaktion intensiviert und abwechslungsreiche und unvorhersagbare Erlebnisse maximiert. Aufenthaltsbereiche in einigen der größeren Flugzeuge (und natürlich auch in Zügen) könnten mit Absicht entspannender oder aufregender gestaltet werden.

Auch der Reisestil verschiedener Völker läßt sich im Sinne ihrer emotionalen Bedürfnisse untersuchen. Der japanische Reisestil weist einen verblüffenden Gegensatz zum amerikanischen auf. Die Japaner reisen meist in Gruppen. Es ist nichts Ungewöhnliches, eine Gruppe von zwanzig oder dreißig Japanern hinter einem Reiseführer mit einem Fähnchen durch die Stadt marschieren zu sehen, das die Gruppenmitglieder leicht ausmachen und verfolgen können. Verschiedene Reiseführer tragen verschiedene Fähnchen und vermeiden so Verwechslungen. Man kann solche Gruppen im Gänsemarsch durch Museen, historische Stätten oder sogar Hotelhallen und Läden eilen sehen. Im Gegensatz dazu ist bei den Amerikanern, obwohl sich viele von ihnen Reisegruppen anschließen, der allgemeine Trend individualistischer. Die Amerikaner reisen lieber allein oder in kleinen Familiengruppen und drücken oft ihre Verachtung für Pauschalreisen mit Führung aus, die genau vorschreiben, was sie zu sehen bekommen und wann.

Die ungewöhnliche Gleichgestimmtheit beim Reisestil bei den Japanern deckt sich mit anderen Aspekten ihrer Kultur, die wir bereits erörtert haben. Da sie als Nation zum Nichtabschirmen neigen und unter extrem übervölkerten und konkurrenzbewußten Bedingungen leben, schätzen sie verständlicherweise entspannende (reizarme und lustbetonte) Kunstformen und Umgebungen. Sie fühlen sich vom Reisen trotz seiner zwangsläufigen Vielfalt, Neuartigkeit und Ungewißheit (hohes Reizvolumen) paradoxerweise angezogen, weil es auf Weltläufigkeit und gehobenen Status schließen läßt. Die Japaner, die sich fürs Reisen entscheiden, versuchen also, die Erregung zu dämpfen und gleichzeitig die lustbetonten Elemente zu betonen.

Wir könnten noch einen dritten Reisestil erwähnen, der für viele Kontinental-Europäer typisch ist, bei den Deutschen jedoch besonders auffällt. Diese

Touristen reisen gar nicht in großen Gruppen oder in vorstrukturierten Reisegesellschaften, sondern bemühen sich häufig ernsthaft, die Neuartigkeit und Komplexität neuer oder ungewöhnlicher Umgebungen auf andere Weise zu verringern. Sie bereiten sich auf ihre Reisen vor, indem sie so viel wie möglich über das Land nachlesen, das sie besuchen wollen. Häufig versuchen sie, ein wenig die Sprache des Gastlandes zu lernen, und sie wissen ungefähr, was die Sachen kosten dürfen. Sie haben etwas über die Stätten nachgelesen, die sie besonders gern besichtigen möchten und wissen genau, welches Erlebnis sie zu erwarten haben, ob es sich nun um eine bestimmte Ruine oder um ein besonderes Nationalgericht handelt. Eine derart intensive Vorbereitung kann als Versuch angesehen werden, die Neuartigkeit des Reisens und folglich seinen erregenden Charakter zu senken. Etwas ähnliches unternimmt übrigens jeder, der sich auf irgendetwas intensiv vorbereitet.

Kapitel 17
Läden

Die Verkäuferin, die den ganzen Tag auf den Beinen war oder den Mann, der auf dem Nachhauseweg auf einen Sprung ins Warenhaus geht, um sich etwas Unterwäsche zu kaufen, und der fünfmal die Einkaufstaschen von älteren Frauen in die Kniekehlen bekommen hat, die anscheinend mit Maschinenteilen gefüllt waren, mag es überraschen, Läden unter der Überschrift *Spielumwelten* zu finden. Da aber das Einkaufen für viele Menschen eine Quelle der Lust und Aufregung ist, sehe ich Orte, an denen Konsumartikel ausgestellt und verkauft werden, im Grunde als Unterhaltungsstätten an.

Selbst der Einkauf von Lebensmitteln kann als Erlebnis Spaß machen. Viele Menschen, die zu ihrem Einkaufsmarkt laufen oder dort auf dem Weg nach Hause anhalten können, kaufen jeden Tag etwas ein. Sie könnten für die ganze Woche einkaufen und sogar Geld sparen, doch der tägliche Kontakt mit dem Ladenbesitzer, die lustbetonten und leicht erregenden Auslagen, die frischen und abwechslungsreichen Nahrungsmittel dort und die Möglichkeit, Bekannte aus der Nachbarschaft zu treffen und mit ihnen zu klatschen, bewirken, daß sie lieber ihren täglichen Kleineinkauf machen.

Umweltbedingungen, die maximales Kaufverhalten bewirken, nämlich Bedingungen, die erhöhte Erregung, erhöhte Lust und ein leichtes Gefühl der Dominanz bieten, sind eben die, welche einen Ort für die Käufer unterhaltsam machen. Das klassische Beispiel ist der Fall, wo sich die Käufer als Teil von etwas Größerem fühlen, wie z.B. einer lärmenden Menge oder einem Gedränge. Im

Gedränge sind die Menschen stark erregt, körperlich aktiv und ungehemmt (rufen, kreischen oder stoßen einander), sie sind auch stark auf die anderen und die allgemeine Umgebung eingestimmt. Außerdem sind sie äußerst beeinflußbar, sie machen häufig dasselbe wie andere und reagieren positiv auf die Schmeichelein eines Redners oder Verkäufers. Wenn ein Erregungsniveau wie im Gedränge mit einem hohen Lustniveau kombiniert wird, kaufen die Menschen hektisch und impulsiv. Derartige Bedingungen werden meist am besten auf einem Jahrmarkt oder in einer ähnlichen Umgebung hergestellt.

Mir fallen hierbei besonders die großen und zentral gelegenen Märkte unter freiem Himmel ein, die es früher in vielen größeren amerikanischen Städten gab, und die heute noch in gewissem Umfang in Europa typisch sind. Hier handelt es sich um lustbetonte, vergnügliche, aufregende und farbenfrohe Umgebungen, in denen alle möglichen Produkte, Nahrungsmittel und Blumen feilgeboten werden. Häufig haben sie den Charakter einer Auktion, mit Einzelhändlern aus der ganzen Stadt, die am frühen Morgen unter Zeit- und Konkurrenzdruck herumwimmeln und ihren Tagesbedarf ersteigern. Doch gibt es auch Hausfrauen im Gewimmel, die nach Belieben kommen und gehen können. Der altmodische, zentral gelegene Markt unter freiem Himmel zieht die unterschiedlichsten Menschen an, da es Spaß macht, darüber zu bummeln, und für jeden etwas zu finden ist.

Der Aspekt des freien Himmels – Sonnenschein, ein blauer Himmel darüber, ein Gefühl der Offenheit, Natürlichkeit und Freiheit – ist lustbetont, aber nicht unbedingt erforderlich. Viele der großen europäischen Zentralmärkte sind (oder waren) in riesigen hallenähnlichen Gebäuden untergebracht. Die Basare der Türkei und des Iran sind überdacht und ähneln Labyrinthen. Diese Märkte sind deswegen erregend, weil sie meist überfüllt sind und eine große Anzahl Buden aufweisen, von denen jede etwas anderes verkauft. Wir sind den Anblick nicht gewöhnt, daß Käse, Blumen, Gemüse und Kleidung so nahe beieinander verkauft werden; die Kombination von Gerüchen, Farben, Gefühlen und anderen Assoziationen beim Vorbeischlendern an den Buden ist abwechslungsreich, neuartig und äußerst erregend.

Die ökonomischen Zwänge, denen die großen städtischen Zentralmärkte unterliegen, sehen so aus, daß die meisten aus der Innenstadt in weniger zugängliche Gebiete verdrängt werden. Historisch gesehen lagen diese Märkte in der Mitte der Städte, doch in dem Maße, wie die Verkehrsbelastung der Städte zunimmt, wird es immer schwieriger, Produkte von den Erzeugern und Umschlagplätzen in die Innenstadtbereiche zu schaffen. Und da die Märkte hauptsächlich von Kleinunternehmern betrieben werden – einige der winzigen Buden sind schon seit Jahrhunderten in Familienbesitz – wirken sich die allgemeinen Wirtschaftsfaktoren, welche große Konzerne mit Zentralisierung von Entscheidungsprozessen, Kaufkraft und Vertriebseinrichtungen begünstigen, ebenfalls gegen sie aus. Der letzte und tödliche Schlag wird diesen alten Märkten versetzt, wenn sie gezwungen sind, in Vororte umzuziehen, in denen es keine Menschenmengen und keine Atmosphäre gibt – die Einzelhändler fahren dorthin, weil sie müssen, niemand aber geht aus Lust und Laune hin, und daher geht die aufregende, komplexe, heterogene und basarähnliche Atmosphäre verloren. Selbst die altmodischen Jahrmärkte fallen aus dem gleichen Grund der Vergangenheit anheim – sie können nicht mehr in Gebieten aufgebaut werden, die für viele verschiedene Arten von Leuten in großer Zahl zugänglich sind. Die dichtgedrängten Menschenmengen stellen sich nicht ein, weil beträchtliche Investitionen erforderlich sind, um den Jahrmarkt bekanntzumachen, und weil ausreichende öffentliche Verkehrsmittel dorthin gewöhnlich nicht zur Verfügung stehen. Für eine basarähnliche Atmosphäre sind Menschenmengen unerläßlich. Wenn nicht genügend Menschen da sind, wird ein erhöhtes Erregungsniveau nicht erreicht, sind die Besucher nicht besonders erregt und kaufen nicht genug, daß es sich für die Händler lohnt.

Große Warenhäuser, die Ausverkäufe veranstalten, locken oft riesige Menschenmengen an, doch setzen sich diese meist aus der regelmäßigen Kundschaft des Kaufhauses zusammen, und es fehlt ihnen daher die Heterogenität einer Menschenmenge im Basar oder auf dem Jahrmarkt. Außerdem sind die Menschenmengen beim Ausverkauf gern weitaus zielstrebiger; die meisten Leute sind extra gekommen, um bestimmte Gegenstände oder Sonderangebote aus der Werbung zu kaufen und ärgern sich sehr, wenn diese ausverkauft sind. Daher ist zwar das Erregungsniveau bei derartigen Ausverkäufen gelegentlich sehr hoch, das Lustniveau aber häufig nicht, was viele Menschen veranlaßt, die Situation überhaupt zu meiden, oder bei den Anwesenden ein angstbetontes oder sogar geradezu asoziales Verhalten hervorbringt.

Fillnes Keller in Boston ist das klassische Beispiel für einen reizüberfluteten und häufig überfüllten Laden. Fillne kauft Waren aus Geschäften, die dichtmachen und verkauft sie dann in seinem Kellerladen nach einem bestimmten Rabattprogramm. Dieser Keller, der als Schlangengrube bezeichnet wird, bietet häufig eine Massenszene. Die Kunden kaufen fast verzweifelt, wobei sie zwischen den Verkaufstischen anprobieren, miteinander um einzelne Stücke kämpfen und mit vielen unnötigen Sachen aus dem Laden kommen.

Der ungeheure Erfolg von Fillnes Laden geht zum Teil auf seine stark gesenkten Preise zurück. Wenn man genug Glück oder Aggressivität hat, kann man einen ungewöhnlich günstigen Einkauf machen. Das Gefühl der Ungewißheit beim Käufer wird durch die sehr unordentlichen (komplexen) Auslagen verstärkt. Die Sachen werden in hektischer Unordnung ständig umgeschichtet und übereinandergeworfen. Es gibt keine geordnete Möglichkeit, die wertvollen Sachen vom Schund zu trennen; man kann jeden Moment irgendwo in einer Ecke versteckt einen guten Fang machen. Und das Personal scheint sich nicht darum zu kümmern, was man tut. Die Dominanz wird durch das Gefühl verstärkt, daß man überall nachsehen, herumwühlen und alles in die Hand nehmen kann. Wenn man weiß, was man will und einen echten Fang erkennen kann, ist der Laden eine reizstarke Umwelt, in der man herumstöbern und Spaß haben kann. Ein Eindruck vom Glücksspiel um ein außergewöhnlich gutes Geschäft lockt Tag um Tag zur Mittagszeit wieder Menschenmengen herbei.

Manche Leute, die es sich leisten können, die höheren Preise in teuren, wohlgeordneten Kaufhäusern zu bezahlen, meiden diese dennoch. Für sie ist das Einkaufen zusätzlich eine Herausforderung, der Wahrscheinlichkeit ein Schnippchen zu schlagen. Sie lieben die durch Ungewißheit erzeugte Aufregung, und die Vielfalt von Formen, Farben, Gerüchen und Assoziationen. Warenhäuser lassen sich nahezu nach dem Prinzip des Versteckspiels gestalten, um bei den Kunden den Eindruck zu erwecken, daß sie Entdeckungen machen, auf die die anderen Käufer nicht so leicht kommen. Natürlich ist dieses Spielchen nur erfolgreich, wenn es nicht zu offensichtlich betrieben wird. Dann wiederum gibt es die Käufer, die die Zeit nicht aufbringen können und lieber die zusätzlichen Kosten bezahlen. Um sie anzulocken, sind zusätzliche Stockwerke oder Abteilungen nötig, in denen verschiedene Arten von Waren leicht zu finden sind, und die mit einem sachkundigen Verkaufspersonal besetzt werden. Noch weiter entfernt von den unordentlichen und ungenügend mit Personal besetzten Kaufhäusern sind die exklusiven Häuser mit hohem Status, die hervorragende Ware führen, welche in einem wohlgeordneten Rahmen ohne Gedränge geschickt angeordnet ist. In den meisten Kulturen einschließlich unserer eigenen dienen individuelle Gegenstände zum Teil dazu, Status und Wohlstand einer Person zu betonen. Ein in einem exklusiven Geschäft gekauftes Stück hat hohen Statuswert. Daher sind Geschäfte mit hohem Status eigens so gestaltet, daß sie eine wohlhabendere Kundschaft ansprechen. Neben der Tatsache, daß sie recht lustbetont sind, bieten diese Geschäfte ein »Klima«, das der Kundschaft das Gefühl gibt, gesellschaftlich dominant, wichtig und Teil einer auserwählten Gruppe zu sein, ein Gefühl, das durch das Verhalten des Verkaufspersonals beträchtlich verstärkt wird.

Einen Trennungsstrich zwischen exklusiven und pseudo-exklusiven Geschäften können wir hauptsächlich aufgrund dessen ziehen, wie sich das Verkaufspersonal verhält. In exklusiven Geschäften verhält sich das Verkaufspersonal gern ziemlich ähnlich wie die Ober in echten Feinschmeckerlokalen: Die Verkäufer stehen dem Kunden augenblicklich zur Verfügung, sie sind sachkundig und beschlagen, aber auch unaufdringlich und unterwürfig und mischen sich nicht in die Privatsphäre oder Bewegungs- und Entscheidungsfreiheit des Kunden ein. In den pseudo-exklusiven Geschäften kann der Rahmen einwandfrei sein, genau wie die Ware, doch verhält sich das Verkaufspersonal gern etwas drängelnd oder von oben herab. Der Kunde steht unter Druck, etwas zu kaufen, was dem Geschmack des Verkäufers entspricht oder seine eigene Anwesenheit irgendwie rechtfertigt. Es ist natürlich verständlich, daß jemand, der einen großen Teil seines Lebens im Umgang mit schönen Dingen verbracht hat, die er sich selber nicht leisten kann, durch den intimen Umgang mit der Luxusware ein Gefühl der Dominanz entwickelt. Er wird bisweilen eher ungeduldig gegenüber einem Kunden, der unentschlossen oder status-unsicher ist oder nicht weiß, ob er sich ein bestimmtes Stück leisten kann. Ein derartiges Verkaufspersonal jedoch zerstört die Hauptsache, die ein exklusives Geschäft anzubieten hat, nämlich Lust und Dominanz. Status-unsichere Menschen fühlen sich zutiefst unzulänglich, und diejenigen, die sich über ihren Status genau im klaren sind, sind verärgert und fühlen sich unter Umständen gezwungen, sich durchzusetzen. In jedem Fall bedeutet das eine eindeutige Einbuße an Lust.

In Wirklichkeit versetzt ein Mensch, der sich in einem exklusiven Luxusgeschäft irgendwie unzulänglich oder unsicher fühlt, das Verkaufspersonal in eine ungewöhnliche vorteilhafte Position. Wenn es den Kunden mit stillschweigendem Vertrauen und Verständnis behandelt, und er sich unbestritten akzeptiert fühlt, ist der Kunde insgeheim erleichtert und dankbar und wird vermutlich ohne Zögern in dieses Geschäft zurückkehren. Wenn das Personal andererseits dem Kunden das Gefühl nimmt, hineinzugehören, kann es sein, daß er einen Einkauf tätigt, um das Gegenteil zu beweisen, das Geschäft aber hinfort meidet. Im Sinne langfristiger Kundenbeziehungen ist es sehr viel besser, dem Kunden durch respektvolle Aufmerksamkeit das Gefühl der Dominanz zu geben. Damit wird er eher kaufen und, wichtiger noch, zurückkommen und künftige Käufe tätigen, wenn er sich das wirklich leisten kann.

Natürlich ist in Geschäften, die nicht gerade exklusive Ware führen, das Verkaufspersonal eher leicht aggressiv (unlustbetont, erregt und dominant). Die Menschen suchen solche Geschäfte auf, weil die Ware billiger ist (oder weil sie sie dafür halten, da sie keine Vergleichsbasis haben) oder weil sie sich in derartigen Geschäften weniger fehl am Platz als in »vornehmeren« fühlen. Indessen neigen ängstliche Personen und Nichtabschirmer besonders dazu, den aggressiven Verkäufer oder die unlustbetonte und unordentliche Einkaufsszene zu meiden. Wenn vollgestopfte Läden derartige Kunden anlocken wollen, müssen sie die Lustdimensionen betonen – indem sie sich vielleicht auf ein freundliches Personal stützen. Tatsächlich werden alle Arten von Kunden eher von einem lustbetonten Geschäft angelockt. Das ist der Grund dafür, warum manche Geschäfte neben sorgfältiger Beachtung ihrer optischen Ästhetik so gestaltet sind, daß sie auch die anderen Sinne lustbetont anregen. Hierfür bietet sich eindeutig die Musik an, auch wenn sie kein Verkaufsartikel ist. Der Geruchssinn kann durch Verwendung parfümierter Sprays in lustbetontem Sinne angeregt werden – was in einigen exklusiven Geschäften bereits geschieht.

Eine andere Möglichkeit, mäßige Erregung und Lust für Nichtabschirmer oder ungeduldige und eilige Kunden zu erreichen, die außerdem übererregt sind, besteht in einer tätigkeits- oder gebrauchsorientierten Anordnung der Ware. Warenhäuser sind im allgemeinen nach ziemlich traditionellen Vorstellungen organisiert. Es gibt getrennte Abteilungen oder Stockwerke, in denen auf einförmige Art und Weise Möbel, Geschirr, Kochgeräte ausgestellt sind, und getrennte Abteilungen für Damen-, Herren- und Kinderbekleidung. Wenn wir durch ein großes Warenhaus hindurchgehen, langweilt uns das einförmig geringe Reizvolumen dieser Auslagen. Die Sachen stehen einfach herum und in keinerlei Zusammenhang, der Assoziationen auslösen und uns daran erinnern könnte, daß wir sie tatsächlich gebrauchen können. Die meisten Kaufhäuser fassen selten an einer Stelle mehr als einen Bruchteil der Gegenstände zusammen, die in der typischen Küche gebraucht werden: die Herde sind an einem Platz, die Mixer an einem anderen, Gläser stehen wieder woanders, Tischdekken oder andere Stoffe sind in einem ganz anderen Stockwerk, Kochbücher in der Bücherabteilung, Kacheln oder Tapeten für Küchen im Untergeschoß, usw. Das ist einer der Gründe dafür, warum die Leute häufig vergessen, zu kaufen, was sie kaufen wollten, wenn sie keine Listen machen – ihre normalen Assoziationen werden zersplittert.

Dekorationen, die mit gewöhnlichen Kombinationen von Dingen des täglichen Gebrauchs vereinbar sind, dürften eher zum Kauf anregen, und sei es nur deswegen, weil sie uns zum Vergleich anregen, das Angebot bezogen auf unseren Besitz in einem geschlossenen Rahmen zu vergleichen. Wenn sie solche kompletten Dekorationen aufstellen, denken die Dekorateure auch daran, in welche Richtung das Auge schweift und worauf es sich wahrscheinlich konzentriert. Arrangements werden daher geschaffen, um ein bestimmtes Stück herauszustellen. Die Dekorateure nennen diese zusammenhängenden Auslagen »Stimmungsgruppen« und verwenden sie meist in stark frequentierten Bereichen der Kaufhäuser wie den Schaufenstern und Eingängen. Einige der moderneren europäischen Kaufhäuser, wie *Den Permanente* in Kopenhagen, haben die Verwendung integrierter oder kontextbezogener Dekorationen ziemlich weit entwickelt: ihre Ausstellungsräume bestehen aus einer Anzahl Tätigkeitsrahmen. Teller werden nicht auf Regalen gestapelt oder an der Wand gezeigt, sondern statt dessen auf Tische mit passenden Stühlen, Servierwägelchen und vollständigen Gedecken gezeigt. Die Möbel sind in Gruppen arrangiert, wie man sie auch in einer Wohnung antreffen würde, und mit Plastiken, Gemälden, Stereo-Anlagen oder sonstigen Dingen kombiniert, die in Form und Farbe mit den ausgestellten Möbeln harmonieren. Kurzum, die Ware wird in einem Rahmen gezeigt, der ein Musterbeispiel für ihren Gebrauch ist.

Natürlich fordern derartige Stimmungsgruppen den Kunden selten auf, eigene Ideen und zusammenhängende Gestaltungen zu entwickeln, und sprechen eher diejenigen an, die lediglich eine schön gestaltende und passende Einheit kaufen möchten. Diese Kunden bezahlen lieber einen Experten für seine Einfälle, als sich auf die eigenen zu verlassen.

Tatsächlich fühlen sich die meisten von uns vermutlich nicht genügend qualifiziert, um bestimmte Käufe zu tätigen und Geschäfte aufgrund unseres Wissens und unserer Beschlagenheit in Bezug auf verschiedene Warenklassen auszusuchen. Gewöhnlich entsteht Angst, wenn man nicht das Wissen hat, um eine Ware zu beurteilen. Man ist besorgt, weil man sich fragt, ob man etwas kauft, das sein Geld wert ist (Erregung) oder ob man einen Ladenhüter erwischt (mögliche Unlust). Eine derartige Angst, wenn dazu noch die hohe Erregung kommt, die auf ein ungeordnetes Geschäft zurückzuführen ist, macht dieses Geschäft besonders unattraktiv und erklärt, warum viele Leute gern mit Freunden einkaufen gehen: Wenn man eine zweite Meinung einholt, trägt dies dazu bei, die Ungewißheit oder Erregung und damit die Angst zu reduzieren. Es ist somit durchaus möglich, daß jemand, der beim Kleiderkauf ein wohlgeordnetes Geschäft und fachkundige Hilfe sucht, überhaupt nichts gegen Unordnung beim Kauf von Haushaltsgeräten, gebrauchten Büchern oder Antiquitäten hat. Es kann sein, daß er seiner Fähigkeit, die Qualität der Bekleidung zu beurteilen oder eine attraktive Kombination auszuwählen, nicht ganz traut und infolgedessen in einem exklusiveren (lustbetonten und mäßig reizstarken) Bekleidungsgeschäft einkauft, in welchem er von der Annahme ausgehen kann, daß er Qualitätsware, gute Beratung und Aufmerksamkeit erhält. Andererseits kann er sich in Bezug auf Bücher oder Antiquitäten kompetenter und kenntnisreicher fühlen und es genießen, selber einzukaufen und danach zu stöbern. Die innere Ursache von Ungewißheit und Erregung fehlt, und die gelegentlich starke Erregung, die eine ungeordnete und komplexe Fundgrube für Gelegenheitskäufe bietet, kann ihm gerade recht sein.

Abschließend können wir die Frage stellen, warum Leute Dinge einkaufen, die sie nicht brauchen oder sich nicht leisten können. Unsere Analyse der verschiedenen Typen von Geschäften läßt darauf schließen, daß das einzige gemeinsame Element des Kauferlebnisses die Erregung ist; von den Sonderangebotsläden über die Einkaufszentren, die exklusiven Geschäfte bis zu den kleinen privat betriebenen Etablissements der Mittelschicht nimmt das Reizvolumen jeweils ab, obwohl alle eher relativ reizstarke Umgebungen sind. Sonderangebotsläden und Einkaufszentren, also die Geschäfte, in denen die Masse der Bevölkerung einkauft, sind die reizstärksten. Dies und die Tatsache, daß Hausfrauen unter den Käufern überproportional vertreten sind, läßt darauf schließen, daß die Menschen einkaufen, um ihr Erregungs- und Lustniveau zu erhöhen. Hieraus ergibt sich, daß das Einkaufen auf diejenigen am verstärkendsten wirkt, die in eine langweilige Wohn- und Arbeitsumwelt eingesperrt sind, und daß derartige Menschen am ehesten wegen des Einkaufens an sich einkaufen, und nicht, weil sie etwas brauchen. Das Einkaufen kann beim Käufer auch ein dominantes Gefühl verstärken. Exklusive Geschäfte scheinen besonders auf mäßige Erregung in Verbindung mit stark lustbetonten und dominanten Gefühlen abzuzielen. Dies führt, wie wir vermuteten, zu einem lustbetonten sozialen Austausch unter der Kundschaft, aber noch mehr zwischen den Käufern und dem Verkaufspersonal. Daher könnte man sagen, daß für die Wohlhabenden die Steigerung der Erregung förderlich für die Dominanz und die mit dem Einkaufen zusammenhängenden gesellschaftlichen Aspekte ist.

Nachwort

Unsere Analyse der Umweltpsychologie baut auf einigen einfachen und doch allgemeinen Ideen auf. Eine davon ist, daß menschliche Gefühle in den Dimensionen Erregung, Lust und Dominanz beschrieben und gemessen werden können. Eine weitere besagt, daß sich Menschen nach ihren (möglicherweise angeborenen) Anlagen unterscheiden, mehr oder weniger erregbar, mehr oder weniger dominant usw. zu sein. Außerdem, daß absolut unterschiedliche Umwelten unter Anwendung des Begriffs des Reizvolumens beschrieben werden können. Der letzte Ideenkomplex befaßt sich mit den Beziehungen zwischen den Präferenzen für bestimmte Orte und dem Wunsch, dort zu arbeiten oder gesellig zu sein einerseits, und den durch diese Orte geweckten Gefühlen andererseits. Diese Beziehungen sind nachgewiesen und haben großen Vorhersagewert.

In diesem kurzen Überblick möchte ich aufzeigen, wie sich dieser Ansatz in den größeren Zusammenhang der Sozialwissenschaften einfügt, und ein paar Überlegungen über den Wert der Umweltpsychologie anstellen.

Die Gefühle sind der kleinste gemeinsame Nenner der Reaktion auf Orte, Menschen und Ereignisse. Sie sind ein allgegenwärtiger Teil des Daseins; das heißt, ein Mensch befindet sich immer in einem Gefühlszustand. Die allgemeine Formulierung, welche Arten von Gefühlszuständen bevorzugt und welche gemieden werden, gestattet uns, die *Bewegungsrichtung* vorherzusagen, die die Gefühle einer Person wahrscheinlich einschlagen werden. Die Grundlage für diese Vorhersage besteht darin, daß die Menschen versuchen, Situationen, Ereignisse, Arbeiten, sozialen Austausch, Gemütsverfassungen oder vorübergehende Körperzustände (Hunger, Müdigkeit) zu kompensieren, wenn diese gefühlsmäßig unbefriedigend sind. Demnach können wir vorhersagen, welcher Art von Umwelt sich ein Mensch nähern oder welche er meiden dürfte, für welche Art von Situation, Betätigung, sozialer Interaktion, Droge usw. er sich entscheidet.

Ein wichtiges Nebenprodukt der Beschäftigung mit Gefühlen besteht darin, daß sie uns eine Reihe Grunddimensionen der Persönlichkeit bieten – die Dimensionen der Gemütsverfassung von Lust-Unlust, Erregung-Nichterregung und Dominanz-Unterworfenheit. Diese Grunddimensionen können wiederum dazu benutzt werden, andere Beschreibungsmerkmale der Persönlichkeit wie Angst, Neurotizismus, Extrovertiertheit, Feindseligkeit, Geselligkeit, Depression usw. abzuleiten. Zusätzlich zu seinem Beitrag zur Untersuchung der Persönlichkeit bezieht sich unser Theorie-Rahmen auch sinnvoll auf den Bereich der Sozialpsychologie und bietet einige Einsichten in die menschliche Entwicklung und Physiologie. Kurz gesagt, enthält die Umweltpsychologie umfassende Schlußfolgerungen für eine allgemeine Theorie der Psychologie. Die Gefühle, ein sehr wichtiger, wenn auch vernachlässigter Bereich der Funktionsweise des Menschen, können nun unter Verwendung von Methoden untersucht werden, die zum Repertoire der Experimentalpsychologen gehören.

Wir haben in diesem Buch mit drei Hauptanalyseebenen zu tun gehabt: a) mit dem Individuum, b) mit dem Individuum, das mit Kleingruppen oder leicht manipulierbaren bzw. halbprivaten Umgebungen in Wechselwirkung tritt, und c) mit dem Individuum als einem kaum auffindbaren Stäubchen in Umwelten, die groß genug sind, um als Makrokosmen betrachtet zu werden. Sehen wir uns jede dieser drei Ebenen einmal kurz an.

Daß bestimmte Arten von Informationen über die eigene Person von Nutzen sind, steht außer Frage. Gute Beispiele dafür sind, daß man seine eigene Blutgruppe weiß, seine Reaktion auf bestimmte allergieauslösende Stoffe oder die Grenzen kennt, bis zu denen man sein Herz oder seine Leber beanspruchen kann. Andere Formen des Wissens über sich selbst sind eindeutig zweischneidig und können sowohl vom Einzelnen mißbraucht werden, der über dieses Wissen verfügt, oder von sozialen Gruppen, die wissen, was der Einzelne weiß. Wenn wir einmal annehmen, daß die Dimensionen der Gemütsverfassung umfassend eingesetzt werden, um jedem einzelnen eine Beschreibung seiner grundlegenden emotionalen »Landkarte« bzw. seiner Gefühlskonstitution zu geben, erhebt sich die Frage, ob eine derartige Information überwiegend nützlich wäre oder ob sie zur Selbstverachtung oder schamlosen Manipulation durch andere auffordern würde.

Meine eigene Überzeugung, die mich veranlaßte, dieses Buch zu verfassen (und die übrigens jeder systematischen Untersuchung und Darstellung eines Wissensgebiets zugrunde liegt), geht dahin, daß die Ergebnisse überwiegend nützlich sind und zu keinem umfassenden individuellen oder sozialen Mißbrauch herhalten können. Zweifel daran können jedoch nicht durch bloßes Wollen aus der Welt geschafft werden, und mögliche Gefahren sollten erkannt werden.

Viele der hochtechnisierten Umwelten – die Gegenstand unserer zweiten Analyseebene sind – sind bereits standardisiert. Sie werden in industriellen Prozessen erzeugt, die sich nach der Kosten-Nutzenanalyse, dem technisch Möglichen, und nach den häufig idiosynkratischen oder sogar schlechten pesönlichen Geschmacksrichtungen, Vorlieben und Begabungen der relativ Wenigen richten, die als einflußreiche Kunstschaffende oder Designer wirken. Nehmen wir nun einmal an, daß diese zur Zeit standardisierten Umwelten - Kleidung von der Stange, möblierte Wohnungen, Wohnwagen, Hotelzimmer, Autos, Klassenzimmer, Massenverkehrsmittel, Straßen oder Plätze von Städten – im Sinne unseres theoretischen Rahmens analysiert werden könnten, um ihren womöglich engen Gefühlsaspekt hervorzuheben und die Öffentlichkeit allgemein mit Informationen zu versorgen, die deren Reizvolumen und andere gefühlswekkende Eigenschaften beschreiben. Beispiele dafür wären ein System zur Beurteilung von Filmen, mit dem die Gefühlswirkung eines Films anstatt mit dem gegenwärtigen G-X-System (oder zusätzlich dazu) beschrieben werden könnte, oder eine ähnliche Klassifizierung von Hotel- und Motelzimmern, die dazu dienen könnte, anzuzeigen, welche Auswahl an Umweltstimmungen einem Gast geboten werden. In welchem Umfang würden die Hersteller und Verkäufer von standardisierten Umwelten aus einem solchen System Nutzen ziehen? Bis zu welchem Umfang können sie es mißbrauchen oder manipulieren? Auch hier geht meine Überzeugung dahin, daß sich die zahllosen kommerziellen Abfallprodukte durchsetzen werden, nicht nur deswegen, weil sie einseitige Gewinne ermöglichen, sondern weil sie sich für Hersteller und Verbraucher gleichermaßen nützlich erweisen werden.

Auf der dritten Analyseebene ist das, was mich an der Theorie der Umweltpsychologie begeistert, ihre potentielle Anwendungsmöglichkeit als Werkzeug zur Erforschung des Makrokosmos. Viele der Disziplinen, die mit Unbehagen unter der Überschrift »Sozialwissenschaften« zusammengefaßt werden, haben ungeheure theoretische Probleme damit, vom Kleinen zum Großen zu kommen – vom Individuum zur Bevölkerung, von Kleingruppen-Interaktion zu gesellschaftlichen Institutionen und Prozessen – oder umgekehrt. Unser Rahmen erstreckt sich über diese Unterschiede hinweg und kann einige der Werkzeuge zur Verfolgung und Identifizierung der Individuen sogar dann bieten, wenn sie in einer Menge untergehen, wie sie eine Gemeinde, ein Massenpublikum oder irgend eine andere Art von Gemeinschaft darstellt. Das heißt, es ist theoretisch möglich, nicht nur individuelle emotionale Reaktionen auf Makroprozesse oder Institutionen zu identifizieren, sondern auch Massenreaktionen zu quantifizieren und daher umfassende Veränderungen der sozialen Erscheinungen vorherzusagen – man erinnere sich an unsere Erörterung der kulturellen Präferenzen im Bezug auf Kunstformen.

Daher wird auf allen drei Analyseebenen – der individuellen, der Mikro-Umwelt und der Makro-Umwelt – ein gemeinsames Analysethema bezogen auf Gefühlsphänomene entwickelt. Wir haben nur einen flüchtigen Blick auf einige seiner zahlreichen theoretischen und praktischen Folgerungen geworfen.

Henner Hess

Rauchen

Geschichte, Geschäfte, Gefahren

Originalausgabe
Reihe Campus Band 1014
1987. 192 Seiten mit 25 Abbildungen
ISBN 3-593-33807-6

Die Geschichte des Tabaks ist die Geschichte der größten Drogenepidemie aller Zeiten. Einst stand auf Tabakkonsum die Todesstrafe, heute ist keine Droge weiter über den Globus verbreitet, nicht einmal der Alkohol, und keine ist besser ins Alltagsleben integriert. Tabak ist ein Wirtschaftsfaktor ersten Ranges, füllt überall die Staatskassen, und die Zigarette hilft als billiges Psychopharmakon Millionen von Menschen über ihre täglichen Probleme. Der blaue Dunst verschönt das Leben – und er verkürzt es: jährlich sterben allein in Deutschland 140 000 Menschen an den Folgen des Rauchens, weltweit zwei Millionen. Der Autor schildert – erstmals alle Aspekte zusammenfassend – die spannende Sozial- und Kulturgeschichte des Tabakkonsums, gibt ausführliche pharmakologische und medizinische Information, analysiert die ökonomische Struktur des Angebots und befaßt sich mit der Soziologie und Psychologie des Konsums sowie mit dem Problem der Abhängigkeit und den Methoden der Raucherentwöhnung. Zum Abschluß konfrontiert er kritisch die Diskussion um den Tabak mit dem Diskurs über die illegalen Drogen, wägt die positiven und negativen Konsequenzen heutiger Drogenpolitik gegeneinander ab und macht Vorschläge zur Reform.

Autor: Henner Hess ist Professor an der Universität Frankfurt/Main. Zahlreiche Buch- und Zeitschriftenpublikationen, vor allem zur kriminologischen Theorie. Für den Band *Mafia. Zentrale Herrschaft und lokale Gegenmacht,* Tübingen 1970, ²1986 (ital., engl. und span. Übers.), erhielt er die Literaturpreise Premio Nazionale Iglesias 1973 und Premio Nazionale Empedocle 1982.

Campus Verlag, Myliusstr. 15, 6000 Frankfurt am Main

Reihe Campus

Band 1001
Daniel Bell
Die nachindustrielle Gesellschaft
1985. 392 Seiten

Band 1002
Lutz Franke (Hg.)
Menschlich wohnen
Originalausgabe
1985. 168 Seiten

Band 1003
Käte Frankenthal
Jüdin, Intellektuelle, Sozialistin
Lebenserinnerungen einer Ärztin in Deutschland und im Exil
1985. 256 Seiten

Band 1004
Joel Kovel
Kritischer Leitfaden der Psychotherapie
1985. 312 Seiten

Band 1005
Oskar Negt
Lebendige Arbeit, enteignete Zeit
Politische und kulturelle Dimensionen des Kampfes um die Arbeitszeit
1985. 312 Seiten

Band 1006
Stephan Quensel
Mit Drogen leben
Erlaubtes und Verbotenes
Originalausgabe
1985. 177 Seiten

Band 1007
Dieter Bartetzko
Architektur kontrovers
Schauplatz Frankfurt
Originalausgabe
1986. 192 Seiten mit 35 Abb.

Band 1008
Hermann Bausinger
Volkskultur in der technischen Welt
Erweiterte Neuausgabe
1986. 228 Seiten

Band 1009
Jörg Tröger (Hg.)
Hochschule und Wissenschaft im Dritten Reich
1986. 140 Seiten

Band 1010
Daniel Bell
Die Sozialwissenschaften seit 1945
Deutsche Erstausgabe
1986. 204 Seiten

Band 1011
K.-W. Brand, D. Büsser, D. Rucht
Aufbruch in eine andere Gesellschaft
Neue soziale Bewegungen in der Bundesrepublik
Aktualisierte Neuausgabe
1986. 320 Seiten

Band 1012
Karl-Heinz Kohl
Exotik als Beruf
Erfahrung und Trauma der Ethnographie
Überarbeitete Neuausgabe
1986. 152 Seiten

Band 1013
Paul Lüth
Von der stummen zur sprechenden Medizin
Über das Verhältnis von Patient und Arzt
Überarbeitete Neuausgabe
1986. 222 Seiten

Band 1014
Henner Hess
Rauchen
Geschichte, Geschäfte, Gefahren
Originalausgabe
192 Seiten mit 25 Abbildungen

Band 1015
Albert Mehrabian
Räume des Alltags
Wie die Umwelt unser Verhalten bestimmt
Gekürzte Ausgabe
1987. 184 Seiten